21世纪经济管理新形态教材·大数据与信息管理系列

Python 数据分析快速入门

姚　凯　费鸿萍 ◎ 主　编
詹志方　池华聚　马　龙 ◎ 副主编

清华大学出版社
北京

本书封面贴有清华大学出版社防伪标签，无标签者不得销售。
版权所有，侵权必究。举报：010-62782989，beiqinquan@tup.tsinghua.edu.cn

图书在版编目（CIP）数据

Python 数据分析快速入门 / 姚凯，费鸿萍主编. --北京 : 清华大学出版社, 2025.5.
(21 世纪经济管理新形态教材). -- ISBN 978-7-302-69252-2
Ⅰ. TP312.8
中国国家版本馆 CIP 数据核字第 2025BS9833 号

责任编辑：吴　雷
封面设计：汉风唐韵
责任校对：宋玉莲
责任印制：杨　艳

出版发行：清华大学出版社
　　　网　　址：https://www.tup.com.cn，https://www.wqxuetang.com
　　　地　　址：北京清华大学学研大厦 A 座　　　邮　编：100084
　　　社 总 机：010-83470000　　　邮　购：010-62786544
　　　投稿与读者服务：010-62776969，c-service@tup.tsinghua.edu.cn
　　　质 量 反 馈：010-62772015，zhiliang@tup.tsinghua.edu.cn
　　　课 件 下 载：https://www.tup.com.cn，010-83470332
印 装 者：北京同文印刷有限责任公司
经　　销：全国新华书店
开　　本：185mm×260mm　　　印　张：17.5　　　字　数：412 千字
版　　次：2025 年 6 月第 1 版　　　　　　　　　　印　次：2025 年 6 月第 1 次印刷
定　　价：59.00 元

产品编号：110809-01

前　言

在当今数据驱动的时代,数据分析已经成为企业和个人必备的技能。无论是商业决策、科学研究还是日常生活,数据分析都在发挥着越来越重要的作用。Python 作为一种简洁而强大的编程语言,因其易学易用、丰富的库支持和强大的社区支持,已经成为数据分析领域的首选工具。

在编写本书的过程中,我们充分考虑了读者的学习需求和习惯,力求使内容既系统又实用。全书分为三大部分,每一部分都精心设计,以确保读者能够循序渐进地掌握数据分析的各个方面,具体章节结构如图 0-1 所示。

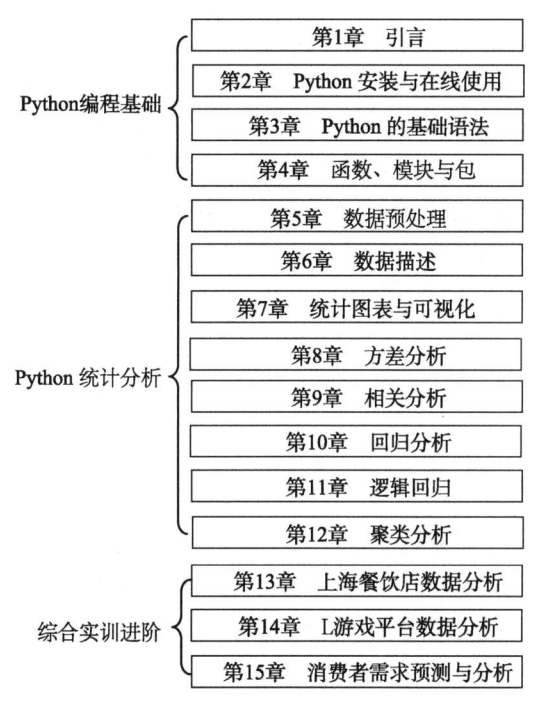

```
                        ┌─ 第1章  引言
         Python编程基础 ─┼─ 第2章  Python 安装与在线使用
                        ├─ 第3章  Python 的基础语法
                        └─ 第4章  函数、模块与包

                        ┌─ 第5章  数据预处理
                        ├─ 第6章  数据描述
                        ├─ 第7章  统计图表与可视化
         Python 统计分析 ┼─ 第8章  方差分析
                        ├─ 第9章  相关分析
                        ├─ 第10章 回归分析
                        ├─ 第11章 逻辑回归
                        └─ 第12章 聚类分析

                        ┌─ 第13章 上海餐饮店数据分析
         综合实训进阶   ─┼─ 第14章 L游戏平台数据分析
                        └─ 第15章 消费者需求预测与分析
```

（注：本书实训案例与数据可通过扫描本书封底的二维码获取）

图 0-1　本书章节结构

第一部分"Python 编程基础"为读者提供了 Python 编程的基础知识。无论您是编程新手还是有一定基础的开发者,本部分都为您提供必要的步骤和指南,确保您能够顺利地进入 Python 的世界。我们从 Python 的基本概念开始,包括其语法特点、生态系统和开源社区等,然后逐步过渡到 Python 的基础语法,再到 Python 的高级特性,如函数、模块和包的使用。此外,我们还将介绍如何使用 Python 的集成开发环境（IDE）进行编程,以及如何通过Credamo见数教学实训平台进行Python编程实践。

第二部分"Python统计分析"深入讲解了Python在统计分析领域的应用。我们将覆盖数据预处理、数据描述、数据可视化、方差分析、相关分析、回归分析、逻辑回归以及聚类分析等多个方面。每章都配有丰富的实训案例，帮助读者通过实践掌握所学知识，将理论与实际操作相结合。

第三部分"综合实训进阶"通过综合的实训案例，如餐饮店数据分析、游戏平台数据分析和消费者需求预测与分析，展示了数据分析在不同领域中的实际应用。这部分内容不仅加深了读者对于数据分析方法的理解，也为他们提供了宝贵的实践经验，帮助他们进一步提升数据分析能力。

本书有以下特点。

（1）系统性与实用性并重：本书从Python编程基础讲起，逐步深入到数据分析的各个方面；每章都配有详细的理论讲解和丰富的实训案例，帮助读者通过实践巩固所学知识；通过结合理论与实践，读者可以更快速地掌握数据分析的技能。

（2）丰富的案例与实战：书中包含了大量的实际案例，涵盖了数据预处理、数据描述、可视化、方差分析、回归分析等多个方面；每个案例都详细介绍了案例背景、分析过程和结果解读，使读者能够更好地理解数据分析的实际应用。

（3）教学实训平台支持：本书结合Credamo见数教学实训平台，提供在线编程练习和丰富的案例资源；读者可以通过平台进行实际操作，加深对所学知识的理解和应用。

本书的编写得到了许多人的帮助和支持。感谢我的同事刘冬和朋友们在写作过程中提供的宝贵意见和建议；还要感谢清华大学出版社的编辑团队，他们的辛勤工作使得本书得以顺利出版。希望《Python数据分析快速入门》能够成为您学习数据分析道路上的良师益友，帮助您在数据科学的旅程中不断进步。愿每一位读者都能通过本书掌握数据分析的核心技能，开启数据驱动的新篇章！

姚 凯

2024年12月

本书配有教学实训平台，扫描右下方二维码可获取该实训项目及数据。教师如有需要，可扫码登录教学实训平台（edu.credamo.com），在课程库中搜索"Python数据分析快速入门"课程，便可在"我的课程"教师端组织班级学生加课学习。

扫描此码

进入平台

目　　录

第一部分　Python 编程基础

第 1 章　引言 ... 3
1.1　为什么学习 Python ... 3
1.2　Python 的历史和发展 ... 6
1.3　利用 Python 进行数据分析 ... 8
本章小结 ... 14

第 2 章　Python 安装与在线使用 ... 15
2.1　下载和安装 Python ... 15
2.2　在 IDE 中编程 ... 17
2.3　教学实训平台——教师端 ... 24
2.4　教学实训平台——学生端 ... 47
本章小结 ... 60

第 3 章　Python 的基础语法 ... 61
3.1　变量 ... 61
3.2　数据类型 ... 62
3.3　流程控制语句 ... 74
3.4　实训案例 ... 77
本章小结 ... 82

第 4 章　函数、模块与包 ... 83
4.1　函数 ... 83
4.2　模块和包的使用 ... 90
4.3　实训案例 ... 92
本章小结 ... 94

第二部分　Python 统计分析

第 5 章　数据预处理 ... 99
5.1　NumPy 基础 ... 99

5.2 NumPy 中数组的基本操作 ··· 103
5.3 NumPy 中的通用函数 ··· 105
5.4 矩阵运算 ··· 106
5.5 Pandas 基础 ··· 107
5.6 Pandas 的数据操作 ··· 113
5.7 实训案例 ··· 123
本章小结 ··· 126

第 6 章　数据描述 ··· 128

6.1 集中趋势 ··· 128
6.2 离散程度 ··· 131
6.3 统计表 ··· 134
6.4 实训案例 ··· 137
本章小结 ··· 139

第 7 章　统计图表与可视化 ·· 140

7.1 Matplotlib 概述 ·· 140
7.2 图表的常用设置 ·· 142
7.3 常用图表的绘制 ·· 144
7.4 Seaborn 图表 ··· 151
7.5 实训案例 ··· 157
本章小结 ··· 160

第 8 章　方差分析 ··· 161

8.1 方差分析的基本原理 ·· 161
8.2 单因素方差分析 ·· 163
8.3 多因素方差分析 ·· 167
8.4 实训案例 ··· 171
本章小结 ··· 174

第 9 章　相关分析 ··· 176

9.1 函数关系与相关关系 ·· 176
9.2 简单相关分析 ·· 177
9.3 偏相关分析 ··· 181
9.4 实训案例 ··· 183
本章小结 ··· 186

第 10 章　回归分析 ··· 188

10.1 回归方程的基本原理 ·· 188

10.2	一元线性回归	191
10.3	多元线性回归	196
10.4	实训案例	197
本章小结		200

第 11 章 逻辑回归 ··· 202

11.1	逻辑回归的基本概念	202
11.2	二元逻辑回归	203
11.3	多分类逻辑回归	205
11.4	有序逻辑回归	208
11.5	实训案例	210
本章小结		212

第 12 章 聚类分析 ··· 213

12.1	聚类的基本原理	213
12.2	层次聚类	216
12.3	k 均值聚类	219
12.4	实训案例	221
本章小结		224

第三部分 综合实训进阶

第 13 章 上海餐饮店数据分析 ··· 227

13.1	项目背景与研究内容	227
13.2	数据采集与预处理	228
13.3	描述统计与可视化图表	231
13.4	餐饮店评分与价格的聚类分析	234
13.5	餐饮店评分的逻辑回归分析	236
13.6	结论与建议	237
本章小结		238

第 14 章 L 游戏平台数据分析 ··· 240

14.1	项目背景与研究内容	240
14.2	数据采集与预处理	241
14.3	描述统计与可视化图表	242
14.4	L 游戏平台指标的相关性分析	249
14.5	基于多元线性回归的 L 平台日鲜花数分析	249
14.6	结论与建议	251

本章小结 ··· 251
第 15 章　消费者需求预测与分析 ·· 253
   15.1　项目背景与研究内容 ·· 253
   15.2　数据采集与预处理 ·· 254
   15.3　描述统计与可视化图表 ·· 255
   15.4　购买意愿的差异性分析 ··· 261
   15.5　基于回归分析的购买意愿影响因素研究 ·· 264
   15.6　结论与建议 ·· 266
   本章小结 ··· 267

参考文献 ··· 268

第一部分

Python 编程基础

第 1 章

引　言

学习目标
1. 了解 Python 编程语言，包括其语法特点、生态系统和开源社区等。
2. 了解 Python 语言的起源以及当前的发展趋势。
3. 掌握 Python 数据分析的基本概念与步骤。
4. 了解 Python 在数据分析领域中的重要性和应用场景。

随着数据科学的迅猛发展，Python 作为一种强大的编程语言，已成为数据分析领域的首选工具。本章将引导你了解 Python 数据分析的基础概念，探索其强大功能，并揭示数据分析在实际应用中的巨大潜力。

1.1 为什么学习 Python

在当今科技飞速发展的时代，学习编程语言已经成为许多人的必然选择。而 Python 作为一门流行的编程语言，其具有许多吸引人的特点。

1.1.1 简单易学的语法

学习 Python 的一个主要原因是其简单易学的语法。Python 的语法设计旨在使初学者能够迅速入门，同时对有经验的开发者也很友好。以下是一些强调 Python 语法易学性的关键特点。

（1）清晰简洁。Python 以其清晰简洁的语法而著称，相较于其他编程语言，它减少了冗余的符号和结构。这种简洁性使得 Python 代码更易于理解，有助于降低学习曲线，同时提高代码的可维护性。此外，清晰简洁的代码结构也有助于减少错误和提高代码的可靠性，为开发者提供更愉悦的编程体验。这种特性使 Python 成为初学者和专业开发者的首选，推动着其在不同领域的广泛应用。

（2）强调可读性。Python 的设计哲学之一是强调代码的可读性。这意味着在 Python 中编写的代码更接近自然语言，更易于理解。这种特性使得团队成员能够更容易地理解、维护和扩展彼此的代码，促进了团队协作，提高了团队效率。

（3）缩进代替大括号。Python 使用缩进而不是大括号来表示代码块。这种缩进的方式使得代码的结构更加直观，也促使程序员编写更一致的代码。Python 的这一特点也使新手更容易理解代码块的层次关系，同时鼓励更规范的代码风格，提高了整体代码的可读性和可维护性。

（4）少量关键字。Python 拥有相对较少的关键字，这降低了学习的难度，且大多数关键字都具有直观的含义，这有助于开发者快速理解和使用。例如，Python 中的关键字如 if、for、while、def 等，都是直接对应于编程逻辑中的基本概念，如条件判断、循环和函数定义。

（5）解释型语言。解释型语言意味着 Python 代码在运行时会被解释器逐行解释执行，而不是像编译型语言那样先编译成机器代码再执行。这种特性使得 Python 的开发过程更加快速和灵活，因为开发者可以立即看到代码的执行结果，而不需要等待编译过程。

（6）动态类型系统。Python 是一种动态类型语言，无需显式声明变量的类型。这简化了代码，使得变量的使用更加自由灵活。这种灵活性不仅提高了编码效率，同时也使代码更容易调试和修改，适应了快速迭代和开发的需求。

1.1.2 强大的可视化功能

Python 还以其丰富的可视化功能而闻名（图 1-1，图 1-2）。具体来说，在数据分析和展示领域，Python 以其丰富的可视化功能和强大的可视化工具库，为数据分析和展示领域提供了强有力的支持。用户可以利用这些工具将数据转化为直观、易于理解的图表形式，从而更好地理解和传达数据中的信息。

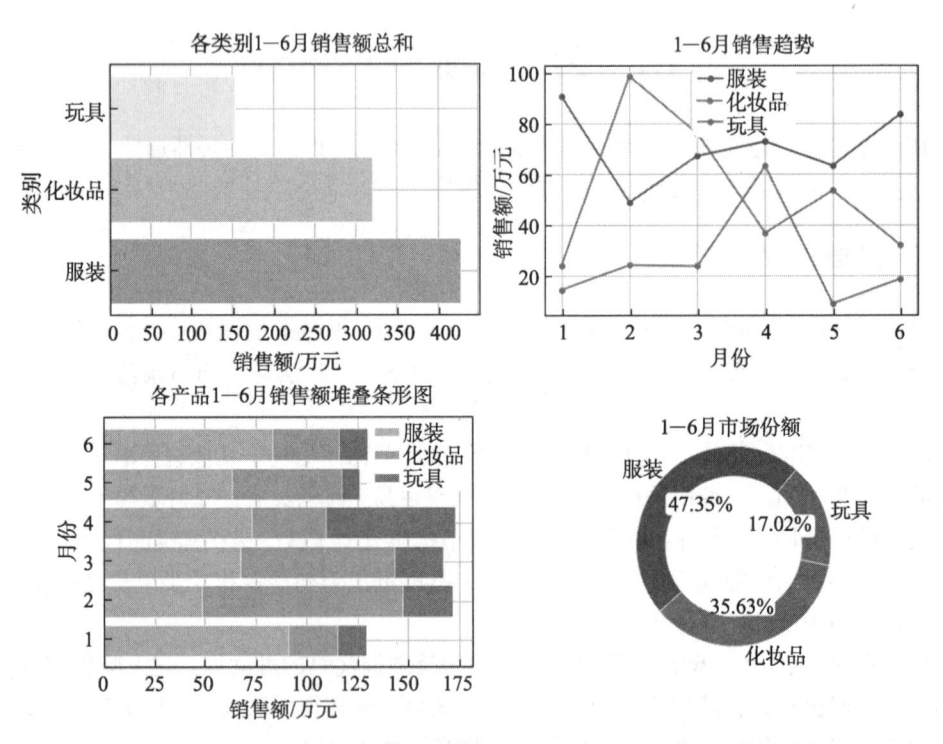

图 1-1 数据可视化（一）

图 1-2 数据可视化（二）

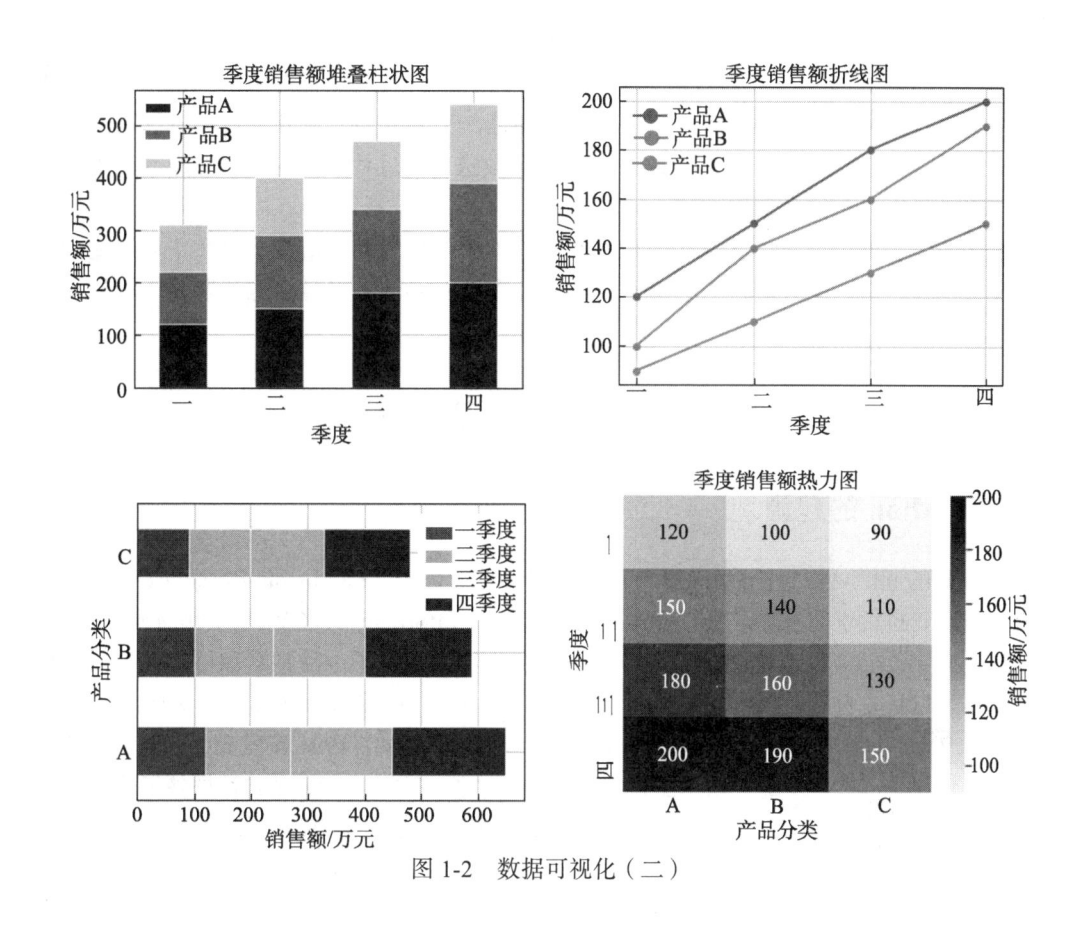

1.1.3 多用途的编程语言

  Python 是一种多用途的编程语言，其简洁易读的语法使初学者能够轻松入门。具体来讲，在 Web 开发上，Python 有很多强大的 Web 开发框架，这些框架极大地简化了 Web 应用的开发流程，使开发者能够快速搭建起功能丰富的网站和应用程序；在数据科学和人工智能领域，Python 是最常用的语言之一，提供了众多优秀的机器学习和深度学习框架；Python 还常用于编写自动化脚本，无论是系统管理、文件处理，还是网络爬虫，Python 都能提供简洁的代码实现。

  总体而言，无论是构建高效的 Web 应用、进行复杂的数据分析，还是编写简单的自动化脚本等，Python 都展现了其灵活性和适应性，为不同领域的开发任务提供了一种统一的、强大的解决方案。

1.1.4 生态系统与开源社区

  在 Python 的生态系统中，有许多优秀的工具和库，如 SciPy、Matplotlib、TensorFlow、PyTorch 等，涵盖了科学计算、机器学习、人工智能等多个领域。这使 Python 成为一个全面且强大的编程工具，适用于各种不同的应用场景。通过参与这个充满活力的生态系统，开发者可以更轻松地掌握新技术、解决问题，并与同行进行交流和合作。

同时，Python 的开源本质使其成为一个由全球开发者社区支持的语言。这个社区提供了大量的学习资源、文档和教程，帮助初学者快速入门，并为专业开发者提供深入的技术洞察。开源的特性还意味着 Python 会不断更新和改进，通过社区的合作，不断推动语言的发展，确保其保持在技术创新的前沿。

总体而言，Python 的强大之处不仅在于语言本身的设计和简洁性，也在于多用途的应用以及其庞大、活跃的开源社区，这使得学习者和开发者能够更轻松地获取并应用最新的技术和工具。

1.2　Python 的历史和发展

1.2.1　Python 的起源

Python 的起源可以追溯到 1989 年，由吉多·范罗苏姆（Guido van Rossum）在荷兰国家数字与计算机科学研究中心（Centrum Wiskunde & Informatica，CWI）工作时开始开发。Python 的名字受到英国喜剧团体 Monty Python 的影响，强调了一种幽默和可读性的设计理念。吉多的目标是创建一种易读且功能强大的编程语言，以促使程序员更加愉快地工作。

Python 的第一个公开发行版本在 1991 年发布，它是一个解释型、动态类型的编程语言。从一开始，Python 就具备了函数、异常处理，包括列表和字典在内的核心数据类型，以及基于模块的扩展系统。

此后，Python 的发展逐渐得到了更多开发者的参与和支持，形成了一个庞大的开源社区。在过去的几十年里，Python 经历了多个版本的更新和改进，不断增加新的特性和不断优化，成为当今最受欢迎的编程语言之一。

扩展阅读 1.1　Python 的重要版本更新

1.2.2　Python 的发展趋势

Python 的使用在过去几年中经历了显著增长，在当前的 IT 就业市场上依然是首屈一指、备受追捧的技术之一。如图 1-3 所示，根据 2024 年编程语言排行榜的最新数据，Python 以 16.4% 的市场份额稳居第一，保持着其在编程语言中的领先地位。

同时，Python 也在多个领域取得了广泛应用，以下是 Python 发展趋势的一些关键方面。

（1）数据科学和机器学习。Python 在数据科学和机器学习领域的应用呈现显著增长。Python 拥有众多强大的库和框架，如 NumPy、Pandas、Matplotlib、Scikit-learn、TensorFlow 和 PyTorch 等，使其成为数据科学家和机器学习工程师的首选语言。这些工具提供了丰富的功能，包括数据处理、统计分析、机器学习模型的开发和部署。

（2）人工智能。人工智能领域中，Python 已经确立了其主导地位，成为首选编程语言之一。其通用性和易用性使研究人员和工程师能够专注于算法和模型的开发，而无需过多关注编程细节。TensorFlow 和 PyTorch 等流行的深度学习框架都是用 Python 编写的，为构建、训练和部署复杂的神经网络模型提供了便利，这使得 Python 在自然语言处理、计算机视觉和语音识别等关键领域也取得了广泛的成功和应用。

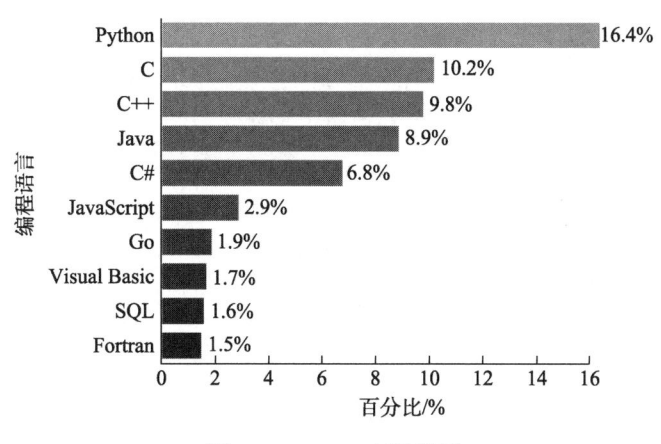

图 1-3　Python 市场份额

（3）Web 开发。在 Web 开发中，Python 广泛应用于构建高效、可扩展的 Web 应用程序。强大的 Web 框架使得开发者能够快速搭建各种规模的 Web 应用。例如，使用 Django 框架可以迅速构建功能强大的 Web 应用，而 Flask 则提供了更轻量级的框架，适用于小型到中型规模的项目。这些框架不仅提供了简化开发流程的工具，还有助于维护良好的代码结构和提高开发效率。

（4）自动化和脚本。Python 以其简洁的语法和强大的标准库，被广泛应用于自动化脚本开发。无论是文件管理、数据处理，还是批量任务执行，Python 都能提供高效的解决方案。例如，系统管理员可以使用 Python 编写脚本，实现对重复性任务（如日志分析、备份管理、用户权限分配等）的自动化处理，大幅度提高工作效率。

（5）大数据和科学计算。Python 在大数据领域的应用不断增加，引入了相关的工具和库，如 PySpark 和 Dask 等，使 Python 成为处理大规模数据集和进行科学计算的强大工具。PySpark 为 Python 提供了与 Apache Spark 的无缝集成，为分布式数据处理提供了便利。同时，Dask 则使 Python 能够进行并行计算和任务调度，使其适用于处理大规模数据集的计算密集型任务。这些工具的引入进一步拓展了 Python 的应用领域，使其成为大数据处理和科学计算领域的首选语言之一。

1.2.3　Python 的在线编程

随着技术的发展，出现了许多在线平台和工具，开发者能够直接在浏览器中进行 Python 编程。这些平台通常提供了交互式的开发环境，无需用户在本地安装 Python 解释器。Python 在线编程被广泛用于教育领域，以下是其中的一些基本信息。

（1）教育目的。Python 的在线编程平台在学校和大学等教育机构中得到广泛应用，用于教授编程基础、数据科学、机器学习等课程。这些平台为学生提供了一个互动的学习环境，使他们能够直接在浏览器中进行编码、实时运行代码、调试错误，并即时查看代码执行结果。这种实时的反馈机制有助于加深学生对编程概念的理解，提高编程技能，并培养解决问题的能力。此外，在线编程平台通常集成了丰富的学习资源和教学工具，为教育者和学生提供了便捷而有效的教学环境。

（2）在线编程环境的便利性。在学校中，学生可能会面临使用不同设备的情况。在线编程平台通过浏览器提供了无需本地安装 Python 的灵活性，学生可以在任何地方、使用任何设备访问并学习编程。这种便利性消除了对特定操作系统或硬件的依赖，为学生提供了更大的灵活性，使他们能够在不同场合和设备上轻松学习和实践编程技能。同时，这也减轻了学校和教育机构维护学生机器环境的负担，简化了教学过程，使学习编程更加无障碍和普及。

（3）实时协作和分享。一些在线编程平台支持实时协作，使学生能够在项目上共同协作，提高团队协作能力。通过在线编程环境，多个用户可以同时编辑和查看相同的代码文件，实时同步变更，从而实现实时的协作效果。这种功能不仅有助于学生学习团队合作与编程实践，还提升了解决问题的协同能力。此外，学生可以轻松地分享他们的项目和代码。通过简单的链接或共享选项，他们能够向同学、老师或整个社区展示自己的成果。这种分享机制促进了知识的传播和交流，使学习过程更具社交性，也为他人提供了学习和借鉴的机会。这样的实时协作和分享功能使在线编程平台成为学生之间、学生与教师之间互动的强大工具。

1.3 利用 Python 进行数据分析

1.3.1 数据分析的基本概念

数据分析是指通过采用适当的统计分析方法，对大量收集到的数据进行处理和研究，从中提取有用的信息、揭示潜在的模式，并最终形成结论。这一过程有助于支持决策、发现趋势、解决问题，为业务和研究提供深刻的洞察。通过数据分析，组织和个人能够更好地理解他们所面临的挑战和机遇，以便更明智地制定战略和采取行动。

在 Python 中，数据分析得到了强大的支持，有许多丰富的数据科学库可供利用。其中包括但不限于 Pandas、NumPy、Matplotlib、Statsmodels 等。这些库提供了广泛的功能，涵盖了数据的处理、统计分析、可视化和机器学习等方面。Pandas 用于处理和操作数据表格，NumPy 提供了高性能的数学运算，Matplotlib 用于绘制图表，而 Statsmodels 支持统计建模。这样数据分析人员能够在 Python 环境中轻松地进行数据探索和建模工作，从而提高了效率和便捷性。

1.3.2 数据分析的基本步骤

如图 1-4 所示，数据分析通常涉及一系列基本步骤，这些步骤帮助从原始数据中提取信息，得出结论，支持决策制定。这些基本步骤通常包括问题定义、制定统计假设、数据收集、数据预处理、描述性统计分析、统计建模以及验证与解释。通过系统性地执行这些步骤，数据分析人员能够深入理解数据集，发现潜在的模式和趋势，从而为业务决策提供可靠的基础。

1. 问题定义

问题定义是进行统计分析的关键步骤。通过明确研究问题，确定需要关注的变量和相应的假设，以便能够更有针对性地选择适当的统计技术，并规划有效的数据收集方法，从

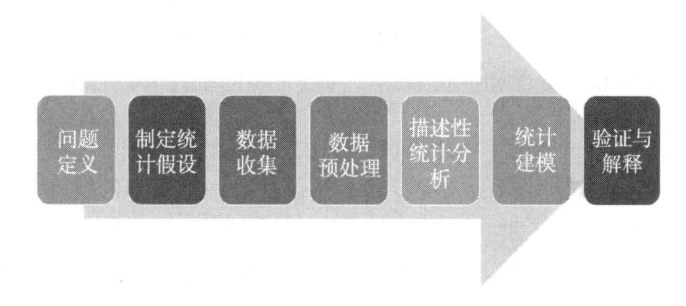

而确保统计分析能够有效地解决研究问题。

图 1-4 数据分析基本步骤

2. 制定统计假设

在进行统计分析时，制定明确的统计假设是关键步骤。原假设（H0）是研究者提出的关于数据总体的陈述，通常表达为没有效应或差异。备择假设（H1）则陈述相对于原假设的期望变化，可能是效应存在、关系存在或差异存在。通过明确定义这两个假设，为后续统计测试提供了明确的方向，使其能够在数据分析中检验假设，从而得出对所研究问题的有力结论。

3. 数据收集

在数据分析过程中，数据收集是至关重要的步骤。它涉及通过合适的方法获取与研究问题相关的数据，并确保收集的数据在方法和样本选择方面符合要求。有效的数据收集需要仔细规划和执行，包括明确定义变量、选择适当的抽样方法、确保数据的可靠性和有效性，并在实际收集过程中保持一致性，以确保所得数据对后续的统计分析具有可信度和代表性。

4. 数据预处理

数据预处理是数据分析过程中至关重要的步骤，如图 1-5 所示。其中数据清洗发挥着

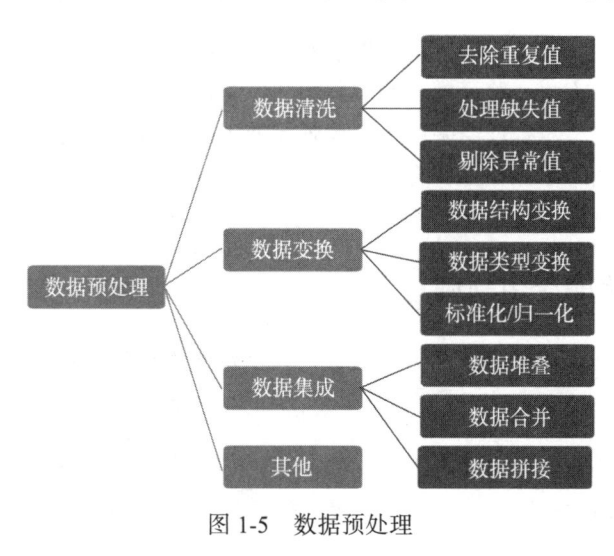

图 1-5 数据预处理

重要的作用，数据清洗旨在消除数据中的缺失值、异常值和重复值，以确保数据质量和一致性。另外，我们也对数据进行变换和集成，使其适用于统计分析，为建模和决策提供可靠的基础。整个过程通常需要深入了解数据的特点，并运用适当的工具和技术，如 Pandas 和 NumPy 库，以便高效地清理和准备数据，为进一步的统计分析打下坚实的基础。

5. 描述性统计分析

描述性统计分析是数据分析的关键步骤，通过计算一些基本的统计指标，我们能够对数据的整体情况有一个初步了解。这些统计指标包括均值、中位数、标准差等，它们提供了数据集的集中趋势、离散程度等重要信息。例如均值反映了数据的平均水平，中位数描述了数据的中间位置，而标准差则反映了数据的离散程度。通过这些指标的计算和分析，我们能够对数据集的特征有更深入的认识，为后续的统计建模和决策提供基础。

6. 统计建模

在数据分析的进阶阶段，统计建模成为一种有力的工具，特别是当我们需要理解变量之间的关系、进行预测或者探索潜在的模式时。统计建模通过应用各种统计方法，使我们能够量化变量之间的相互影响，并据此构建预测性模型或探索性模型。这一过程涉及选择适当的模型、拟合模型参数、评估模型性能等步骤，进而从数据中提取有关现象和关联的深刻见解。

例如，线性回归用于建模因变量与一个或多个自变量之间的线性关系。通过拟合一条直线，线性回归可以帮助我们了解变量之间的趋势，并用于预测新的观测结果。这种模型适用于连续型因变量的情况，如预测销售额、温度等。

又如，逻辑回归主要用于描述和推断二分类或多分类因变量与一组自变量的关系。比如在市场营销领域中，我们探讨消费者购买汽车的影响因素，这里的因变量为是否购买汽车，即"是"或"否"，为二分类变量。通过二分类逻辑回归（binary logistic regression）分析，我们就可以大致了解到底哪些因素是购买汽车的影响因素。线性回归和逻辑回归都是统计建模中常用的工具，根据问题的性质选择合适的模型能够更准确地理解数据和做出预测。

7. 验证与解释

在统计建模之后，验证模型的适用性以及对统计结果进行解释是至关重要的步骤。通过采用如残差分析等方法，验证模型的准确性和稳健性，以确保其对业务或研究问题提供有意义的洞察。同时，对统计结果进行解释则有助于深入理解模型的影响因素，为决策提供可靠的依据。这两个步骤相互补充，确保了模型不仅是合适的，而且能够为业务或研究问题提供有意义的洞察。

1.3.3 数据分析的应用领域

Python 被越来越多的用于数据分析当中，其重要性体现在许多方面。

1. 决策支持

数据分析为决策制定提供了有力的支持。通过对大量数据的分析，决策者能够更好地了解现状、趋势和潜在的影响，从而做出更明智、基于事实的决策。

假设一个电商公司想要优化其产品推广策略，决策者希望通过数据分析了解不同产品特征之间的关系，以及它们与销售表现的关系，从而制定更有效的推广策略。

决策者可以利用散点矩阵图来观察不同因素之间的关系，以及它们与销售表现的关系，如图1-6所示。通过观察图中的分布情况，可以得到一些初步的洞察：

（1）如果发现某个因素与销售额之间存在强烈的正相关关系，那么公司可以考虑更加关注这个因素；

（2）通过观察不同类别的数据点分布，可以了解不同类别产品的差异，为差异化推广提供支持。

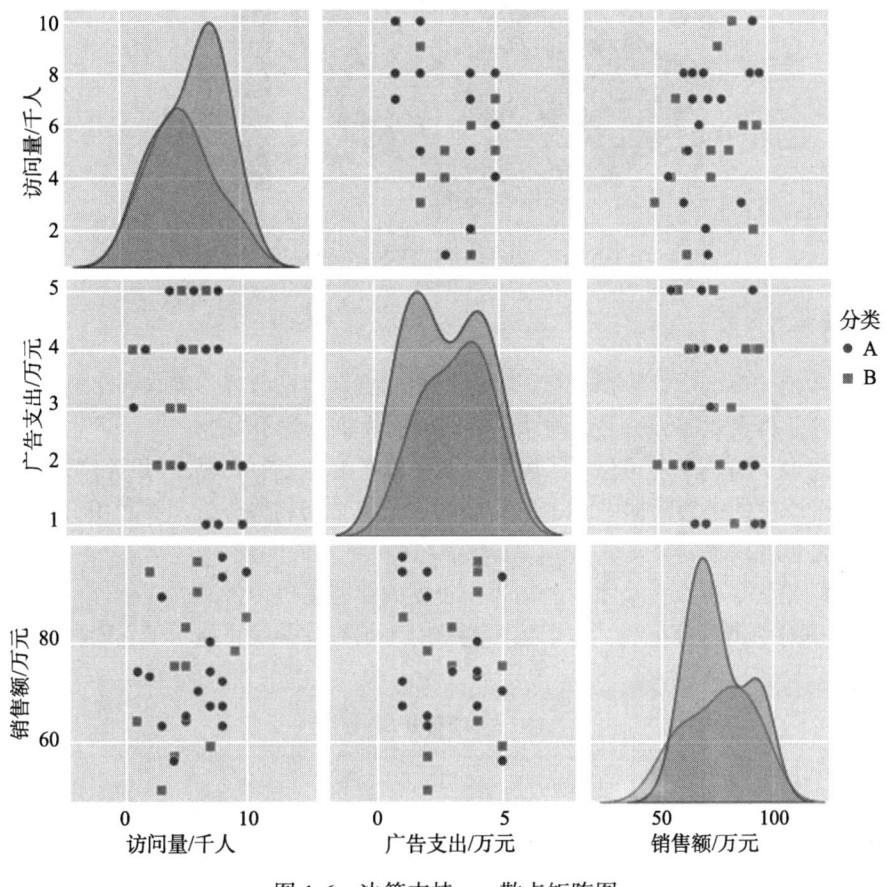

图1-6　决策支持——散点矩阵图

2. 业务优化

通过对业务数据的深入分析，组织能发现效率低下、资源浪费的环节或优化机会。这有助于提高生产力、减少成本，并改善业务流程。

假设有一家全球性的电子零售公司，销售各种电子产品，其产品分布在不同的地区和仓库。通过绘制太阳爆炸图（图1-7）来展示销售情况，并更深入地了解不同地区、仓库和产品的销售贡献，具体如下：

（1）在每个地区，每个仓库销售了哪些产品；

（2）不同产品在销售中的贡献；

（3）在整个电商公司范围内，哪个地区、仓库和产品的销售额最高，哪些相对较低。

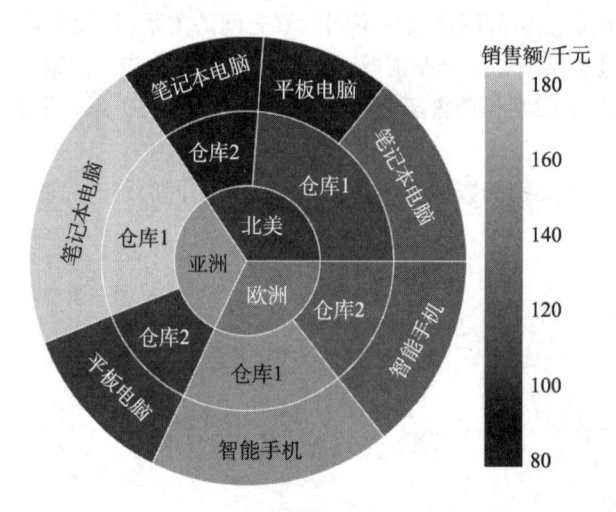

图 1-7　业务优化——太阳爆炸图

3. 市场竞争

在竞争激烈的市场中，数据分析可以帮助企业更好地了解客户需求、市场趋势和竞争对手动态。这使得企业能够更灵活地调整战略，提高市场竞争力。

假设一家电子消费品公司想要了解其智能手机在市场上的表现，并以此制定未来策略。通过过去几个季度的销售数据（图 1-8），公司进行了市场趋势分析，并利用折线图来可视化数据，具体包含以下内容。

（1）公司销售额折线：显示了公司每个季度的智能手机销售额的变化。

（2）竞争对手销售额折线：每个主要竞争对手都有一条线，展示了它们在相同季度的销售额变化。

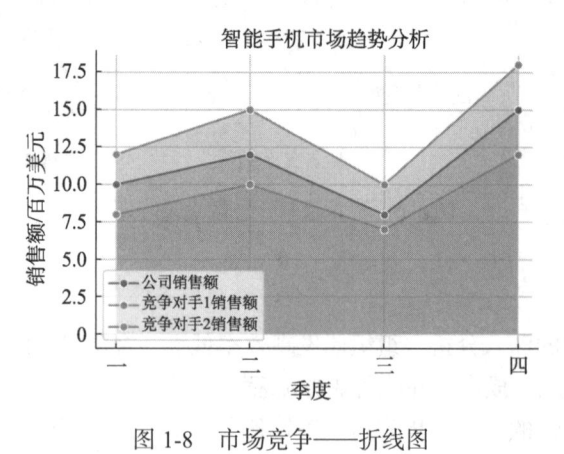

图 1-8　市场竞争——折线图

4. 客户洞察

数据分析有助于深入了解客户行为、偏好和需求。通过分析客户数据，企业可以个性化服务、改进产品，提高客户满意度，并增加客户忠诚度。

假设一家电子商务公司希望通过数据分析深入了解其在线平台上不同产品类别的客户购买行为，以便更好地满足客户需求。公司收集了每位客户购物车中电子产品、服装以及家用电器的购买数量，通过小提琴图（图1-9）来可视化不同产品类别的购买分布。

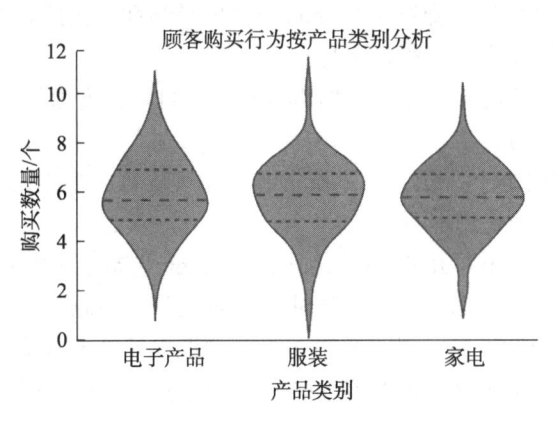

图1-9 客户洞察——小提琴图

5. 统计建模

统计建模在数据分析中扮演着关键的角色，它通过数学和统计学的方法帮助我们理解数据之间的关系，并进行分析和预测。Python作为一门强大的编程语言，提供了丰富的库和工具，使得统计建模变得更加灵活和可行。

考虑一个实际场景：我们拥有一个包含房屋面积和价格的数据集，希望建立一个能够准确预测房屋价格的模型。在这个背景下，线性回归模型是一个常用的选择，它通过拟合一条直线来描述房屋面积与价格之间的关系。

使用Python进行这样的建模过程十分便捷：首先，我们可以利用Pandas库加载和处理数据。接着，通过Statsmodels库中的线性回归模型，我们能够构建一个数学模型，其中房屋面积充当自变量，价格为因变量，最终结果如图1-10所示。

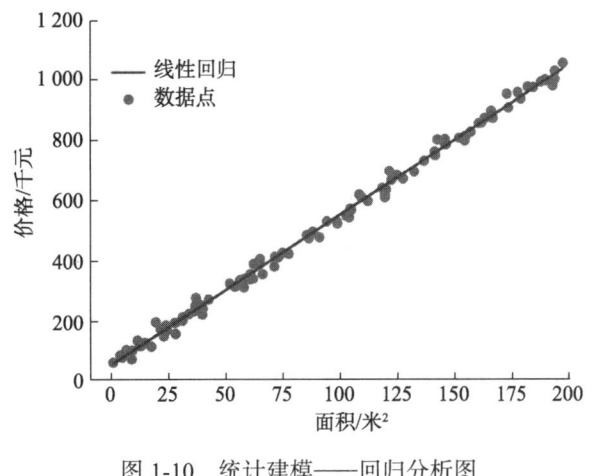

图1-10 统计建模——回归分析图

本 章 小 结

本章为读者提供了 Python 数据分析的入门知识。以下是本章的主要内容和要点：

（1）Python 的简洁语法：介绍了 Python 语法的易学性，包括其清晰简洁的代码结构、强调可读性、使用缩进代替大括号等特点。

（2）Python 的可视化功能：讨论了 Python 在数据可视化方面的强大功能，以及它是如何支持数据分析和展示的。

（3）Python 的多用途性：概述了 Python 作为编程语言的多样性，包括 Web 开发、数据科学、人工智能、自动化脚本等。

（4）Python 的生态系统与开源社区：强调了 Python 生态系统中的工具和库，如 Scipy、Matplotlib、TensorFlow 等，以及开源社区对 Python 发展的贡献。

（5）Python 的历史和发展：回顾了 Python 的起源以及 Python 的发展趋势。

（6）数据分析的基本概念：定义了数据分析的概念，即通过统计分析方法处理数据、提取信息，并形成结论。

（7）数据分析的基本步骤：概述了数据分析的基本步骤，包括问题定义、制定统计假设、数据收集、数据预处理、描述性统计分析、统计建模以及验证与解释。

（8）数据分析的应用领域：讨论了数据分析在决策支持、业务优化、市场竞争、客户洞察和统计建模方面的应用。

第 2 章

Python 安装与在线使用

学习目标

1. 学会如何从官方网站下载和安装 Python。
2. 了解常用的 Python 集成开发环境（IDE）。
3. 学会在 Jupyter Notebook 中进行基本的 Python 编程。
4. 掌握 Credamo 见数教学实训平台的使用方法，包括教师端和学生端的操作流程。

在第 1 章中，我们深入了解了 Python 在数据分析中的重要性和广泛应用。本章将引导你实际操作，从安装 Python 开始，到能够在自己的计算机上开始编程。本章将为你提供必要的操作步骤，保证你能够顺利进入 Python 的世界。

2.1　下载和安装 Python

2.1.1　官方网站下载

Python 官方网站提供了 Python 解释器的下载，以 Windows 为例，以下是从官方网站下载 Python 的步骤。

（1）打开浏览器，访问 Python 官方网站地址 https://www.python.org。将光标移动到 Downloads 菜单上，选择 Windows 命令，即可进入详细的下载列表，如图 2-1 所示。

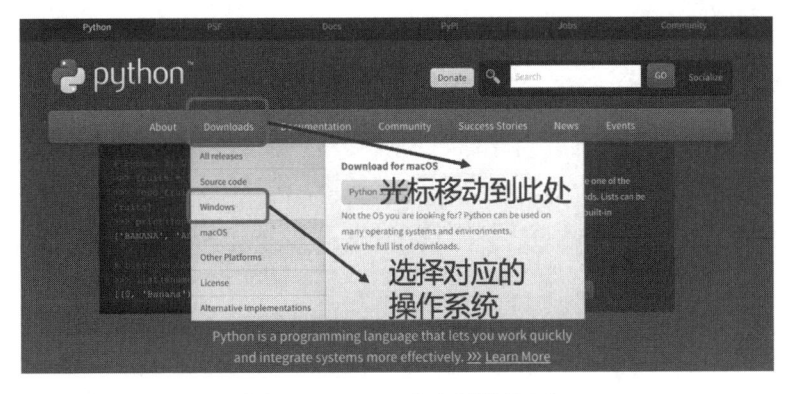

图 2-1　Python 官方网站界面

（2）找到对应版本然后根据计算机配置选择 64 位或者 32 位。就安装程序而言，如果选择了"embeddable package"，则会下载一个压缩包。解压缩该文件后，将获得 Python 解释器和相关文件。请注意，你需要手动配置环境变量以便于在命令行中使用 Python。如果选择了"Windows installer"，则会下载一个.exe 可执行程序，双击该可执行程序并按照提示进行安装。安装完成后，Python 将自动配置环境变量，并且你可以直接在命令行中使用 Python。

2.1.2 安装过程详解

（1）运行安装程序。一旦下载了 Python 安装程序（通常是一个.exe 文件），双击该文件以运行安装程序，如图 2-2 所示。如果选择了"embeddable package"，则需要先解压缩该文件。

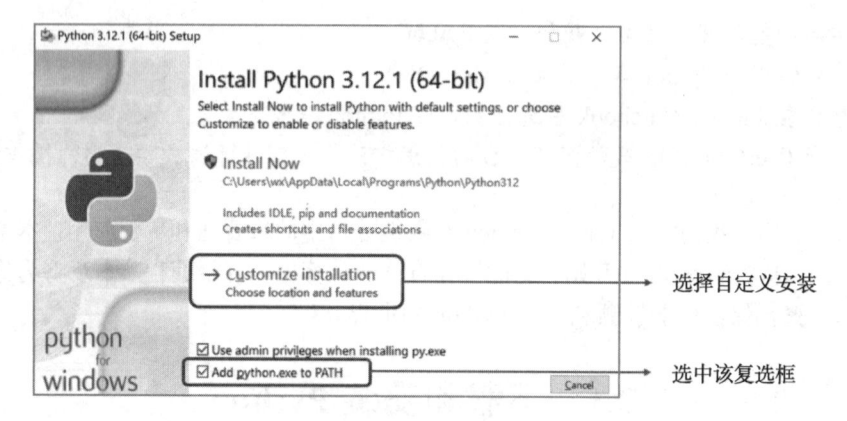

图 2-2 Python 安装向导

（2）选择要安装的组件：单击"Customize installation"按钮，进行自定义安装。在随后出现的对话框中（图 2-3），将看到一个列出了各种组件和选项的列表，可能包括安装 Python 帮助文档、pip（Python 包管理器）等。可以根据需要勾选或取消勾选各个组件。

在完成选择后，单击"Next"（下一步）按钮，进入"安装选项"对话框。

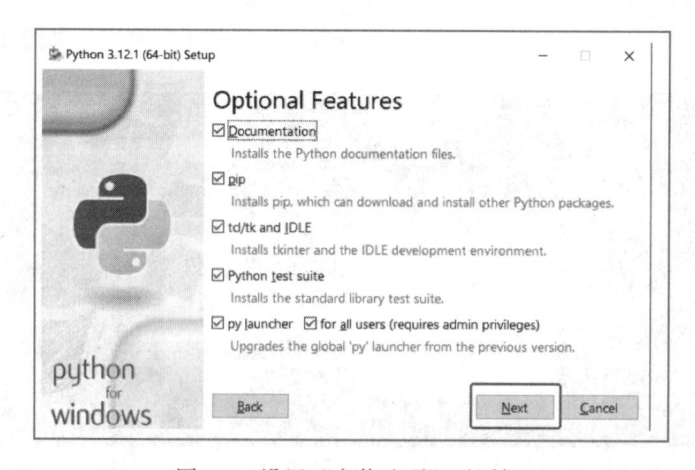

图 2-3 设置"安装选项"对话框

（3）设置安装路径。单击"Next"按钮，在出现的"高级选项"对话框中，设置安装路径，其余采用默认设置，如图 2-4 所示。

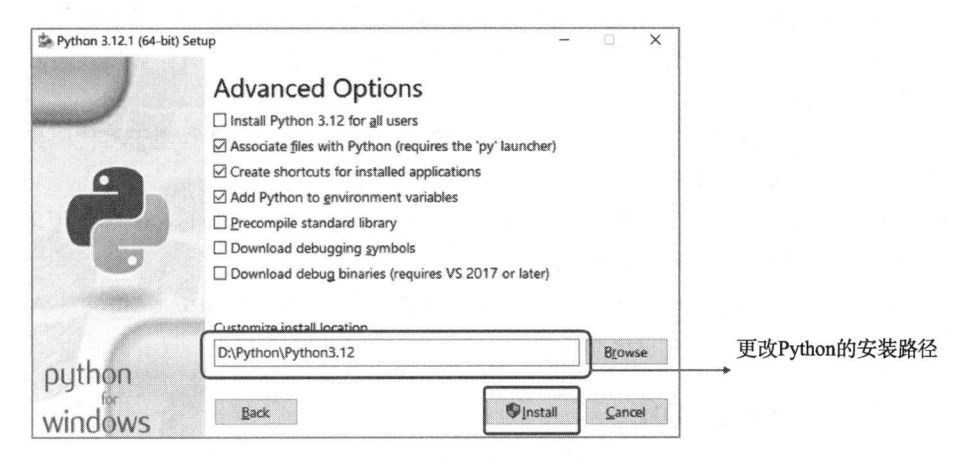

图 2-4 "高级选项"对话框

（4）安装完成。单击"Install"按钮，开始安装 Python，安装完成后将显示如图 2-5 所示的对话框。

图 2-5 "安装完成"对话框

2.2 在 IDE 中编程

2.2.1 什么是 IDE

IDE（集成开发环境，integrated development enviroment，简称 IDE）是一种软件应用程序，旨在为程序员提供一个集成的开发环境，以便于他们开发、调试和部署软件项目。IDE 通过集成多个开发工具和功能，为开发人员提供了一站式解决方案，以提高他们的工作效率和生产力。

IDE 主要组件和功能通常包括以下几种。

（1）代码编辑器：用于编写、编辑和格式化代码的工具。提供编写和编辑源代码的界面，支持语法高亮显示、自动缩进、代码折叠等功能，使代码编写更加高效和舒适。

（2）调试器：用于在程序执行过程中检查和修复错误的工具。调试器可以设置断点、观察变量、单步执行等。

（3）编译器或解释器：将源代码转换为可执行代码的工具。编译器用于将代码编译成机器语言，而对于解释性语言，解释器则逐行解释执行源代码。

（4）版本控制工具：用于管理源代码版本的工具，例如 Git、Subversion 等。版本控制工具允许开发人员协作、追踪更改并管理代码库。

（5）构建工具：用于自动化构建和部署软件项目的工具，例如 Apache Maven、Apache Ant 等，帮助开发者管理项目的开发过程。

2.2.2 常见的 Python IDE

在 Python 开发中，有许多流行的 IDE 可供选择，下面介绍一些常见的 Python IDE 及其特点。

1. Jupyter Notebook

Jupyter Notebook（图 2-6）是一种适用于数据科学的交互式开发环境。它提供了一个 Web 界面，允许用户创建和共享文档，其中包含实时代码、可视化输出、解释性文本和数学方程等内容。

（1）交互式计算：用户可以逐个代码单元（cell）地执行代码，并实时查看执行结果，方便调试和测试代码片段。

（2）多语言支持：Jupyter Notebook 不仅支持 Python，还支持其他多种编程语言，如 R、Julia、Scala 等，使用户可以在同一个环境中进行多语言编程。

（3）可视化支持：适用于数据探索、可视化和实验性编程，可以实时查看代码执行结果。用户可以在 Notebook 中轻松创建图表、图形和其他可视化元素，并实时查看结果，使数据分析和可视化更加直观和高效。

图 2-6　Jupyter 的标志

（4）文档编写：以笔记本的形式组织代码和文本，支持 Markdown 和 LaTeX 格式。用户可以在 Notebook 中编写解释性文本、Markdown 格式的文档、数学方程等，使文档和代码更紧密地结合在一起，方便阅读和理解。

（5）灵活性：用户可以随时将 Notebook 导出为不同格式的文档，如 HTML、PDF、Markdown 等，方便分享和发布。同时，Notebook 文件也可以存储在本地或者在云端进行共享和协作。

（6）便于教学和演示：Jupyter Notebook 被广泛用于教学和演示领域，教师可以通过 Notebook 创建交互式教材和演示文稿，使学习和演示更加生动和互动。

2. PyCharm

PyCharm 是由 JetBrains 公司开发的一款强大的 Python IDE，其特点如下。

（1）具有智能代码完成、代码导航、语法高亮、代码检查和自动修复等功能。

（2）内置调试器、测试支持和集成版本控制系统。

（3）适用于开发各种类型的 Python 应用程序，包括 Web 应用、桌面应用和数据科学项目。

3. Visual Studio Code

Visual Studio Code 是由 Microsoft 开发的轻量级代码编辑器，其特点如下。

（1）通过扩展支持 Python 开发，可以安装丰富的插件来扩展其功能。

（2）具有代码高亮、智能代码完成、调试支持和内置终端等功能。

（3）具有强大的插件生态系统，可通过安装插件来满足特定需求。

4. Spyder

Spyder 是一种科学计算环境，集成了 IPython 控制台和代码编辑器，其特点如下。

（1）适用于数据科学、科学计算和数值分析等领域。

（2）具有强大的数据探索和分析功能，支持实时变量查看、数据可视化和科学计算库的集成。

这些 Python IDE 都具有不同的特点和优势，开发人员可以根据自己的需求和偏好选择适合自己的工具。

2.2.3　IDE 基本配置与使用

Anaconda（图 2-7）是一个非常适合数据分析的 Python 开发环境，特别是对于初学者和数据科学家来说。它集成了许多常用的数据科学库，并且提供了一个简单易用的环境。

图 2-7　Anaconda 的标志

Jupyter Notebook 是 Anaconda 中的一个重要组件，它是一个交互式计算环境，可以通过网页浏览器进行访问和操作。Jupyter Notebook 以笔记本的形式组织代码和文本，并支持 Markdown 和 LaTeX 格式，使用户能够在同一个界面中编写代码、记录思路、展示结果，并且可以实时查看代码执行的结果。这种交互式的方式非常适合数据分析和可视化工作流程。

通过使用 Anaconda 中的 Jupyter Notebook，数据分析人员可以轻松地进行数据探索、数据可视化、实验性编程以及统计模型的建立和测试。此外，Anaconda 还提供了一个强大的包管理系统，可以轻松地安装、管理和更新各种 Python 库和工具，这使数据科学家能够更加专注于解决问题而不是处理环境配置和依赖关系的问题。

下面以 Anaconda 中的 Jupyter Notebook 为例，介绍 IDE 的基本配置与使用流程。

（1）首先打开 Anaconda 官网下载地址（https://www.anaconda.com/download），进入图 2-8 所示界面，输入常用的邮箱并勾选同意，单击"Submit"进行注册。

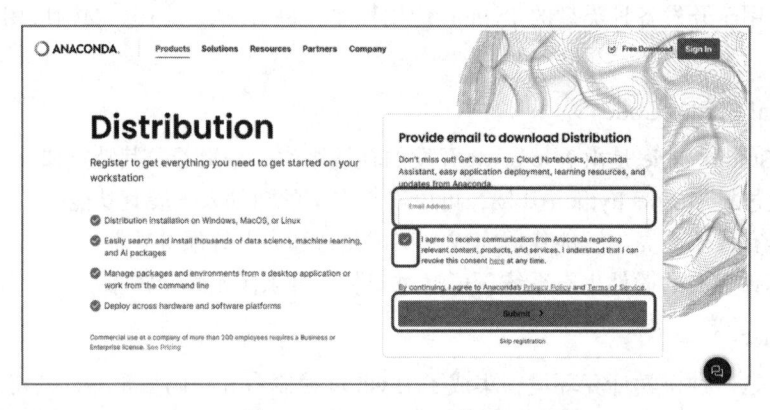

图 2-8　Anaconda 下载界面

（2）此时会跳转到如图 2-9 所示的界面，表明注册成功。

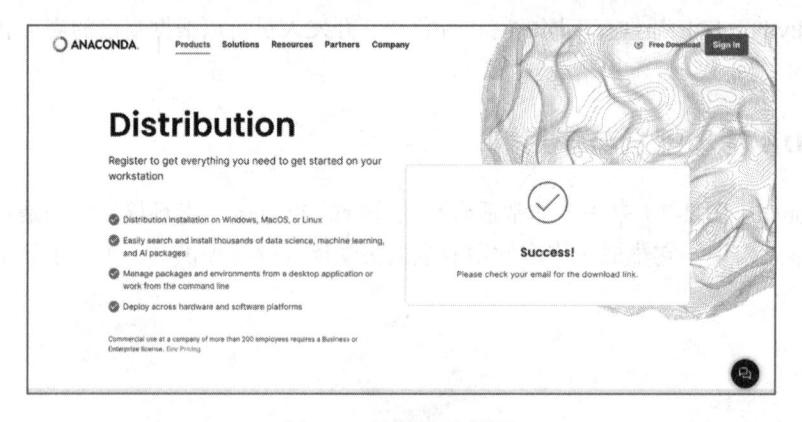

图 2-9　注册成功界面

（3）官方会根据你填写的邮箱账号发给你一个下载链接。查看自己的邮箱并单击"Download Now"跳转到下载页面，如图 2-10 所示。

图 2-10　邮箱界面

（4）选择适合自己计算机操作系统的文件进行下载，如图 2-11 所示。这里直接单击"Download"下载。

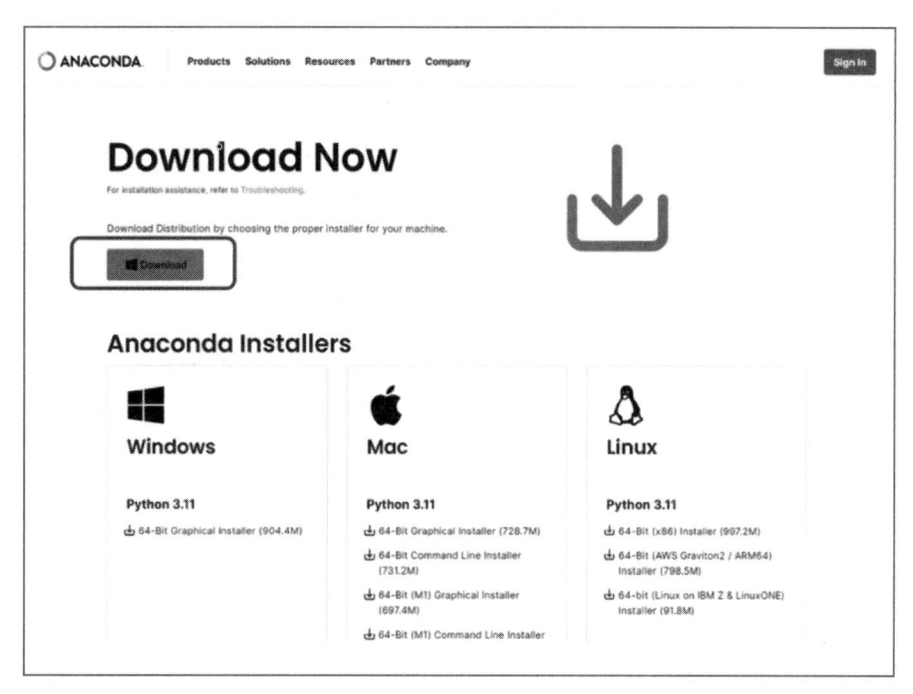

图 2-11　版本选择

（5）手动单击下载好的安装包，进入安装页面，如图 2-12 所示，单击"Next"按钮，随后根据引导一步步完成安装。

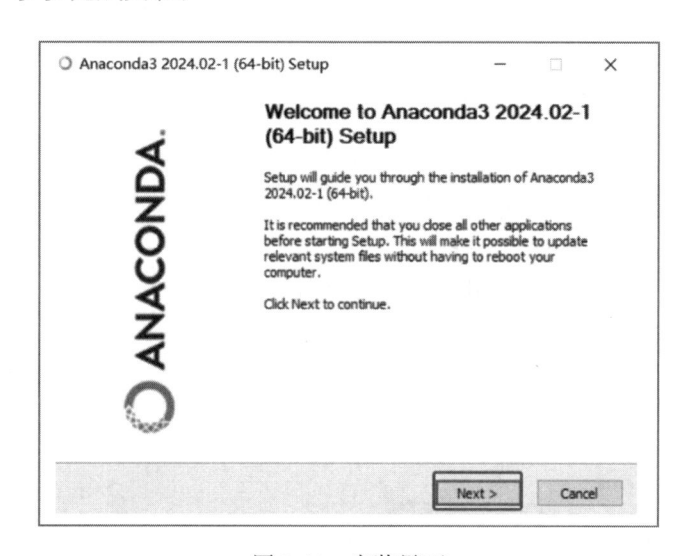

图 2-12　安装界面

（6）安装完成后，你会在系统开始菜单中看到新增加的程序，如图 2-13 所示。这表明 Anaconda 已经成功安装完成。

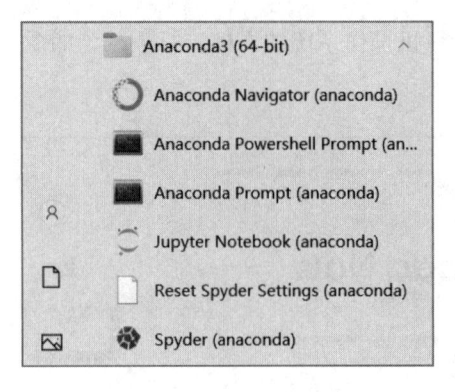

图 2-13 开始菜单界面

（7）新建一个 Jupyter Notebook 文件。在系统开始菜单的搜索框中输入 Jupyter Notebook，运行 Jupyter Notebook，新建一个 JupyterNotebook 文件，单击右上角的"New"按钮，单击"Python3"，如图 2-14 所示。

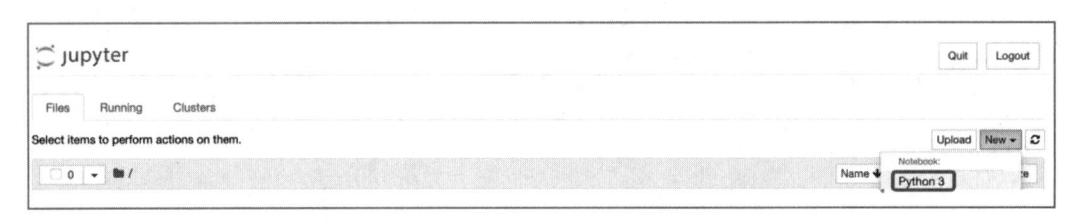

图 2-14 Jupyter Notebook 文件界面

（8）文件创建完成后会打开"代码编辑"窗口，如图 2-15 所示。在代码框内输入代码，如 print（'Hello World'），如图 2-16 所示。

图 2-15 "代码编辑"窗口

图 2-16 编写代码

（9）单击"运行"按钮，然后将输出 Hello Word，结果如图 2-17 所示，就表示程序运行成功了。

图 2-17　运行程序

（10）最后一步保存 Jupyter Notebook 文件，也就是保存程序。选择 File/Download as，如图 2-18 所示。常用格式有两种：一种是 Jupyter Notebook 的专属格式；另一种是 Python 文件。

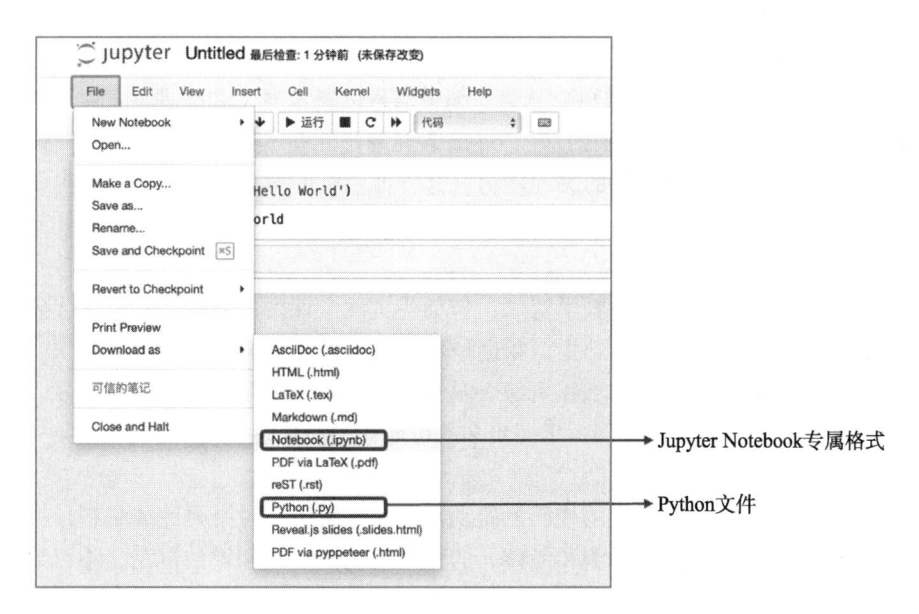

图 2-18　保存 Python 文件

2.2.4　Credamo 见数教学实训平台

Credamo 见数教学实训平台是一个专注于提供高质量编程实训和教育资源的在线学习平台。相比于在传统的 IDE 中编程，在教学实训平台中则有多方面的优势，主要有以下几方面。

（1）在线教学。

教学实训平台提供了一个统一的在线编程环境，无论是学生还是教师，都可以在同一个环境下进行编程实践和教学活动。这意味着不再需要为了教学目的而安装不同的软件或配置不同的开发环境。无论是在学校、家里还是任何地方，只要有网络连接和浏览器，就可以轻松地访问平台，节省了时间和精力。这种统一的环境也有助于教师更好地管理和监督学生的学习进度。学生在学习完成后，可以使用他们熟悉的集成开发环境（IDE）进行编程实践，以巩固所学知识。

(2)边看边学的教学方式。

教学实训平台提供了一种边看边学的教学模式，学生可以在观看课件的同时进行编程实践。左侧展示课件内容，右侧提供编程界面，学生可以立即将所学知识应用到实践中，并且可以实时查看代码运行结果。这种边学边练的教学方式可以帮助学生更深入地理解课程内容，加深对编程语言的理解和掌握，从而提升学习效果和学习兴趣。

(3)实时互动。

教学实训平台支持实时的学生与教师之间的互动和反馈。学生也可以在代码练习中，向教师提出问题，获得解答和指导。同时，教师可以查看学生提交的编程代码，及时发现并纠正学生在编程过程中的错误或不足之处。这种实时互动的教学模式有助于加强师生之间的沟通和交流，提升学生的学习动力和积极性。

(4)零基础学习。

即使是没有编程基础的学生，也可以通过平台上丰富的教学资源轻松入门学习。这些资源包括 Python 的基础课程和教材，涵盖了编程语言的基本概念和原理。学生可以通过逐步学习 Python 的语法、逻辑和编程技巧，逐渐掌握编程的基本知识，并且通过实训项目和练习任务的完成，不断提升自己的编程能力。这种低门槛的学习方式为初学者提供了一个友好的学习环境，让他们能够轻松地融入编程学习的世界中，激发学习的兴趣和动力。

(5)数据与代码资源共享。

教学实训平台汇集了丰富的教学资源，包括各类教学课件、数据集和示例代码等。教师可以轻松地将这些资源分享给学生，帮助他们更好地理解课程内容和应用知识。此外，学生也可以通过平台获取相应的数据资源，从而更好地进行编程实践和项目开发。这种数据资源共享的机制，为教学和学习提供了更多的可能性和便利性。

(6)自动化检测与考核。

教学实训平台提供了自动化的代码测验功能，学生可以通过平台完成编程任务并提交代码，系统会自动对代码进行检测和考核。这种自动化的检测和评估机制，不仅节省了教师的时间和精力，还能够为学生提供及时的反馈和建议，帮助他们发现和解决问题，提高编程水平和技能。

在下面的章节里，我们将对教学实训平台教师端和学生端的编程使用进行具体介绍(考虑到实训平台功能更新，具体以实际操作为主)。这两个端口的功能和界面设计旨在满足教师和学生的不同需求，并为他们提供最佳的学习和教学体验。

2.3 教学实训平台——教师端

2.3.1 课程创建与分享

在教学实训平台上创建课程是教师用户的重要任务之一。以下是创建课程的步骤，包括设置课程名称、课程描述、课程分享等信息。

(1)登录教学实训平台。打开网页浏览器，并输入教学实训平台的网址 https://edu.credamo.com，已经注册的用户单击"立即登录"进入教学实训平台，未注册的用户单击"免费注册"后登录，如图 2-19 所示。

图 2-19　教学实训平台登录界面（教师端）

（2）登录教学实训平台后，进入"我的课程"界面（图 2-20），这是您管理和组织课程的主要工作区域。

图 2-20　"我的课程"界面（教师端）

（3）课程库导入课程。课程库"课程详情"界面如图 2-21 所示，教师可以将平台上已有的课程导入自己的个人课程中。

图 2-21　"课程详情"界面（教师端）

Python 安装与在线使用

（4）创建空白课程。如果想从头开始创建一个新的课程，可以在教学实训平台上点击"创建课程"，出现"创建空白课程"窗口，如图2-22所示。

图2-22 "创建空白课程"窗口

（5）创建课程界面设置。在新课程的创建界面中（图2-23），填写课程的相关信息，包括课程名称、课程封面、课程简介和学员审核等。

①课程名称：这是课程的标题，应简明扼要地描述课程内容。
②课程封面：制作课程的封面图片。
③课程简介：介绍课程的内容、目标和特点，吸引学生关注。
④学员审核：设置学员审核机制，设置后学员加入课程需要经过审核。

图2-23 "创建课程"界面

（6）添加章节。以从课程库导入的课程"Python数据分析快速入门"为例（图2-24），可以单击"添加章节"，然后根据需要添加空白章节、导入其他课程或者课程库的教学资源，丰富课程内容。在这里我们单击"添加章节"，编辑章节名称（图2-25），创建章节1。

图 2-24　课程信息界面

图 2-25　"添加章节"对话框

（7）添加小节。单击"添加小节"，可以根据需要添加空白小节、导入其他课程或者课程库的教学资源，丰富课程内容，如图 2-26 所示。在这里我们单击"添加空白小节"，创建小节 1。

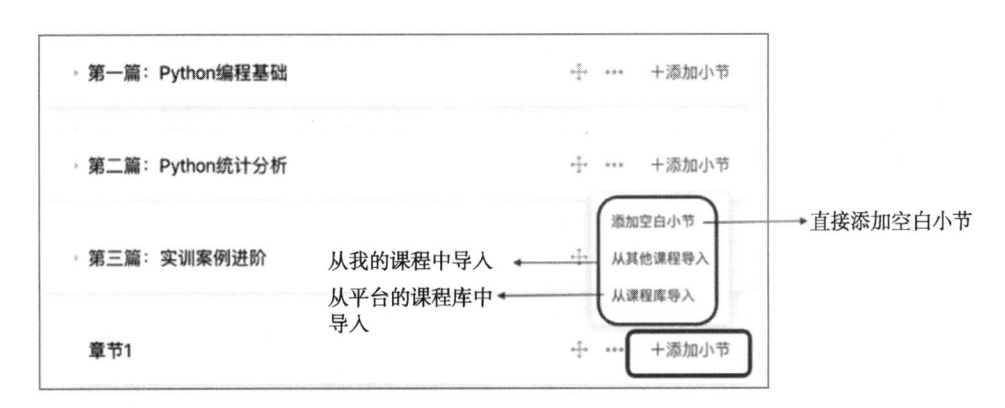

图 2-26　"添加小节"界面

（8）添加内容。单击"添加内容"，可以根据需要添加空白内容、导入其他课程或者课程库的教学资源，丰富课程内容，如图 2-27 所示。

（9）课程分享。如图 2-28 所示，邀请学生或者将课程分享给老师。

①分享给学生。单击"邀请学生"，单击"复制链接"并分享给学生即可，也可提供加课码让学生自行加入，分别如图 2-29 和图 2-30 所示。

单击"学员"，进入"学员详情"页面（图 2-31），可处理学员申请。单击"学员审核"，进入"学员审核"界面（图 2-32）。

Python 数据分析快速入门

图 2-27 "添加内容"界面

图 2-28 课程分享

图 2-29 链接分享

图 2-30　加课码分享

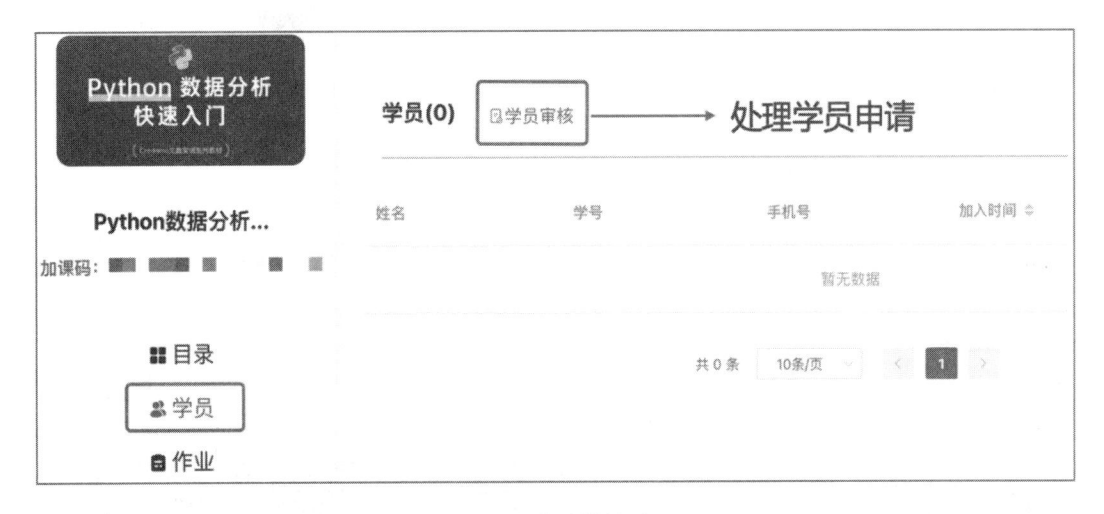

图 2-31　学员详情界面

图 2-32　学员审核界面

②分享给教师。单击"分享给教师",输入分享用户的手机号以及分享内容,单击"分享",如图 2-33 所示。

Python 数据分析快速入门

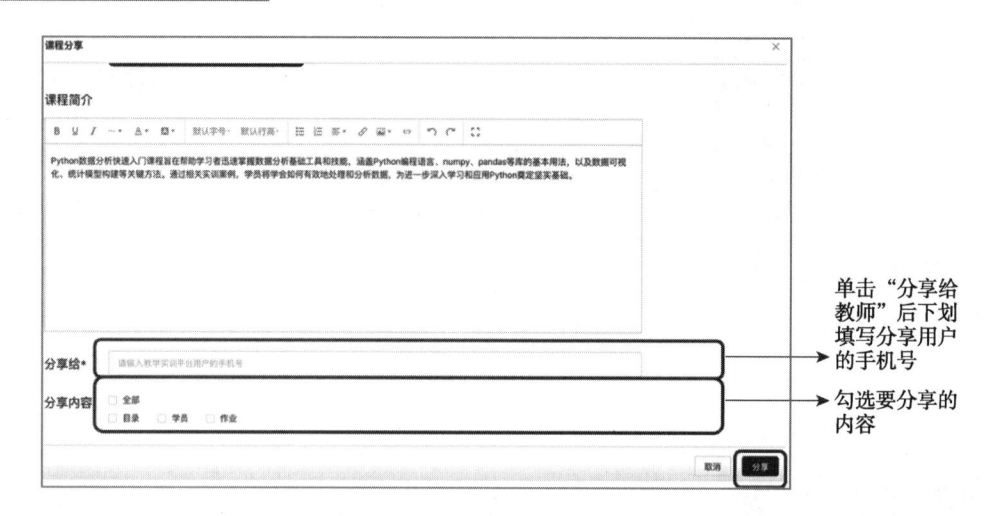

图 2-33 "分享给教师"界面

2.3.2 课程编辑与修改

（1）单击"编辑课程"选项，进入相关界面，如图 2-34 所示。

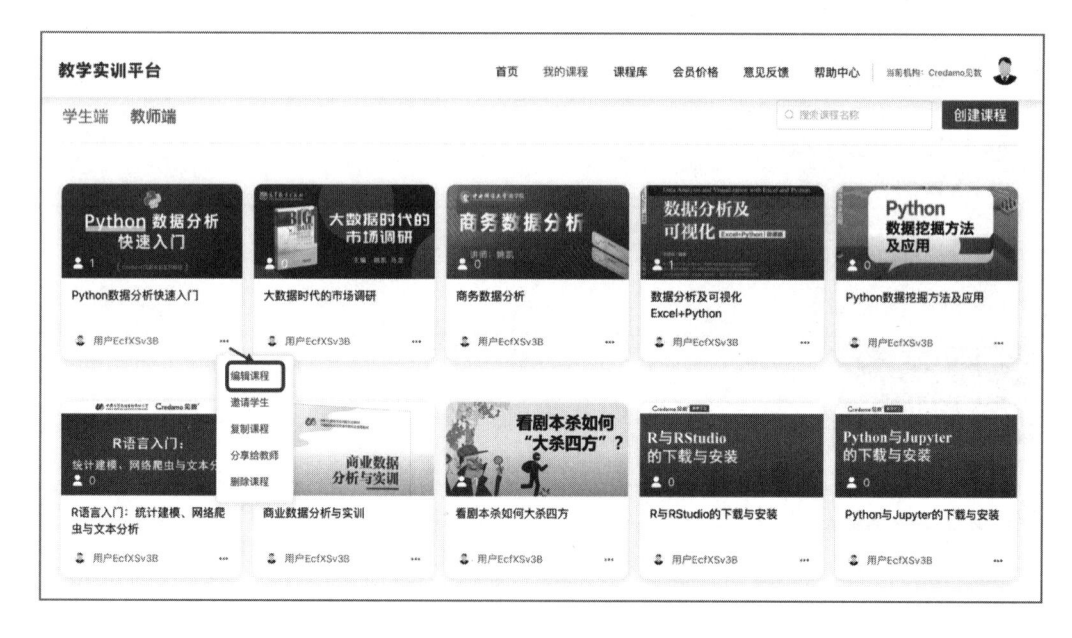

图 2-34 "编辑课程"选项界面

（2）进入"课程编辑"界面。教师可以根据自己的课程需要对导入课程的信息进行修改，如课程名称、课程封面、课程简介、学员审核，最后单击"确定"即可完成修改，如图 2-35 所示。

①课程名称：确保名称明确、简洁并能准确描述课程内容。

②课程封面：更换或者删除课程封面。

③课程简介：编辑课程的简介，简要介绍课程内容、目标等信息。

④学员审核：开启后，学员需在教师审核通过后才可加入课程。

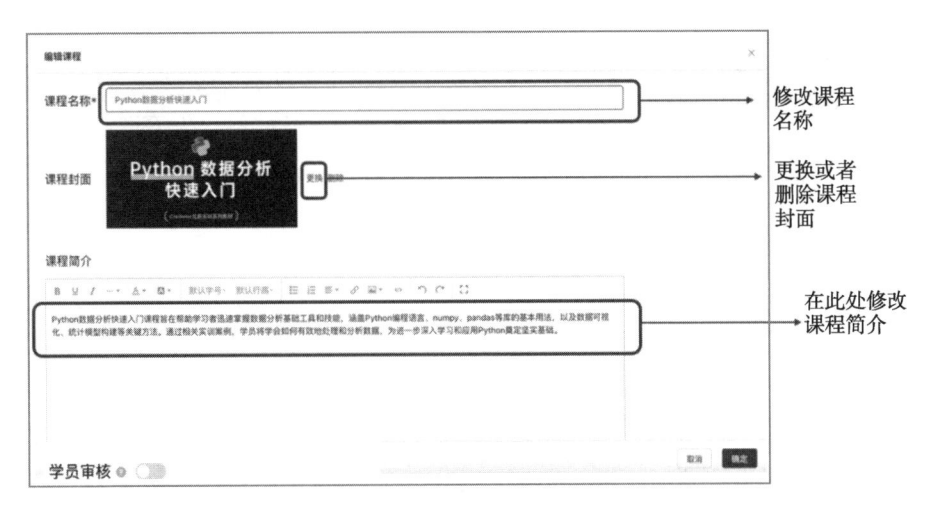

图 2-35 "编辑课程"界面

（3）在"课程详情"界面中，单击右侧部分可以对课程信息进行编辑和修改，如图 2-36 所示。

图 2-36 "课程详情"界面

（4）拖动"章节"可更改章节顺序，如图 2-37 所示。

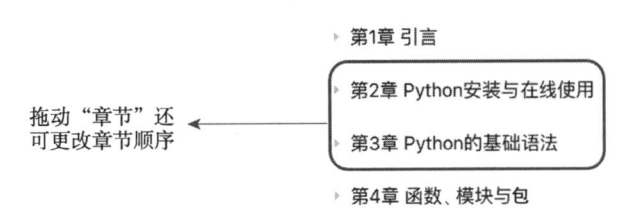

图 2-37 "章节信息"对话框

2.3.3 设置代码教学

（1）在课程中，我们可以新建一个代码教学任务，完成相应代码的教学。如图 2-38 所示，单击"添加内容""添加空白内容"，

扩展阅读 2.1 设置代码教学（视频）

Python 安装与在线使用

即可新建一个代码教学任务，如图 2-39 所示。

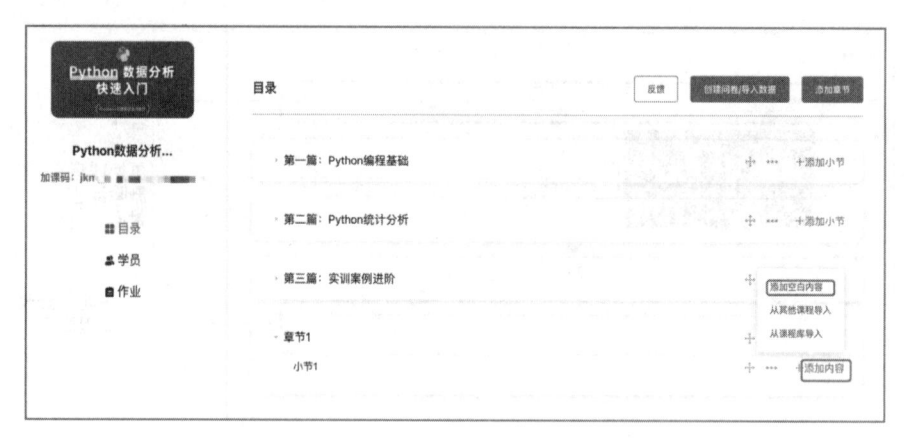

图 2-38 "添加内容"界面

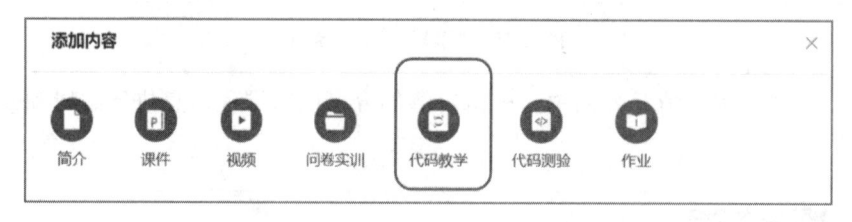

图 2-39 "添加内容"选项栏

（2）编辑代码教学的具体内容。编辑代码教学的具体内容需要考虑多个方面，包括实训标题、语言类型以及实训描述等，如图 2-40 所示。

①实训标题：填写实训标题。

②语言类型：确定代码教学所使用的编程语言类型，这里选择"Python"。

③实训描述：对代码教学内容做简要介绍，此处以计算身体质量指数（BMI）为例。

④附件：单击上传附件，如代码教学所需数据等。（注：此处上传的附件数据为共享数据，所有添加该课程的老师和学生均可查看该数据）

图 2-40 "添加【代码教学】实训"界面

（3）代码教学任务创建完毕，如图2-41所示。

图2-41 最终创建的代码教学

（4）单击"查看"进入代码教学，编辑运行代码教学的相关代码。需要注意的是，PyCharm等IDE通常是逐行执行代码，而代码教学部分则采用代码切成块的方式进行逐块执行，这种方式更有利于教学，学生能够更清晰地看到每个块的执行结果，更好地理解程序的分解和执行过程。

①根据实训描述的要求，在代码框内编写代码，如图2-42所示。

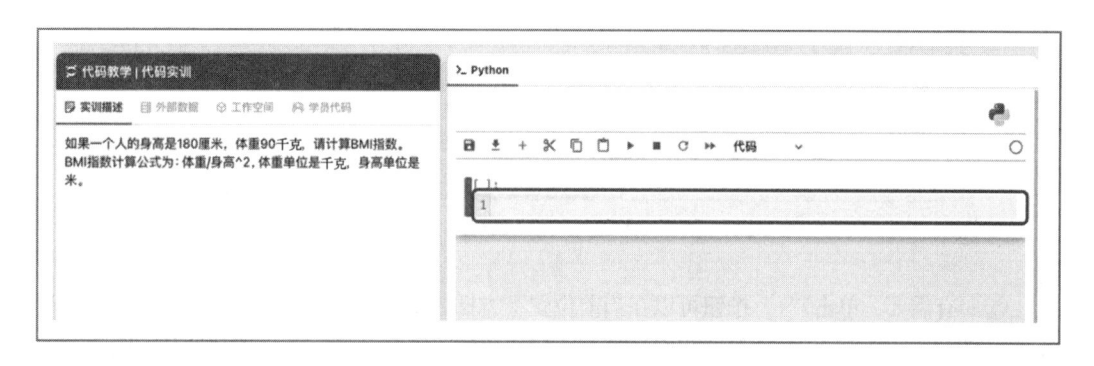

图2-42 代码编写

②在第一个代码块中，我们编写方框内的两行代码。将身高180厘米转换为1.8米，因为BMI的标准是以米为单位的，同时体重90千克直接用作计算BMI的数值。最后我们单击上方的三角符号（运行按钮），执行第一个代码块，随后跳转出现第二个空代码块，如图2-43所示。（注："#"符号后文字起到解释说明的作用，这些注释不会被执行）

③在接下来的代码块中，我们继续编写代码，如图2-44所示，使用体重除以身高的平方来计算BMI指数的具体值。

④单击运行▶按钮，我们可以得到最终的结果，如图2-45所示，BMI的计算结果为27.777 777 777 777 775。

图 2-43　执行第一个代码块

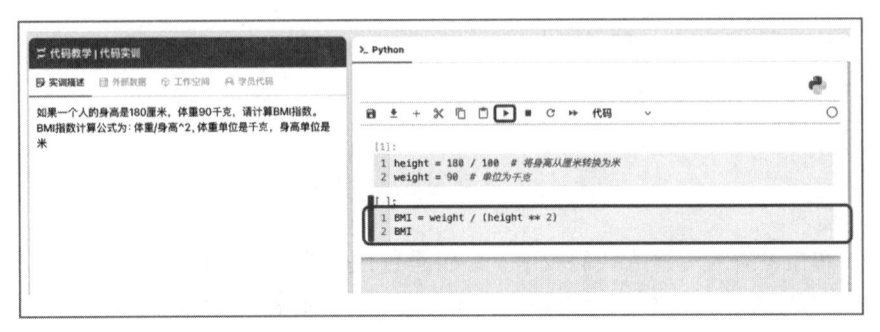

图 2-44　执行第二个代码块

图 2-45　最终结果

⑤如有需要，单击"+"按钮可以在当前位置下方插入新的代码块。选中第一个代码块，单击"+"按钮（图 2-46），可以看到我们在第一个代码块的下方插入了一个新的代码块（图 2-47）。

图 2-46　插入新代码块

图 2-47　新代码块

⑥单击"剪刀"按钮可以删除所选中的代码块。选中刚刚插入的空白代码块,单击"剪刀"按钮(图 2-48),可以看到此代码块已被删除(图 2-49)。

图 2-48　删除代码块

图 2-49　删除后的代码块

⑦单击"保存"按钮可以保存编写的所有代码块中的代码,如图 2-50。

(5)根据教学需要,在外部数据界面可以上传外部数据文件(图 2-51)。这里以上传数据 retail_sales.csv 为例介绍(注:上传的数据集名称不能包含中文),上传成功后(图 2-52),数据集便会出现在附件栏中,单击"操作"栏按钮中最左侧的"⌘",数据集的调用地址【UKL(统一资源定位符)】便会复制到剪贴板当中(注:此处上传数据文件仅自己可见)。

Python 数据分析快速入门

图 2-50 保存所有代码

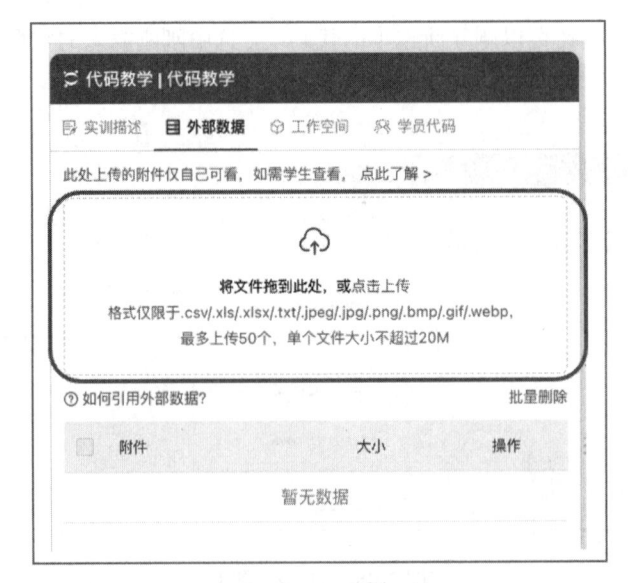

图 2-51 "外部数据"界面

图 2-52 "上传成功"界面

用户可以在函数中直接粘贴剪贴板中的地址，进行数据集的正常调用（注：实际地址以操作栏复制的文件地址为准）。此处我们读取刚刚上传的数据文件，命名为 data，并查看其前 5 行的内容，如图 2-53 所示。

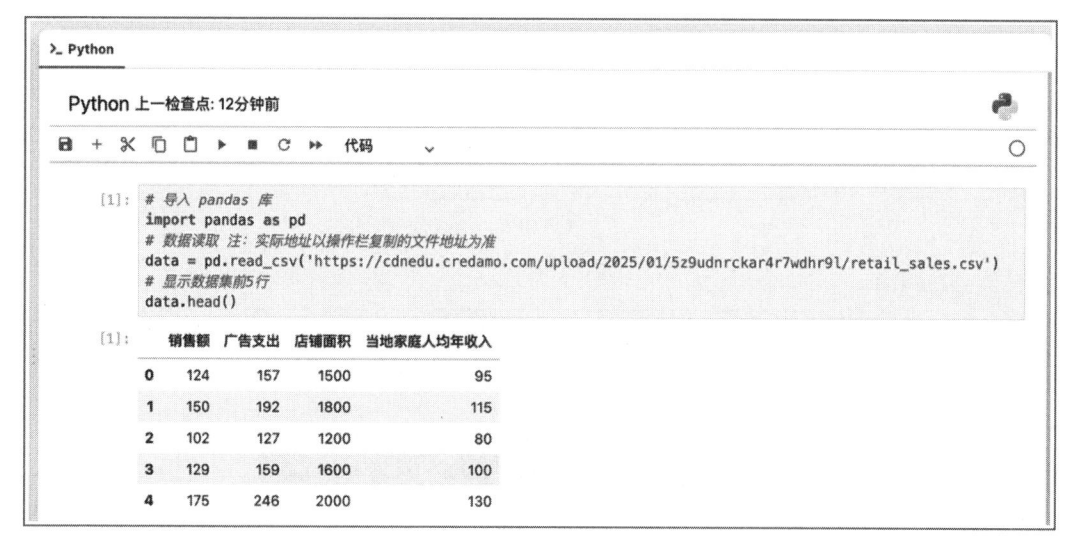

图 2-53 读取界面

（6）在"工作空间"界面可查看 Python 写入的数据文件，如图 2-54 所示，将刚刚读取的数据文件 data 写入工作空间，并命名为 data1。

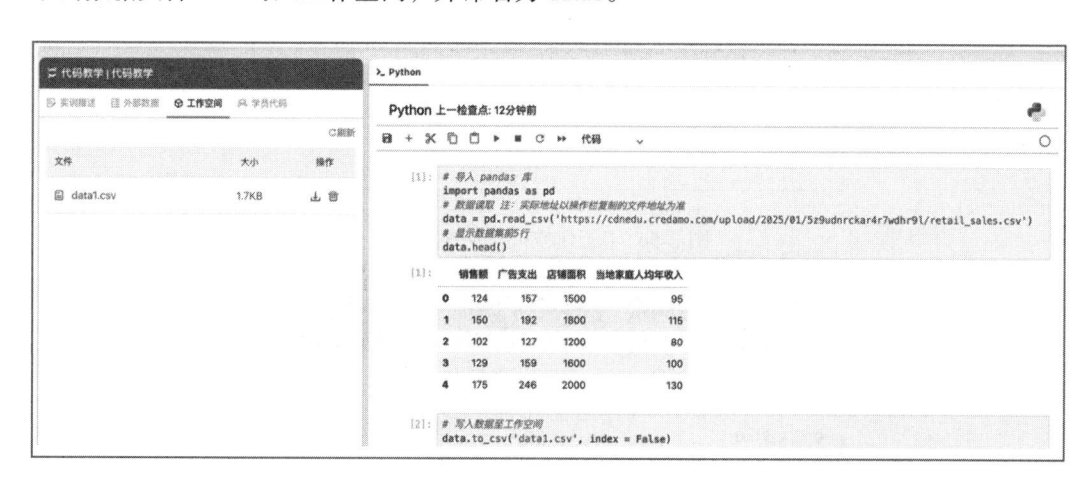

图 2-54 "工作空间"界面

（7）在对工作空间的"操作"一栏，单击下载图标可以下载工作空间的数据（图 2-55），单击删除图标可以删除工作空间的数据（图 2-56）。

（8）在学员代码界面可查看学员信息及代码详情，如图 2-57 所示。

（9）单击【显示/隐藏】图标可以对学生端隐藏或显示代码教学的内容，如图 2-58 所示。

（10）此外，您还可以通过源代码功能保存与代码教学任务相关的代码，如图 2-59 所示。

图 2-55 "工作空间"数据下载

图 2-56 "工作空间"数据删除

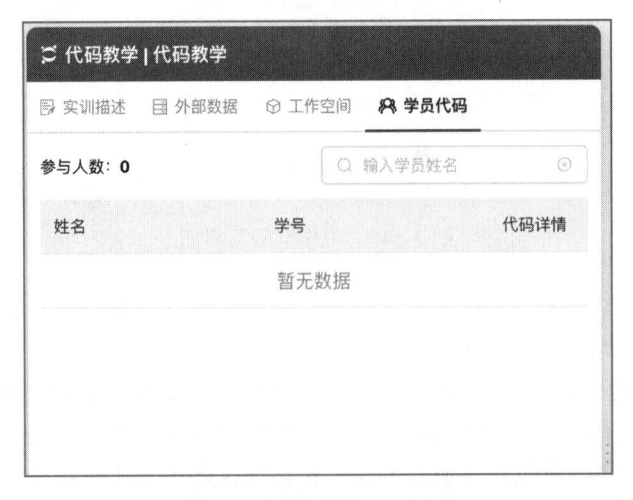

图 2-57 "学员代码"界面

图 2-58 显示或隐藏代码教学内容

图 2-59 保存代码教学相关代码

2.3.4 设置代码测验

（1）单击"添加空白内容"（图 2-60），新建一个代码测验任务（图 2-61）。

扩展阅读 2.2 设置代码测验（视频）

图 2-60 "添加空白内容"选项

Python 安装与在线使用

图 2-61 "添加内容"对话框

（2）编辑代码测验的具体内容（图 2-62）与设置实训考核（图 2-63）。

图 2-62 "编辑【代码测验】实训"界面

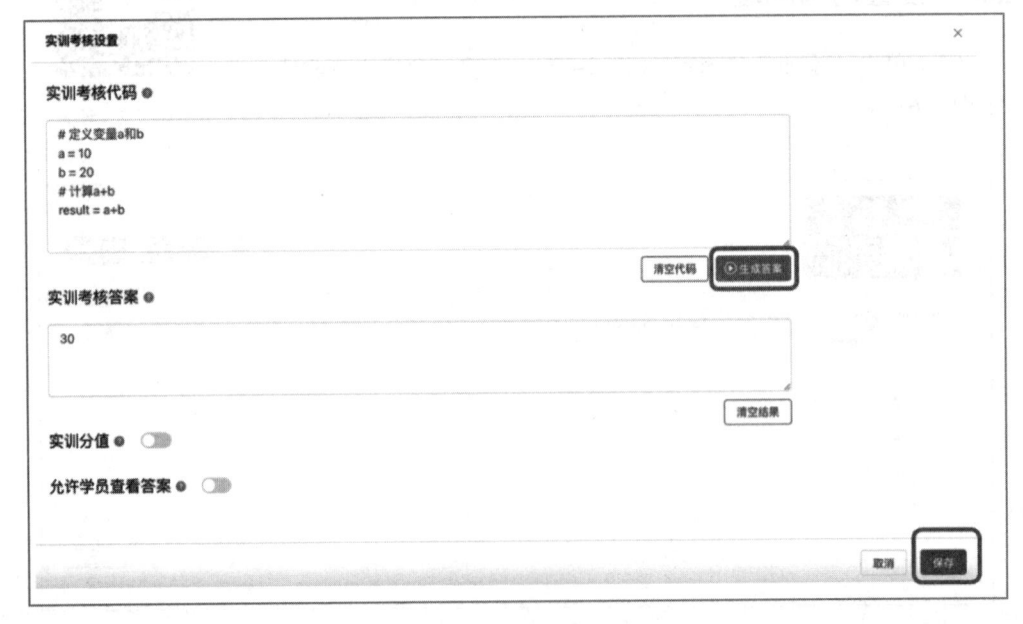

图 2-63 "实训考核设置"界面

①实训标题：填写代码测验实训的标题。
②语言类型：确定代码教学所使用的编程语言类型，这里选择 Python。
③实训描述：简述代码测验内容，此处以计算 a + b 的值为例。
④附件：单击"上传附件"，如代码测验所需数据等。（注：此处上传附件数据为共享数据，所有添加该课程的老师和学生均可看见该数据）
⑤实训考核：设置代码测验实训考核，编辑实训考核代码，单击生成实训考核答案，生成答案后单击保存，完成实训考核的设置。（注：实训考核代码应将结果保存在变量 result 当中）

（3）最终创建的代码测验如图 2-64 所示，单击"查看"可以进入代码测验详情界面。

图 2-64　创建的代码测验

（4）代码测验详情：输入代码并单击"自测运行"，以验证代码的正确性（图 2-65）。

图 2-65　"代码测验"详情界面

单击"提交"按钮，提交结果如图 2-66 所示，在界面左下区域 "提交记录"处显示，可以查看提交结果是否正确（编写代码结果是否与考核设置答案一致）。注：此处提交时应去掉 print 内容，以便 result 结果与考核结果比对。

图 2-66 "提交结果"生成界面

（5）返回课程目录界面，单击"考核情况"，可以查看学员作答情况，如图 2-67 和图 2-68 所示。

图 2-67 "考核情况"选项

图 2-68 "考核情况"界面

（6）上传外部数据。根据需要可以在外部数据栏上传外部数据，如图 2-69 所示，此处以上传数据 retail_sales.csv 为例（注：上传的数据集名称不能包含中文），上传成功后（图 2-70），数据集便会出现在附件栏中，单击"操作"栏按钮中最左侧的"🔗"，数据集的调用地址（URL）便会复制到剪贴板当中。（注：此处上传数据文件仅自己可见）

图 2-69 "外部数据"界面

图 2-70 "上传成功"界面

用户可以在函数中直接粘贴剪贴板中的地址，进行数据集的正常调用（注：实际地址以操作栏复制的文件地址为准）。如图 2-71 所示，在此处编写代码并单击自测运行，以读取数据并查看数据前 5 行的内容。

图 2-71　读取界面

（7）图片结果的输出。

①在"代码测验"界面不仅可以输出文字、数值结果，还可以输出图片结果。

②输入一段绘图代码自测运行，单击结果输出区域的 Plot 标签，即可看到程序输出的图像，再左键单击图像即可放大查看，右键单击即可将输出的图像进行保存，如图 2-72 所示。

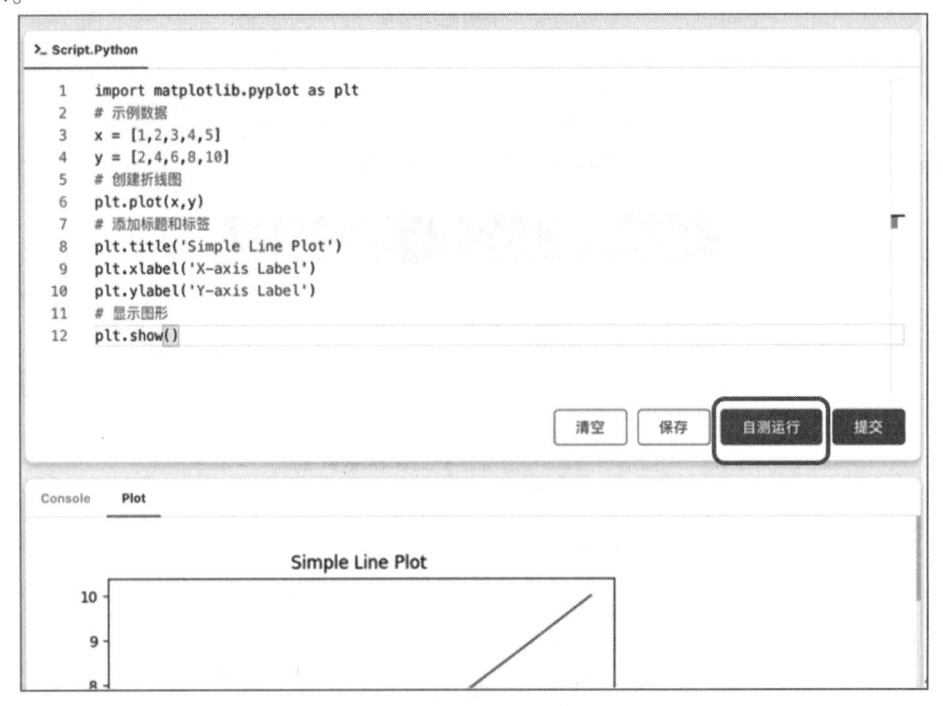

图 2-72　输出图片结果

（8）单击【显示/隐藏】图标可以对学生端隐藏或显示代码测验的内容，如图 2-73 所示。

图 2-73　显示或隐藏代码测验内容

（9）此外，您还可以通过源代码功能保存与代码测验任务相关的代码，如图 2-74 所示。

图 2-74　保存代码测验相关代码

2.3.5　作业设置

（1）布置作业。如图 2-75 所示，教师可以单击"作业"进入详情页，随后单击"添加作业"。

图 2-75　布置作业

（2）在设置作业时，通常需要设置作业标题，编辑作业内容，设置截止时间，并根据需要上传附件，如图 2-76、图 2-77 所示。单击"添加"完成作业的布置。

①作业标题：编辑作业标题。

②作业内容：在空白区域的方框内填写作业内容。

③截止时间：可以设置日期和时间，确保学生知道作业的提交截止时间。

④上传附件：如果作业需要附加材料，如参考文献、示例代码或其他文件，可以选择上传附件。

图 2-76 "添加作业"界面

图 2-77 上传附件

（3）在布置完作业后（图 2-78），单击"作业"，可以看到学员提交作业的情况（图 2-79）。

图 2-78 "作业"界面

图 2-79　学生提交作业情况界面

2.4　教学实训平台——学生端

2.4.1　加入课程

1. 登录教学实训平台

打开网页浏览器，访问教学实训平台（https://edu.credamo.com），已经注册的用户单击"立即登录"进入教学实训平台，未注册的用户单击"免费注册"，注册后再登录，如图 2-80 所示。

图 2-80　教学实训平台登录界面（学生端）

2. 加课方式

（1）加课码加课。在完成教学实训平台登录后，学员可以在"学生端"输入老师通知的加课码，进入相应的课程学习中，此处以"Python 数据分析快速入门"为例，单击"加入课程"、输入对应课程的加课码并单击"确定"（图 2-81），即可在"学生端—我的课程"看到课程，如图 2-82 所示。（注意：不可以加入自己创建的课程。）

（2）链接加课。老师可在"教师端"将相应课程通过"邀请学生"的方式将课程的邀请链接发送至学员（图 2-83），学员可以在网页中打开老师分享的课程链接，在登录自己的账号后（图 2-84），即可在"学生端—我的课程"查看具体课程，若出现对应的课程图标（图 2-85），则表示此时已完成加课。

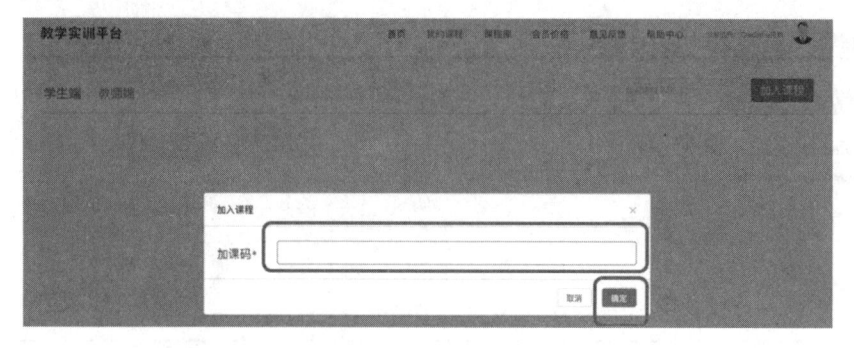

图 2-81 加课码加课界面（学生端）

图 2-82 加课成功界面（学生端）

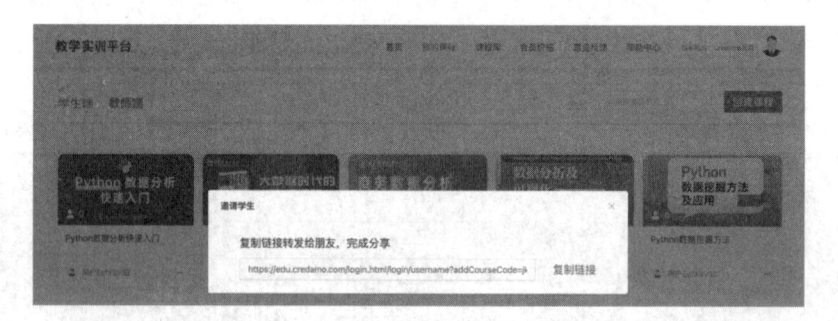

图 2-83 链接加课界面（学生端）

图 2-84 教学实训平台"登录"界面（学生端）

图 2-85　加课成功界面（学生端）

2.4.2　代码教学实训

（1）在加入课程之后，以 2.3.3 节教师设置的代码教学实训为例（图 2-86），单击"查看"进入"代码教学"界面。

学生端的代码教学界面总共可以分为两个板块，如图 2-87 所示。左侧实训描述部分，为教师上传的相关资料，包含代码教学的题目、内容描述等，以供学生练习编写代码时参考；右侧为代码编辑区域，学生在此处根据教师要求进行 Python 语言程序的编写，代码编辑与运行方式与教师端类似，采用代码划分成块的形式逐块执行，能够清晰地看到每个块的执行结果。

扩展阅读 2.3　参加代码教学实训（视频）

图 2-86　教师设置的代码教学实训（学生端）

第 2 章　Python 安装与在线使用

图 2-87 "代码教学"界面(学生端)

(2)根据实训描述的要求,在代码框内编写代码,如图 2-88 所示。

图 2-88 代码编写(学生端)

(3)在第一个代码块中,编写方框内的两行代码。将身高 180 厘米转换为米,因为 BMI 的标准是以米为单位的。同时体重 90 千克直接用作计算 BMI 的数值。最后我们单击上方的三角符号▶(运行按钮),执行第一个代码块,随后跳转出现第二个代码块,如图 2-89 所示。(注:"#"符号后文字起到解释说明的作用,这些注释不会被执行)

图 2-89 执行第一个代码块(学生端)

(4)在接下来的代码块中,我们继续编写代码,如图 2-90 所示,使用体重除以身高的平方来计算 BMI 指数的具体值。

图 2-90 执行第二个代码块(学生端)

（5）单击运行按钮▶，我们可以得到最终的结果。如图2-91所示，BMI的计算结果为27.777 777 777 777 775。

图2-91　最终计算结果（学生端）

（6）如有需要，单击"+"按钮可以在当前位置下方插入新的代码块。如图2-92所示，选中第一个代码块，单击"+"按钮，就在第一个代码块的下方插入了一个新的代码块（图2-93）。

图2-92　插入新代码块（学生端）

图2-93　编辑新代码块（学生端）

（7）单击剪刀"✂"按钮可以删除所选中的代码块。如图2-94所示，选中刚刚插入的空白代码块，单击"✂"按钮，可以看到此代码块已被删除（图2-95）。

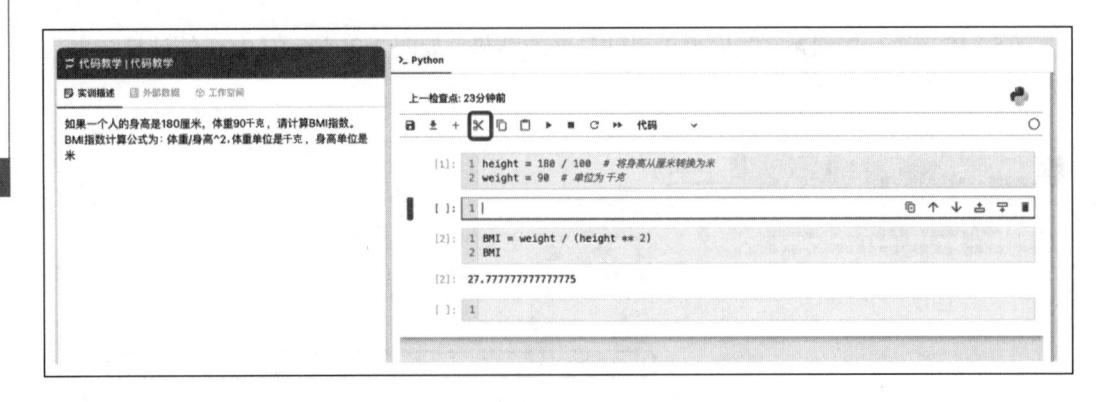

图 2-94　选中要删除的代码块（学生端）

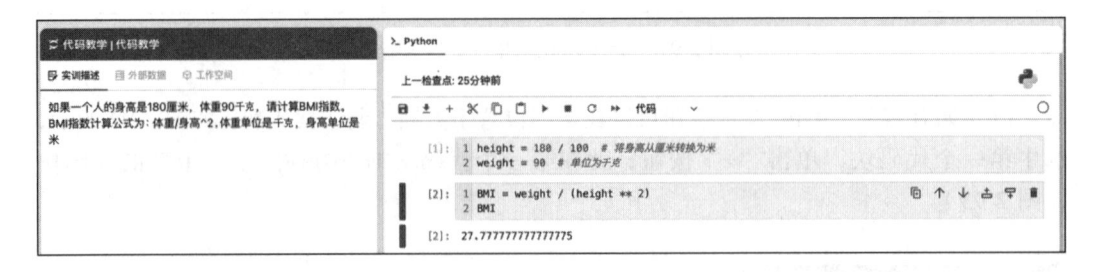

图 2-95　删除代码块（学生端）

（8）单击"保存"按钮可以保存编写的所有代码块中的代码，如图 2-96 所示。

图 2-96　保存所有代码（学生端）

（9）在"外部数据"界面可以上传外部数据文件（图 2-97），这里以上传数据 retail_sales.csv 为例介绍（注：上传的数据集名称不能包含中文），上传成功后（图 2-98），数据集便会出现在附件栏中，单击"操作"栏按钮中最左侧的"⌘"，数据集的调用地址（URL）便会复制到剪贴板当中。（注：如果教师在创建代码教学时已上传数据，该数据将直接出现在附件栏中）

用户可以在函数中直接粘贴剪贴板中的地址，进行数据集的正常调用（注：实际地址以操作栏复制的文件地址为准）。我们读取刚刚上传的数据文件，命名为 data，并查看其前 5 行的内容，如图 2-99 所示。

图 2-97 "外部数据"界面（学生端）

图 2-98 上传成功界面（学生端）

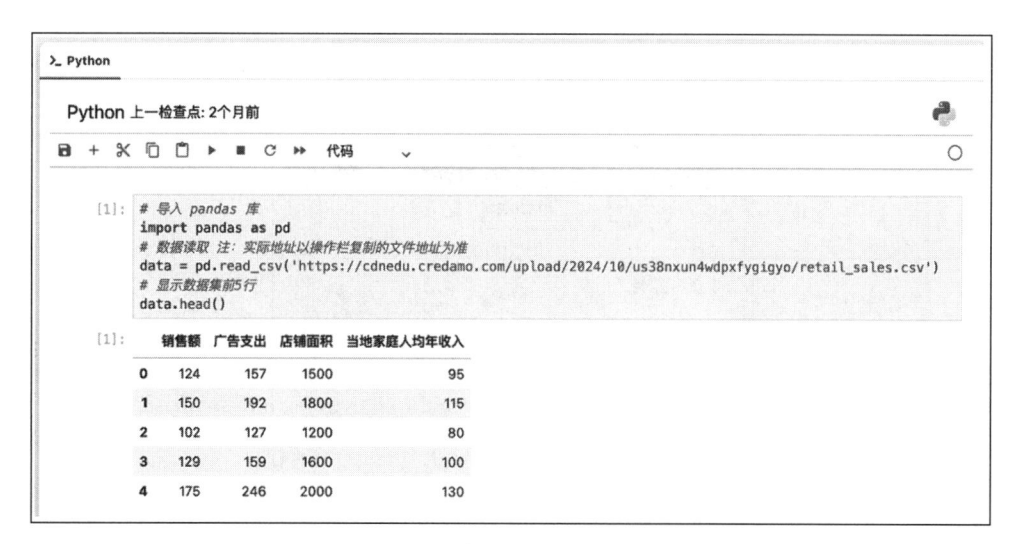

图 2-99 读取界面（学生端）

（10）在"工作空间"界面可查看 Python 写入的数据文件，如图 2-100 所示，将刚刚读取的数据文件 data 写入工作空间，并命名为 data1。

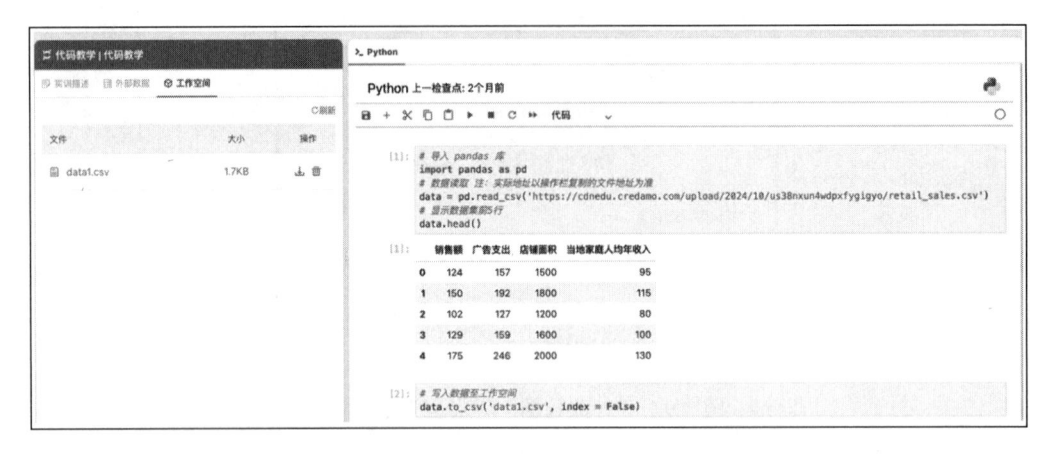

图 2-100 "工作空间"界面（学生端）

（11）在"工作空间"的"操作"一栏，单击下载图标可以下载工作空间的数据（图 2-101），单击删除图标可以删除工作空间的数据（图 2-102）。

图 2-101 工作空间数据下载（学生端）

图 2-102 工作空间数据删除（学生端）

2.4.3 参加代码测验

(1)教师在教师端设置完代码测验的考核内容(见 2.3.4 节)之后,学生可参加对应的代码测验并进行考核,如图 2-103 所示,单击"查看"进入代码测验。

扩展阅读 2.4 参加代码测验(视频)

图 2-103 参加代码测验(学生端)

(2)代码测验。代码测验具体为 4 个板块,如图 2-104 所示。

①左上部分为"实训描述"部分,"实训描述"为代码测验对应问题的题目描述,为学生练习代码时提供参考,若需要进行数据添加,可单击"外部数据"上传实训过程中所需的外部数据。

②右上部分为代码编辑区域,学生根据老师要求结合实训描述在此处进行 Python 语言的编写。

③左下部分为"提交记录"部分,显示学生编写 Python 语言后最终的测验结果。

④右下部分为代码结果输出区域,单击"Plot",则支持输出图形结果。

图 2-104 "代码测验"界面(学生端)

(3)编写、运行及保存代码。

①学生在该区域逐行输入代码。

②代码编写过程中,直接单击"自测运行"可以一次性运行已编写的所有代码,用鼠标选中后再单击可以运行选中部分的代码。单击"保存"按钮即可保存已编写的代码。

③代码运行结果将在下方区域进行输出,如图2-105所示,输出结果可以通过单击"清空结果"清空。

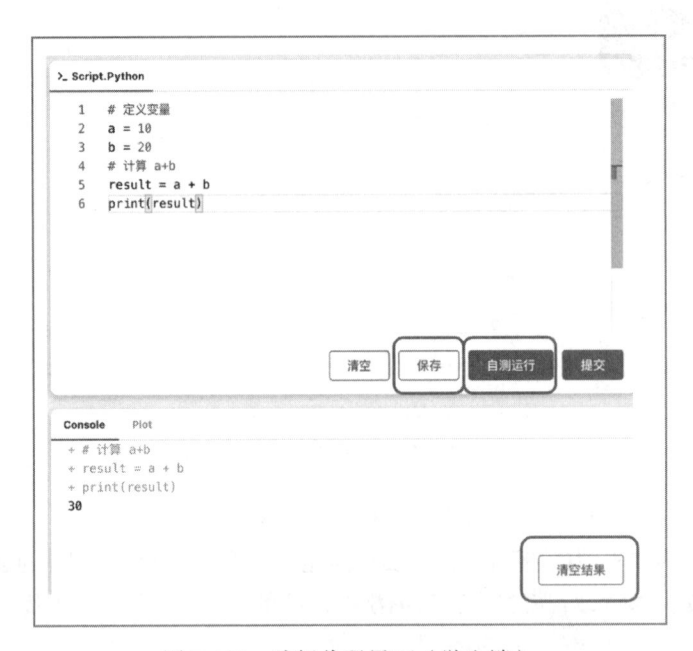

图2-105　编辑代码界面(学生端)

(4)提交结果。在代码编辑区域输入对应代码内容后单击"提交",生成对应的提交记录;在"提交记录"区域,单击"查看"可查看代码生成结果,如图2-106所示。

图2-106　提交结果界面(学生端)

（5）上传外部数据。根据需要可以在"外部数据"栏上传外部数据，如图 2-107 所示。此处以上传数据 retail_sale.csv 为例（注：上传的数据集名称不能包括中文），上传成功后（图 2-108），数据集便会出现在附件栏中，单击"操作"按钮中最左侧的"⌁"，数据集的调用地址（URL）便会复制到剪贴板当中。（注：如果教师在创建代码测验时已上传数据，该数据将直接出现在附件栏中）

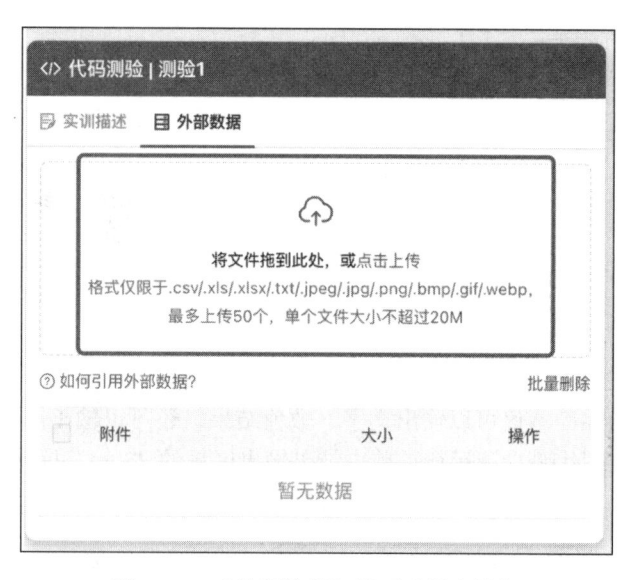

图 2-107 "外部数据"界面（学生端）

图 2-108 上传成功界面（学生端）

用户可以在函数中直接粘贴剪贴板中的地址，进行数据集的正常调用（注：实际地址以操作栏复制的文件地址为准）。如图 2-109 所示，此处我们编写代码并单击"自测运行"，以读取数据并查看数据前 5 行的内容。

图 2-109　调用界面（学生端）

（6）图片结果的输出。

1）在代码测验界面不仅可以输出文字、数值结果，还可以输出图片结果。

2）输入一段绘图代码自测运行，单击结果输出区域的"Plot"标签，即可看到程序输出的图像，再左键单击图像即可放大查看，右键单击即可将输出的图像进行保存，如图 2-110 所示。

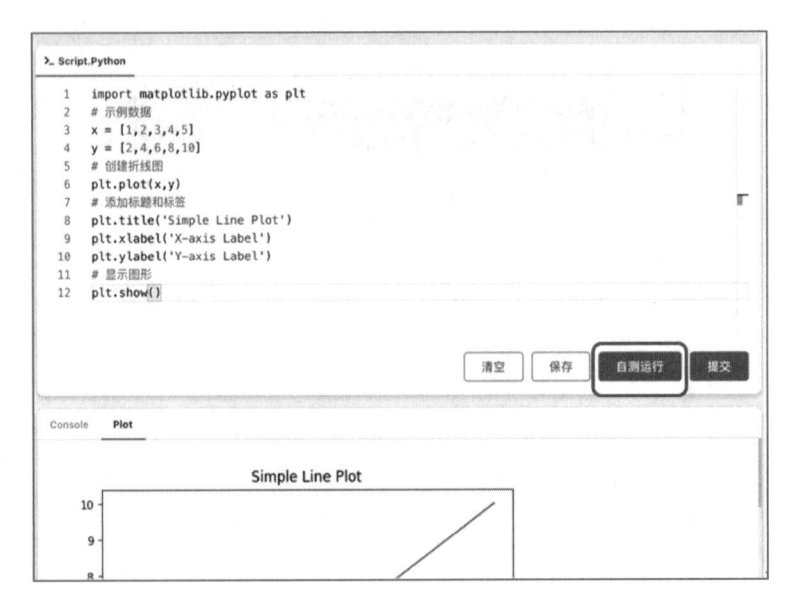

图 2-110　图片结果输出界面（学生端）

2.4.4　查看及提交作业

（1）查看作业要求。如图 2-111 所示，单击"查看作业要求"，可了解本次作业的详细要求。

图 2-111　课程"作业"界面——查看作业要求(学生端)

（2）提交作业。如图 2-112 所示，单击"提交作业"后，在"提交作业"界面填写作业内容或上传附件，随后单击"添加"即可提交作业，如图 2-113 所示。

图 2-112　课程"作业"界面——提交作业(学生端)

图 2-113　"提交作业"界面(学生端)

本 章 小 结

本章内容聚焦于 Python 的安装与在线使用，旨在为初学者提供一个清晰的指南，以便他们能够顺利地开始 Python 编程之旅。以下是本章内容的总结。

1. Python 的下载与安装

介绍了如何从 Python 官方网站下载适合自己操作系统的 Python 版本，并提供了详细的安装指导。

2. 在 IDE 中编程

（1）什么是 IDE。

解释集成开发环境（IDE）的概念及其重要性。

（2）常见的 Python IDE。

介绍 Jupyter Notebook、PyCharm、Visual Studio Code 和 Spyder 等 IDE 的特点。

（3）IDE 基本配置与使用。

①演示如何在 Anaconda 中配置和使用 Jupyter Notebook。

②展示如何在 Jupyter Notebook 中创建、编辑和运行 Python 代码。

3. Credamo 见数教学实训平台

（1）教学实训平台概述。

介绍 Credamo 见数教学实训平台的功能和优势。

（2）教师端操作。

①讲解如何在教师端创建课程、添加章节和小节。

②展示如何设置代码教学、代码测验及作业设置。

（3）学生端操作。

①指导学生如何加入课程和参与代码教学实训。

②展示学生如何参加代码测验和提交作业。

第 3 章

Python 的基础语法

学习目标

1. 理解 Python 中的变量定义与命名规则。
2. 掌握 Python 的基本数据类型及其操作方法。
3. 学会使用控制流程和循环语句编写 Python 程序。

Python 的基础语法是进行有效数据分析的基石。本章将深入探讨 Python 的编程基础，包括变量和数据类型、控制流程语句等。通过本章的学习，你将能够编写简单的 Python 程序，并为后续的数据分析任务做好准备。

3.1 变 量

在 Python 中，变量和数据类型是编程的基本组成部分。变量用于存储数据，可以是各种不同的数据类型，如数值、字符串、列表、元组等。以下将详细介绍变量的定义、命名规则及 Python 中的主要数据类型。

1. 变量的定义

在 Python 中，变量是用来存储数据的标识符。变量可以用来保存各种类型的数据，例如整数、浮点数、字符串等。

2. 变量的命名规则

在定义变量时，需要遵循一定的命名规则。

（1）变量名只能包含字母（大小写均可）、数字和下划线（ _ ），不能以数字开头。

（2）变量名不能包含空格或特殊字符，如 !、@、#、$、%等。

（3）变量名不能使用 Python 中的关键字（如 if、else、for 等）。

（4）变量名区分大小写，例如 Name 和 name 是不同的变量名。

（5）变量名应具有描述性，能够清晰地表达变量所代表的含义。

变量在使用前需要先进行定义，这可以通过给变量赋值来实现。例如：

```
age = 25
name = "John"
```

```
user_count = 100
```

上述代码中，age、name 和 user_count 都是变量，分别存储了整数、字符串和整数类型的值。

3.2 数据类型

在接下来的内容中，我们将详细介绍 Python 中的数据类型，包括数值类型、字符串类型、列表类型、元组类型等。通过学习这些数据类型，你将能够更好地处理和操作各种数据。

3.2.1 数值类型

在 Python 中，数值类型是一种基本的数据类型，用来表示数值。主要的数值类型包括整数（int）、浮点数（float）、复数（complex）和布尔值（bool）。下面将详细介绍这些数值类型的特点和用法。

1. 整数（int）

整数是 Python 中最基本的数值类型之一，用来表示整数值。整数可以是正数、负数或零，没有大小限制。整数类型的变量可以直接进行加减乘除等基本数学运算。

示例：

```
x = 10
y = -5
z = 0
```

2. 浮点数（float）

浮点数用来表示带有小数点的数值。浮点数可以是正数、负数或零，也可以使用科学记数法表示。浮点数在进行计算时可能会存在精度损失的问题，因为计算机内部表示浮点数时是有限的。

示例：

```
a = 3.14
b = -0.5
c = 0.0
```

3. 复数（complex）

复数是由实数部分和虚数部分组成的数值类型。虚数部分用字母"j"或"J"表示。复数在数学和工程领域中有广泛的应用。

示例：

```
w = 2 + 3j
x = -1j
y = complex(4, -2)
```

在这些示例中，*w* 是一个复数，其中实部是 2，虚部是 3；*x* 是纯虚数；*y* 是通过调用

complex()函数创建的复数。

4. 布尔值（Boolean values）

布尔值是逻辑数据类型，只有两个可能的取值：True 和 False。在 Python 中，True 表示真，False 表示假。

布尔值通常用于条件判断、逻辑运算等场景中，例如：

```
x = 5
y = 10
# 判断条件
print(x < y)
print(x > y)
True
False
```

```
# 逻辑运算
print(True and False)
print(True or False)
print(not True)
False
True
False
```

5. 类型转换

可以使用内置函数进行不同数值类型之间的转换，如 int()、float()和 complex()。

示例：

```
num_int = 10
num_float = float(num_int)          # 将整数转换为浮点数
num_str = "20"
num_int_from_str = int(num_str)     # 将字符串转换为整数
```

3.2.2 字符串类型

在 Python 中，字符串是一种表示文本数据的数据类型，用于存储字符序列。字符串可以包含字母、数字、标点符号等字符。字符串是不可变的，意味着一旦创建就不能修改其内容。

1. 字符串的创建

可以使用单引号（''）或双引号（""）来创建字符串。

示例：

```
message_single = 'Hello, World!'
message_double = "Python Programming"
```

2. 字符串的访问

可以使用索引来访问字符串中的单个字符，索引从 0 开始，也可以使用负数索引从字符串末尾开始计数。

示例：

```
# 访问字符串中的字符
print(message_single[0])
H
```

3. 字符串的切片

除了单个字符，还可以使用切片来访问字符串的子串，切片通过指定起始索引和结束索引来提取子串。

示例：

```
# 切片
substring = message_double[7:18]
print(substring)
Programming
```

4. 字符串的拼接

字符串拼接是指将多个字符串连接起来形成一个新的字符串的操作。

示例：

```
# 字符串拼接
combined_message = message_single + ' ' + message_double
print(combined_message)
Hello, World! Python Programming
```

5. 格式化字符串

在 Python 中，格式化字符串是一种将值插入到字符串中的方法，使得输出更具可读性和易用性。Python 提供了多种格式化字符串的方法，包括旧式的%格式化方法、str.format()方法和新式的 f-strings（格式化字符串字面值）。下面将介绍这些方法的用法。

（1）旧式的%格式化方法：使用%运算符将值插入字符串中。格式化字符串中包含格式说明符，如%s 表示字符串，%d 表示整数等。例如：

```
name = "Alice"
age = 30
print("Name: %s, Age: %d" % (name, age))
Name: Alice, Age: 30
```

（2）str.format()方法：使用 str.format()方法来格式化字符串。在字符串中使用大括号{}占位符，并在 format()方法中传入要填充的值。例如：

```
name = "Alice"
age = 30
print("Name: {}, Age: {}".format(name, age))
Name: Alice, Age: 30
```

（3）f-strings（格式化字符串字面值）：在字符串前面加上 f 或 F 前缀，然后在字符串中使用大括号{}来表示要插入的变量或表达式。例如：

```
name = "Alice"
age = 30
```

```
print(f"Name: {name}, Age: {age}")
Name: Alice, Age: 30
```

3.2.3 列表类型

在 Python 中，列表（list）是一种有序、可变的数据类型，用于存储多个值。列表允许包含不同类型的元素，包括数字、字符串甚至其他列表。以下是关于列表的基本介绍和示例。

1. 创建列表

可以使用中括号 [] 来创建一个列表，并在中括号中用逗号","将元素分隔开。例如：

```
# 创建一个包含数字的列表
numbers = [1, 2, 3, 4, 5]
# 创建一个包含字符串的列表
fruits = ["apple", "banana", "orange"]
# 创建一个包含不同类型元素的列表
mixed_list = [1, "hello", True, 3.14]
```

2. 列表的索引和切片

列表的索引和切片是用于访问和获取子列表的两种基本方法。

（1）列表索引。列表是一种有序的数据类型，其中的每个元素都有一个对应的索引（index），索引从 0 开始递增。通过索引，可以访问列表中的元素。

访问单个元素：使用索引可以访问列表中的单个元素，索引从 0 开始。例如：

```
numbers = [1, 2, 3, 4, 5]
print(numbers[0])
print(numbers[2])
1
3
```

负数索引：使用负数索引表示从列表末尾开始反向计数。例如：

```
print(numbers[-1])
print(numbers[-3])
5
3
```

（2）列表切片。列表切片是一种在 Python 中用于获取子列表的方法。它允许从一个列表中提取部分元素，形成一个新的列表。切片的基本语法如下：

new_list = original_list[start:stop:step]

①start：切片开始的索引（包含该位置的元素）。
②stop：切片结束的索引（不包含该位置的元素）。
③step：切片步长，表示从开始索引到结束索引每隔多少个元素取一个。
以下是一些示例：

```
numbers = [1, 2, 3, 4, 5, 6, 7, 8, 9]
```

```python
# 获取索引 1 到 4 的子列表
subset1 = numbers[1:5]
print(subset1)
[2, 3, 4, 5]

# 获取索引 0 到 8，步长为 2 的子列表
subset2 = numbers[0:9:2]
print(subset2)
[1, 3, 5, 7, 9]

# 如果不指定 start，则默认为从头开始
subset3 = numbers[:5]
print(subset3)
[1, 2, 3, 4, 5]

# 如果不指定 stop，则默认为到末尾
subset4 = numbers[5:]
print(subset4)
[6, 7, 8, 9]

# 使用负数索引从末尾开始切片
subset5 = numbers[-3:]
print(subset5)
[7, 8, 9]

# 反向切片
subset6 = numbers[::-1]
print(subset6)
[9, 8, 7, 6, 5, 4, 3, 2, 1]
```

3. 列表操作

列表操作包括向列表中添加元素、删除元素、修改元素等一系列操作。以下是一些常见的列表操作。

（1）添加元素。

append()方法：在列表末尾添加一个元素。例如：

```
fruits = ['apple', 'banana', 'orange']
fruits.append('grape')
print(fruits)
['apple', 'banana', 'orange', 'grape']
```

insert()方法：在指定位置插入一个元素。例如：

```
numbers = [1, 2, 3, 4, 5]
numbers.insert(2, 10)
print(numbers)
[1, 2, 10, 3, 4, 5]
```

extend()方法：将一个列表的元素添加到另一个列表。例如：

```
list1 = [1, 2, 3]
list2 = [4, 5, 6]
list1.extend(list2)
print(list1)
```

[1, 2, 3, 4, 5, 6]

（2）删除元素。

remove()方法：移除列表中指定的元素。例如：

```
fruits = ['apple', 'banana', 'orange']
fruits.remove('banana')
print(fruits)
['apple', 'orange']
```

pop()方法：弹出并返回指定位置的元素，默认为最后一个。例如：

```
numbers = [1, 2, 3, 4, 5]
popped_element = numbers.pop(2)
print(popped_element)    # 输出 3
print(numbers)
3
[1, 2, 4, 5]
```

del 关键字：删除指定位置的元素或整个列表。例如：

```
numbers = [1, 2, 3, 4, 5]
del numbers[2]
print(numbers)
[1, 2, 4, 5]
```

删除整个列表，例如：

```
del numbers
```

（3）修改元素。

使用索引来修改列表中的元素。例如：

```
fruits = ['apple', 'banana', 'orange']
fruits[0] = 'pear'
print(fruits)
['pear', 'banana', 'orange']
```

（4）其他操作。

reverse()方法：反转列表中的元素顺序。例如：

```
numbers = [1, 2, 3, 4, 5]
numbers.reverse()
print(numbers)
[5, 4, 3, 2, 1]
```

sort()方法：对列表进行排序。例如：

```
numbers = [5, 2, 8, 1, 3]
numbers.sort()
print(numbers)
[1, 2, 3, 5, 8]
```

4. 列表的赋值操作

列表的赋值操作可以通过多种方式进行，具体取决于你想要实现的效果。以下是一些常见的列表赋值方式。

(1)完全复制列表：使用 = 运算符将一个列表的值复制给另一个列表。例如：

```
list1 = [1, 2, 3, 4, 5]
list2 = list1
# 这里实际上是将list1的引用赋值给list2，两者指向同一个列表对象

# 修改其中一个列表的元素会影响另一个列表
list1[0] = 10
print(list1)
print(list2)
[10, 2, 3, 4, 5]
[10, 2, 3, 4, 5]
```

(2)浅拷贝列表：使用 copy()方法或切片[:]进行浅拷贝，创建一个新的副本列表，但其中的嵌套对象（如子列表）仍与原列表共享引用。例如：

```
list1 = [1, 2, [3, 4]]
list2 = list1.copy()   # 或 list2 = list1[:]
list1[2][0] = 10
print(list1)
print(list2)
[1, 2, [10, 4]]
[1, 2, [10, 4]]
```

(3)深拷贝列表：使用 copy 模块中的 deepcopy() 方法进行深拷贝，创建一个新的副本列表，并且该列表中的嵌套对象也是完全独立的副本。例如：

```
import copy
list1 = [1, 2, [3, 4]]
list2 = copy.deepcopy(list1)
list1[2][0] = 10
print(list1)
print(list2)
[1, 2, [10, 4]]
[1, 2, [3, 4]]
```

3.2.4 元组类型

元组（tuple）是 Python 中的一种有序、不可变的数据类型，用于存储多个值。虽与列表类似，但元组一旦创建就不能修改其内容。元组的特点包括以下三点。

(1)有序性。元组中的元素按照其插入顺序排列，并且可以通过索引访问。

扩展阅读 3.1 元组和列表的区别

(2)不可变性。一旦创建了元组，就不能修改其内容，包括添加、删除或修改元素。

(3)可以包含不同类型的元素。元组可以包含不同类型的元素，例如数字、字符串、元组等。

1. 定义元组

可以使用小括号()来创建元组，并用逗号","分隔其中的元素。例如：

```
point = (1, 2)
colors = ('red', 'green', 'blue')
mixed_tuple = (1, 'hello', 3.14)
```

2. 元组的解包

元组的解包是指将元组中的元素赋值给多个变量的操作。在 Python 中，可以使用以下方式进行元组的解包，例如：

```
x, y = point
print(x)
print(y)
1
2
```

这样，变量 x 将被赋值为元组中的第一个元素，变量 y 将被赋值为元组中的第二个元素，以此类推。

3.2.5 字典类型

在 Python 中，字典（dictionary）是一种可变的、无序的键值对（key-value）集合，用大括号{}来表示，每个键值对之间使用逗号分隔。字典中的键是唯一的，但值可以不唯一。以下是关于字典的基本介绍。

1. 定义字典

可以使用大括号 {} 来创建字典，每个键值对之间使用冒号"："分隔。例如：

```
person = {
    'name': 'Alice',
    'age': 30,
    'city': 'Wonderland'
}
```

在这个示例中，my_dict 是一个包含三个键值对的字典，其中键分别为 name、age 和 city，对应的值分别为 Alice、30 和 Wonderland。

2. 访问字典元素

要访问字典中的元素，可以通过键来访问相应的值，例如：

```
print(person['name'])
print(person['age'])
Alice
30
```

3. 修改字典元素

可以通过指定键来修改字典中的值。例如：

```
person['age'] = 31
print(person['age'])
31
```

4. 添加字典元素

要添加新的键值对，可以直接赋值给新的键，例如：

```
person['gender'] = 'female'
print(person)
{'name': 'Alice', 'age': 31, 'city': 'Wonderland', 'gender': 'female'}
```

5. 删除字典元素

可以使用 del 关键字来删除字典中的元素。例如：

```
del person['city']
print(person)
{'name': 'Alice', 'age': 31, 'gender': 'female'}
```

6. 字典方法

字典是 Python 中非常常用的数据类型之一，它提供了一系列方法来操作字典中的键值对。以下是一些常用的字典方法。

get()：根据指定的键获取对应的值，如果键不存在，则返回指定的默认值（默认为 None）。

items()：返回一个包含所有键值对的元组列表。

keys()：返回一个包含所有键的列表。

values()：返回一个包含所有值的列表。

pop()：移除指定键的键值对，并返回对应的值。

setdefault()：返回指定键的值，如果键不存在，则插入指定的默认值并返回该值。

update()：使用一个字典更新另一个字典，将另一个字典中的键值对添加到当前字典中，如果键已存在，则更新对应的值。

示例：

```
my_dict = {
'name': 'Alice',
'age': 31,
'gender': 'female'
}

# 使用 get()方法获取指定键的值
print(my_dict.get('age'))
31

# 使用 items()方法返回所有键值对
print(my_dict.items())
dict_items([('name', 'Alice'),
 ('age', 31), ('gender', 'female')])

# 使用 keys()方法返回所有键
print(my_dict.keys())
dict_keys(['name', 'age', 'gender'])

# 使用 values()方法返回所有值
print(my_dict.values())
```

```
dict_values(['Alice', 31, 'female'])
```

```
# 使用pop()方法移除指定键的键值对
my_dict.pop('gender')
print(my_dict)
 {'name': 'Alice', 'age': 31}
```

```
# 使用setdefault()方法返回指定键的值
my_dict.setdefault('city', 'New York')
print(my_dict)
{'name': 'Alice', 'age': 31, 'city': 'New York'}
```

```
# 使用update()方法更新字典
my_dict.update({'age': 32, 'city': 'San Francisco'})
print(my_dict)
 {'name': 'Alice', 'age': 32, 'city': 'San Francisco'}
```

3.2.6 集合类型

在 Python 中，集合（set）是一种无序、可变的数据类型，用于存储不重复的元素。集合可以进行交集、并集、差集等操作。

1. 定义集合

可以使用大括号{}或者 set()构造函数来定义集合。集合中的元素是唯一的，因此在定义时重复的元素会被自动去重。例如：

```
fruits_set = {'apple', 'banana', 'orange'}
fruits_set = set(['apple', 'banana', 'orange'])
```

如果要定义一个空集合，不能使用空的大括号{}，因为这样会创建一个空的字典，而应该使用 set()函数，例如：

```
empty_set = set()
print(empty_set)
set()
```

注意：在 Python 中，空的大括号{}用来定义空字典，而不是空集合。

2. 访问集合元素

由于集合是无序的，不能通过索引访问单个元素，但可以通过迭代访问集合中的所有元素。例如：

```
for fruit in fruits_set:
    print(fruit)
Banana
orange
apple
```

3. 添加和移除元素

要向集合中添加元素，可以使用 add()方法；要从集合中移除元素，可以使用 remove()或 discard()方法。以下是一些示例：

```
fruits_set.add('grape')
print(fruits_set)
 {'apple', 'banana', 'orange', 'grape'}
fruits_set.remove('banana')
print(fruits_set)
 {'apple', 'orange', 'grape'}
```

4. 集合的运算

在 Python 中，集合支持多种运算，包括并集、交集、差集和对称差集。

假设我们有两个集合 set1 和 set2：

```
set1 = {1, 2, 3, 4}
set2 = {3, 4, 5, 6}
```

（1）并集：将两个集合合并为一个集合，其中包含两个集合中的所有不重复元素。

```
# 并集
union_set = set1.union(set2)
print(union_set)
 {1, 2, 3, 4, 5, 6}
```

（2）交集：获取两个集合中共同存在的元素。

```
# 交集
intersection_set = set1.intersection(set2)
 {3, 4}
```

（3）差集：获取一个集合中存在而另一个集合中不存在的元素。

```
# 差集
difference_set = set1.difference(set2)
 {1, 2}
```

（4）对称差集：获取两个集合中各自独有的元素。

```
# 对称差集
symmetric_difference_set = set1.symmetric_difference(set2)
print(symmetric_difference_set)
 {1, 2, 5, 6}
```

3.2.7 运算符

在前面的内容中，我们已经学习了 Python 中的各种数据类型，包括数值类型、字符串类型、列表类型和元组类型等。了解这些数据类型是编写 Python 程序的基础，但仅知道数据类型还不够，还需要能够对这些数据进行操作。运算符在编程中起着至关重要的作用，它们用于对变量和值进行各种操作，如数学运算、比较运算、逻辑运算和赋值等。

1. 算术运算符

算术运算符用于执行基本的数学运算，如表 3-1 所示。

表 3-1　算术运算符及其含义

算术运算符	含义
加法（+）	相加两个数
减法（-）	左操作数减去右操作数
乘法（*）	两个数相乘
除法（/）	左操作数除以右操作数
取余（%）	计算两个数相除后的余数
幂运算（**）	返回左操作数作为底数，右操作数作为指数的幂运算结果

示例：

```
a = 10
b = 3
addition = a + b            # 13
subtraction = a - b         # 7
multiplication = a * b      # 30
division = a / b            # 3.333...
remainder = a % b           # 1
exponentiation = a ** b     # 1000
```

2. 比较运算符

比较运算符通常用于比较两个值，并返回一个布尔值（True 或 False），指示比较结果是否为真，如表 3-2 所示。

表 3-2　比较运算符及其含义

比较运算符	含义
等于（==）	判断两个值是否相等
不等于（!=）	判断两个值是否不相等
大于（>）	判断左操作数是否大于右操作数
小于（<）	判断左操作数是否小于右操作数
大于等于（>=）	判断左操作数是否大于等于右操作数
小于等于（<=）	判断左操作数是否小于等于右操作数

示例：

```
x = 5
y = 10
equal = x == y              # False
not_equal = x != y          # True
greater_than = x > y        # False
less_than = x < y           # True
greater_equal = x >= y      # False
less_equal = x <= y         # True
```

3. 逻辑运算符

逻辑运算符用于执行布尔运算，通常用于将多个条件组合在一起，形成更复杂的逻辑表达式，如表 3-3 所示。

表 3-3　逻辑运算符及其含义

逻辑运算符	含义
与（and）	如果两个条件都为真，则结果为真
或（or）	如果至少一个条件为真，则结果为真
非（not）	将真变为假，将假变为真

示例：

```
a = True
b = False
logical_and = a and b        # False
logical_or = a or b          # True
logical_not_a = not a        # False
```

4. 赋值运算符

赋值运算符用于将值赋给变量，如表 3-4 所示。

表 3-4　赋值运算符及其含义

赋值运算符	含义
赋值（=）	将右侧的值赋给左侧的变量
加法赋值（+=）	将左侧的值加到右侧的变量上
减法赋值（-=）	将左侧的值减去右侧的变量
乘法赋值（*=）	将左侧的变量乘以右侧的值
除法赋值（/=）	将左侧的变量除以右侧的值
取余赋值（%=）	将左侧的变量除以右侧的值的余数赋给左侧的变量

示例：

```
x = 5
x += 2   # 等同于 x = x + 2，结果为 7
x -= 3   # 等同于 x = x - 3，结果为 4
x *= 2   # 等同于 x = x * 2，结果为 8
x /= 4   # 等同于 x = x / 4，结果为 2
x %= 3   # 等同于 x = x % 3，结果为 2
```

3.3　流程控制语句

在 Python 编程中，流程控制语句是实现程序逻辑的关键。通过流程控制语句，可以根据不同的条件执行不同的代码块，从而让程序具备决策和循环的能力。本节将介绍 Python 中的主要流程控制语句，包括条件语句（如 if、elif 和 else）和循环语句（如 for 和 while）。

3.3.1　条件语句

条件语句用于根据某个条件的真假执行不同的代码块。在 Python 中，主要使用 if、elif 和 else 关键字构建条件语句。

1. 单个 if 语句

如果 if 后的条件判断为真，则执行冒号后的语句块，若条件为假，则不执行。

示例：

```
age = 25
if age >= 18:
    print("你已成年")
```

执行结果为：

```
你已成年
```

2. if 和 else 语句

else 语句用于在 if 语句中判断表达式的值为假时执行相应的操作。else 语句不能单独存在，必须与 if 语句配合使用。

示例：

```
age = 15
if age >= 18:
    print("你已成年")
else:
    print("你未成年")
```

执行结果为：

```
你未成年
```

3. 多个条件判断 if、elif、else 语句

有时一次条件判断并不够，elif 语句就可以进行多次判断，必须与 if 语句同时使用。

示例：

```
score = 75
if score >= 90:
    print("优秀")
elif 80 <= score < 90:
    print("良好")
elif 60 <= score < 80:
    print("及格")
else:
    print("不及格")
```

执行结果为：

```
及格
```

这段代码根据学生的分数进行多重条件判断，若分数大于等于 90 则输出优秀，在 80～89 输出"良好"，在 60～79 输出"及格"，否则输出"不及格"。

4. 嵌套条件语句

elif 语句是当 if 语句中的条件为假时再进行条件判断，但有时当 if 语句判断为真时也

要进行条件判断，进而将条件进一步细化，一般通过嵌套的方式完成这一流程。

```
num = 10
if num > 0:
    print("正数")
    if num % 2 == 0:
        print("偶数")
    else:
        print("奇数")
else:
    print("非正数")
```

执行结果为：

```
正数
偶数
```

3.3.2 循环语句

循环语句用于多次执行同一段代码。在 Python 中，有两种主要的循环语句：for 循环和 while 循环。

1. for 循环

for 循环用于遍历一个可迭代对象（如列表、元组、字符串），对其中的每个元素执行相应的代码块。

示例：

```
# 遍历列表
fruits = ['apple', 'banana', 'orange']
for fruit in fruits:
    print(fruit)
```

执行结果为：

```
apple
banana
orange
```

range()函数是一个用于生成一系列连续整数的函数，通常用在 for 循环中。它的基本语法是：

```
range(start, stop[, step])
```

其中：

start：起始值，表示数列中的第一个数字。如果省略，则默认为 0。

stop：结束值，生成的数列不包含该值，即生成的数列中最后一个数字为 stop-1。

step：步长，表示数列中每个数字之间的差值。如果省略，默认为 1。

range()函数会生成一个整数序列，并且该序列是惰性生成的，即在需要时才生成下一个值，而不会一次性生成所有值，这在处理大型数据时是非常高效的。

示例：

```
# 遍历数字范围
for i in range(5):
    print(i)
```

执行结果为：

```
0
1
2
3
4
```

2. while 循环

while 循环根据条件是否为真反复执行代码块，直到条件变为假。

示例：

```
# 计算数字的阶乘
num = 5
factorial = 1
while num > 0:
    factorial *= num
    num -= 1
print("阶乘:", factorial)
```

执行结果为：

```
阶乘:120
```

循环语句可以嵌套使用，构成更复杂的程序逻辑。下面这个例子使用嵌套循环打印了一个直角三角形，每一行的星号数量递增。

示例：

```
# 打印直角三角形
for i in range(1, 6):
    for j in range(i):
        print("* ", end="")
    print()
```

执行结果为：

```
*
* *
* * *
* * * *
* * * * *
```

3.4 实训案例

本案例是关于 Python 基础语法的实训，旨在帮助读者逐步掌握编程方法，为后续的学习奠定基础。读者可轻轻刮开封底的刮刮卡，扫码获取该实训项目。教师如有需要，可登录教学实训平台（edu.credamo.com），在课程库中搜索课程"Python 数据分析快速入门"，根据需要选择相应的课程后，按照第 2 章介绍的方法，导入"我的课程"教师端并组织班级学生加课学习。

【案例一】 变量定义与命名规则

（1）定义一个变量 my_age，并将你的年龄 28 赋值给它。

（2）再定义一个变量 my_name，并将你的名字 'John' 赋值给它。

（3）输出两个变量的值。

在教学平台"Python 数据分析快速入门"课程第 3 章的代码实训部分，开始案例实训，具体操作如图 3-1 所示。

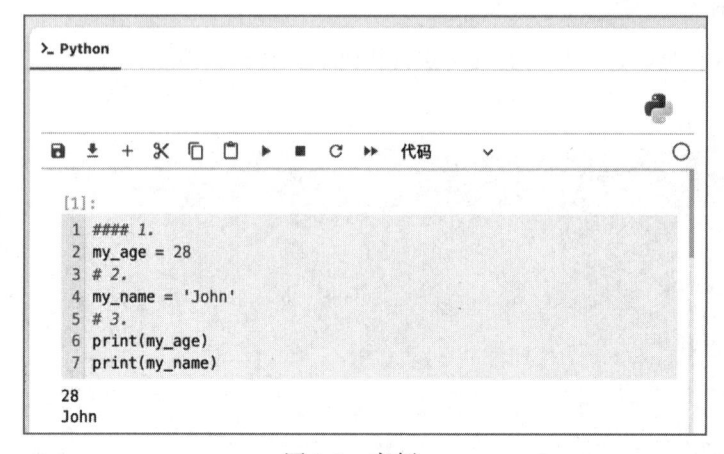

```
1 #### 1.
2 my_age = 28
3 # 2.
4 my_name = 'John'
5 # 3.
6 print(my_age)
7 print(my_name)

28
John
```

图 3-1　案例一

【案例二】 数值类型

（1）定义一个整数变量 num1，赋值为 15。

（2）再定义一个浮点数变量 num2，赋值为 7.5。

（3）计算 num1 与 num2 的差，并将结果赋值给变量 difference。

（4）输出变量 difference 的值。

具体操作如图 3-2 所示。

```
1 # 1.
2 num1 = 15
3 # 2.
4 num2 = 7.5
5 # 3.
6 difference = num1 - num2
7 #4.
8 print(difference)

7.5
```

图 3-2　案例二

【案例三】 字符串类型

（1）创建一个字符串变量 sentence，赋值为 'Python is amazing!'。

（2）使用字符串切片，提取出 'is'。

（3）将字符串变量 sentence 转换为全小写。

具体操作如图 3-3 所示。

```
1  # 1.
2  sentence = 'Python is amazing!'
3  # 2.
4  substring = sentence[7:9]
5  # 3.
6  lowercase_sentence = sentence.lower()
```

图 3-3　案例三

【案例四】 列表类型
（1）创建一个包含字符串的列表 fruits，包括 'apple'、'banana'、'orange'。
（2）在列表头部添加元素 'grape'。
（3）使用索引访问列表中的第二个元素。
具体操作如图 3-4 所示。

```
1  # 1.
2  fruits = ['apple','banana','orange']
3  # 2.
4  fruits.insert(0, 'grape')
5  # 3.
6  second_element = fruits[1]
```

图 3-4　案例四

【案例五】 元组类型
（1）创建一个包含整数的元组 number，包括 3、6、9。
（2）尝试修改元组中的某个元素，观察是否会报错。
具体操作如图 3-5 所示。

```
1  # 1.
2  number = (3,6,9)
3  # 2.
4  # 尝试修改元组中的某个元素，会报错，因为元组是不可变的
5  number[0] = 5 #这一行会触发TypeError 错误
---------------------------------------------------------------
TypeError                                 Traceback (most recent call last)
Cell In[14], line 5
      2 number = (3,6,9)
      3 # 2.
      4 # 尝试修改元组中的某个元素，会报错，因为元组是不可变的
----> 5 number[0] = 5 #这一行会触发TypeError 错误

TypeError: 'tuple' object does not support item assignment
```

图 3-5　案例五

【案例六】 字典类型
（1）创建一个字典 person，包括键值对 'name': 'john' 和 'age': 30。
（2）添加一个新的键值对 'City': 'New York'。
（3）使用键 'age' 获取字典中的值。

具体操作如图 3-6 所示。

```
1  # 1.
2  person = {'name': 'John', 'age': 30}
3  # 2.
4  person['city'] = 'New York'
5  # 3.
6  age_value = person['age']
```

图 3-6　案例六

【案例七】 集合类型

（1）创建两个集合 set1 和 set2，分别包含整数 1～5 和 3～7。
（2）计算两个集合的并集。
（3）向集合 set2 添加元素 8。

具体操作如图 3-7 所示。

```
1  # 1.
2  set1 = {1,2,3,4,5}
3  set2 = {3,4,5,6,7}
4  # 2.
5  union_set = set1.union(set2)
6  # 3.
7  set2.add(8)
```

图 3-7　案例七

【案例八】 运算符

（1）定义两个整数变量 a 和 b，分别赋值为 10 和 3。
（2）计算 a 除以 b 的商，并将结果赋值给变量 result。
（3）使用取余运算符，计算 a 除以 b 的余数。

具体操作如图 3-8 所示。

```
1  # 1.
2  a = 10
3  b = 3
4  # 2.
5  result = a / b
6  # 3.
7  remainder = a % b
```

图 3-8　案例八

【案例九】 商业销售统计

假设你是一家小型电子商务公司的数据分析师。你获得了一段时间内每位销售代表的销售数据，请编写一个程序完成以下任务。

（1）首先定义一个包含销售代表信息的列表 sales_representatives，每位销售代表包括姓名和销售额。代码如下：

```
sales_representatives = [
    {"name": "John", "sales": [15000, 18000, 20000, 22000, 19000]},
    {"name": "Alice", "sales": [12000, 15000, 16000, 18000, 17000]},
```

```
    {"name": "Bob", "sales": [20000, 22000, 24000, 23000, 21000]},
    {"name": "Eva", "sales": [18000, 20000, 21000, 23000, 25000]}
]
```

（2）使用循环遍历每位销售代表，计算他们的平均销售额，并将平均销售额添加到每位销售代表的字典中。

（3）输出每位销售代表的姓名、销售额和平均销售额。

（4）判断每位销售代表的平均销售额，如果平均销售额大于等于 20 000 元，则输出"业绩优秀"；如果在 15 000～19 999 元，则输出"业绩良好"；否则输出"业绩一般"。

具体操作如图 3-9、图 3-10 所示。

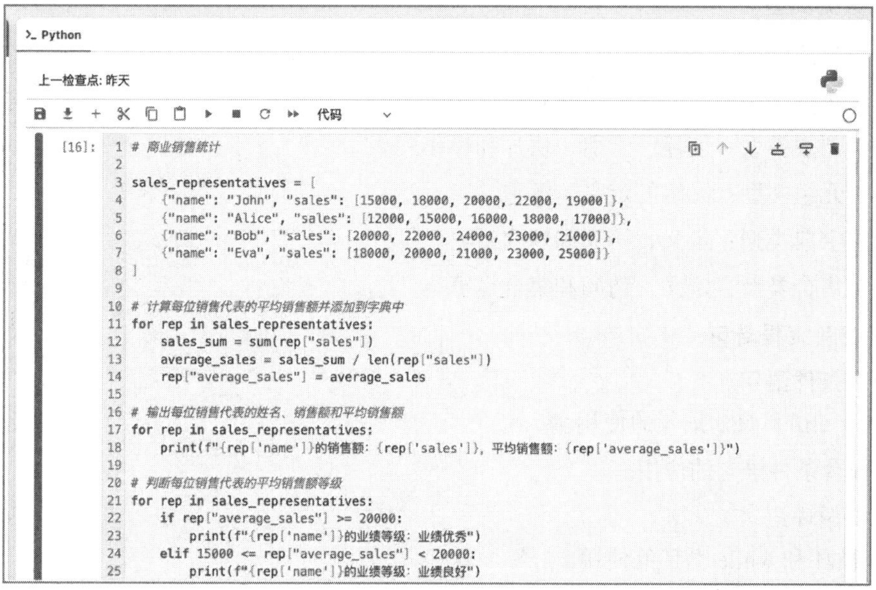

图 3-9　案例九（一）

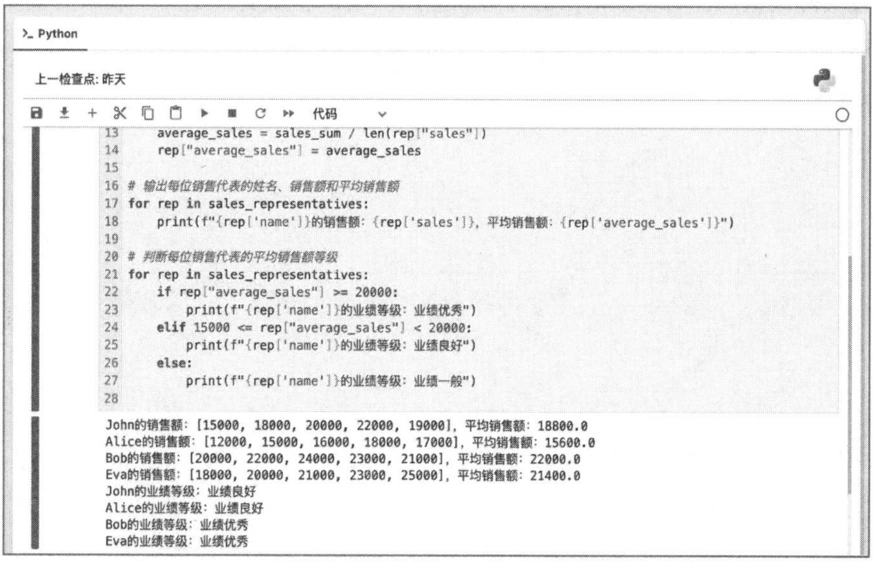

图 3-10　案例九（二）

本 章 小 结

本章内容旨在为读者提供一个坚实的语法基础,使之能够理解并运用 Python 的基本元素,从而为后续的数据分析和编程任务打下坚实的基础。以下是本章的主要知识点。

1. 变量

(1)变量的定义。

(2)命名规则的详细说明。

2. 数据类型

(1)数值类型:整数、浮点数、复数和布尔值。

(2)字符串类型:创建、访问和操作字符串。

(3)列表类型:创建、索引、切片和操作列表。

(4)元组类型:元组的定义、解包。

(5)字典类型:定义、访问和修改字典。

(6)集合类型:定义、访问和集合运算。

3. 控制流程语句

(1)条件语句。

①if、elif 和 else 语句的使用。

②嵌套条件语句的应用。

(2)循环语句。

for 循环和 while 循环的使用。

4. 实训案例

通过实际案例加深对基础语法的理解和应用。案例涵盖变量定义、数据类型操作、控制流程语句的应用。

第 4 章

函数、模块与包

学习目标

1. 理解函数的定义、参数传递和返回值处理。
2. 理解 Python 的作用域规则,包括全局变量和局部变量的区别。
3. 掌握 Python 内置函数的使用,提高编程效率。
4. 学会创建和使用函数来简化代码和提高复用性。
5. 学习如何导入和使用 Python 中的模块和包。

函数和模块是 Python 编程中的重要概念,它们帮助我们把复杂的任务分解成可管理的部分。本章将教你如何定义函数、使用参数以及如何通过模块来组织代码。这些技能将使你的代码更加清晰、高效,为处理更复杂的数据分析任务打下基础。

4.1 函　　数

4.1.1 函数的基本语法

在 Python 中,函数是一段可重复使用的代码块,它接受输入参数、执行特定的任务,并返回一个结果。函数帮助组织代码、提高代码重用性,同时让代码更易于理解。

在 Python 中,定义函数的基本语法如下:

```
def function_name(parameters):
    """Docstring"""
    # Function body
    return value
```

(1) def 关键字:用于定义函数。
(2) function_name:函数的名称,应该符合标识符的命名规则。
(3) parameters:函数的参数,可以是零个或多个,用括号括起来。
(4) ::冒号表示函数体的开始。
(5) """Docstring""":文档字符串,用于描述函数的目的、输入参数、输出结果等信息,可根据需要添加。
(6) Function body:包含具体的代码块,用于执行特定的任务。

(7) return 语句：用于返回函数的结果；如果函数不需要返回值，则可以选择省略。

1. 无参数的简单函数

当函数不需要接受任何参数时，可以简单地定义一个不带参数的函数。

示例：

```
def say_hello():
    print("Hello!")
```

在这个示例中，say_hello()函数不接受任何参数，它的作用是打印一个简单的问候语"Hello!"。当我们调用函数时，不需要传递任何参数。因为函数不需要接受任何参数，我们只需要调用 say_hello()函数即可。

示例：

```
# 调用函数
say_hello()
Hello!
```

2. 带有一个参数的函数

当函数只有一个参数时，可以通过这个参数来执行各种不同的任务。下面是一个示例，定义了一个函数 square，它接受一个参数 x，计算并返回这个参数的平方值。

示例：

```
def square(x):
    return x ** 2
```

```
# 调用函数
result = square(5)
print(result)
25
```

3. 带有多个参数的函数

当函数需要接受不止一个参数时，可以在函数定义中列出这些参数。

示例：

```
def add_numbers(x, y):
    result = x + y
    return result
```

```
# 调用函数
sum_result = add_numbers(3, 7)
print(sum_result)
10
```

上述代码定义了一个名为 add_numbers 的函数，它接受两个参数 x 和 y，然后返回它们的和。在调用函数时，传入的参数分别是 3 和 7，函数会将它们相加得到结果 10，然后将结果返回。最后，使用 print()函数将结果打印出来。

4. 返回多个值的函数

函数可以返回多个值，这些值将被封装成一个元组（tuple）并返回。以下是一个示例：

```
def calculate_stats(numbers):
    mean_value = sum(numbers) / len(numbers)
    max_value = max(numbers)
    return mean_value, max_value
```

```
# 调用函数
data = [2, 5, 8, 1, 4]
mean, maximum = calculate_stats(data)
print(f"Mean: {mean}, Maximum: {maximum}")
Mean: 4.0, Maximum: 8
```

这段代码定义了一个名为 calculate_stats()的函数，它接受一个数字列表作为参数。在函数体内部，它计算了这些数字的平均值和最大值，并将这两个值组成一个元组返回。

在调用函数时，我们创建了一个数字列表 data，然后使用 calculate_stats(data)调用函数；返回的元组(mean_value, max_value)被分别解包到变量 mean 和 maximum 中；最后，我们使用 print()函数打印出平均值和最大值。

4.1.2 函数的参数

在 Python 中，函数的参数可以分为以下几种类型：位置参数、默认参数、可变长位置参数（*args）、关键字参数、可变长关键字参数（**kwargs）。

1. 位置参数（positional arguments）

位置参数是最常见的参数类型，按照位置顺序传递给函数。函数声明中的参数顺序决定了它们的位置。

示例：

```
def multiply(x, y):
    return x * y
```

```
# 调用函数时必须按照定义时的顺序提供参数值
result = multiply(5, 3)
print(result)
15
```

在这个示例中，x 和 y 是位置参数，定义函数时它们按照顺序声明，调用函数时必须以相同的顺序提供参数值。

2. 默认参数（default arguments）

默认参数是在函数声明时给参数一个默认值。如果调用函数时没有提供相应参数的值，则使用默认值。

示例：

```
def power(base, exponent=2):
    result = base ** exponent
    return result
```

```
# 调用函数
result1 = power(2)              # 默认指数为 2
```

```
result2 = power(2, 3)        # 指数为 3
print(result1)
print(result2)
4
8
```

在这个示例中，power()函数接受两个参数：base 和 exponent，其中 exponent 参数具有默认值2。如果在调用函数时不提供 exponent 参数，则函数将使用默认值2；如果在调用函数时自定义 exponent 参数为3，则函数计算结果为 2^3，即 8。

3. 可变长位置参数（*args）

可变长位置参数允许你定义一个函数，它接受任意数量的位置参数。这些参数在函数内部被视为一个元组。通过在参数名前面加上星号*，可以告诉 Python 将传递的所有位置参数收集到一个元组中。

示例：

```
def print_args(*args):
    print(args)
```

```
# 调用函数
print_args(1, 2, "hello", [3, 4])
(1, 2, 'hello', [3, 4])
```

当你调用 print_args(1, 2, "hello", [3, 4])时，传递了四个参数给函数 print_args，分别是整数1，整数2，字符串"hello"，和列表[3, 4]。这些参数被收集到一个元组中，并传递给函数 print_args。

4. 关键字参数（keyword arguments）

关键字参数允许在调用函数时指定参数的名称，并通过名称传递值，不受位置顺序限制。

示例：

```
def greet(name, message):
    print(f"{message}, {name}!")
```

使用关键字参数调用函数，参数的顺序可以改变。

示例：

```
greet(name="Alice", message="Good morning")
greet(message="Good morning", name="Alice")
Good morning, Alice!
Good morning, Alice!
```

在这个示例中，函数 greet()接受两个参数 name 和 message。通过位置参数调用函数时，参数的顺序必须与函数定义中的顺序相匹配。但是，通过关键字参数调用函数时，可以根据参数名称来指定参数的值，而不必关心参数的位置顺序。这样做不仅提高了代码的可读性，还使函数调用更加灵活。

5. 可变长关键字参数（**kwargs）

可变长关键字参数允许你定义一个函数，它可以接受任意数量的关键字参数，并将它们收集到一个字典中。这些参数在函数内部被视为一个字典。通过在参数名前面加上双星号**，可以告诉Python将传递的所有关键字参数收集到一个字典中。

示例：

```
def print_kwargs(**kwargs):
    print(kwargs)
```

```
# 调用函数
print_kwargs(name="Alice", age=30, city="Wonderland")
{'name': 'Alice', 'age': 30, 'city': 'Wonderland'}
```

这段代码定义了一个函数print_kwargs()，该函数接受任意数量的关键字参数，并将它们收集到一个字典中。

以上这些是函数参数的不同类型，它们允许函数更灵活地处理输入。在函数定义中可以混合使用这些参数类型，但是需要遵循一定的顺序。一般来说，函数定义中参数的顺序依次如下：

（1）位置参数；
（2）默认参数；
（3）可变长位置参数（*args）；
（4）关键字参数；
（5）可变长关键字参数（**kwargs）。

4.1.3　全局变量与局部变量

在Python中，全局变量和局部变量是两种不同作用域的变量，它们的使用范围和生命周期有所不同。

1. 全局变量（global variables）

全局变量是在整个程序中都可见和可用的变量，其作用域涵盖整个程序。在任何函数内部都可以访问和修改全局变量的值。

示例：

```
x = 10                  # 全局变量
def func():
    print(x)
func()
10
```

在这个示例中，x是一个全局变量，因为它在函数之外定义，并且在函数内部被引用。当函数func()被调用时，它打印了全局变量x的值，输出结果为10。

2. 全局变量与global关键字

如果在函数内部要修改全局变量的值，需要使用global关键字声明。

示例：

```
x = 10                  # 全局变量
def func():
```

```
    global x
    x = 20         # 修改全局变量 x 的值
    print(x)       # 输出: 20
func()
print(x)
20
20
```

在这个示例中,函数 func()内部使用了 global 关键字声明了全局变量 x,然后修改了全局变量 x 的值为 20,并且在函数内部打印了 x 的值,输出为 20。

在函数外部再次打印 x 的值,由于 x 已经在函数内部被修改为 20,因此函数外部打印的值也是 20。

3. 局部变量(local variables)

局部变量是在函数内部声明的变量,其作用域仅限于函数内部。它们在函数执行时创建,函数执行结束时销毁。

示例:

```
def func():
    y = 20         # 局部变量
    print(y)

func()             # 输出: 20
print(y)           # 这里会报错,因为 y 是函数 func 内部的局部变量,外部无法访问
```

在这个例子中,y 是一个局部变量,它只在函数 func()内部定义和使用。因此,当调用函数 func()时,可以打印出 y 的值,输出为 20。

但是,在函数外部尝试打印 y 的值会导致错误,因为 y 是在函数内部声明的局部变量,外部无法访问。

4.1.4 常用的内置函数

Python 提供了许多常用的内置函数,这些函数在编写代码时非常有用。

常用的内置函数在 Python 中提供了许多常见且有用的功能。这些函数是 Python 解释器内置的,无需额外导入任何模块即可使用。以下是一些常见的内置函数及其功能。

(1)print():用于将内容输出到控制台。除了简单地输出字符串之外,还可以输出变量、表达式的值等。例如:

```
print("Hello, World!")
Hello, World!
```

(2)len():用于返回对象的长度或元素个数。可以用于字符串、列表、元组、字典等各种类型的对象。例如:

```
my_list = [1, 2, 3, 4, 5]
print(len(my_list))
5
```

(3)range():用于生成一个整数序列。常用于循环中,可以指定起始值、结束值和步

长。例如：

```
# 生成一个从 0 到 4 的整数序列
for i in range(5):
    print(i)
0
1
2
3
4
```

```
# 生成一个从 2 到 9 的整数序列，步长为 2
for i in range(2, 10, 2):
    print(i)
2
4
6
8
```

（4）type()：用于返回对象的类型。例如：

```
x = 5
print(type(x))
<class 'int'>
```

（5）int()、float()、str()、list()、tuple()、dict() 等：用于将对象转换为特定类型。例如：

```
num_str = "10"
num_int = int(num_str)
print(num_int)
10
```

（6）abs()：返回数值的绝对值。例如：

```
print(abs(-5))
5
```

（7）sorted()：返回排序后的列表。例如：

```
my_list = [3, 1, 4, 1, 5, 9, 2, 6]
sorted_list = sorted(my_list)
print(sorted_list)
[1, 1, 2, 3, 4, 5, 6, 9]
```

（8）enumerate()：用于将可迭代对象的元素与索引组合成一个枚举对象，常用于遍历列表时同时获取元素和索引。例如：

```
my_list = ['a', 'b', 'c']
for index, value in enumerate(my_list):
    print(index, value)
0 a
1 b
2 c
```

以上这些是 Python 中常用的一些内置函数，能够帮助你在编程中更加高效地处理数据和执行操作。

4.2　模块和包的使用

在 Python 中，模块和包是组织和管理代码的重要方式。它们允许将相关功能组织成单独的单元，并且可以在不同的程序中重用。

4.2.1　什么是模块

在 Python 中，一个模块是一个包含 Python 代码的文件，通常以.py 为后缀。模块可以包含变量、函数等。通过将相关的代码组织到模块中，可以更好地管理代码并实现代码的重用。

模块使代码的组织、重用和维护更加方便。通过将相关的功能放置在一个模块中，可以使代码更具有结构性，易于管理。此外，Python 标准库中已经包含了大量有用的模块，可以在开发过程中直接使用，或者作为学习和参考的资源。

下面是关于模块的几个重要方面的详细说明。

1. 组织代码

模块可以将代码组织成逻辑上相互关联的单元。将相关功能放在一个模块中，可以使代码更具有结构性，易于管理。这样的模块可以被其他程序或者模块导入，以便重用其中定义的功能。

2. 可重用性

模块提供了一种将代码组织成可重用单元的方法。一旦定义了一个模块，它就可以被多个程序或者其他模块导入和使用，避免了代码的重复编写，提高了开发效率。

3. 命名空间

每个模块都有自己的命名空间，这意味着在不同的模块中可以定义相同名称的函数和变量，而彼此不会发生冲突。这种命名空间的机制使得模块之间的代码可以独立开发和维护，从而降低了代码之间的耦合度。

4. 标准库模块

Python 标准库中包含了大量有用的模块，涵盖了各种常见的任务和功能。这些模块可以直接在 Python 程序中使用，或者作为学习和参考的资源。例如，Math 模块提供了数学运算函数，Random 模块提供了生成随机数的函数，NumPy 模块提供了用于科学计算的功能，等等。

4.2.2　导入模块

在 Python 中，导入模块是一种重要的方式，用于获取其他 Python 文件中定义的函数和变量。以下是导入模块的几种方式。

1. 使用 import 语句导入模块

示例：

```
# import 模块名
import numpy
```

在导入模块后，通过点符号"."连接模块名称和函数名，使用该模块中的函数和属性。

示例：

```
import numpy
numpy.sqrt(3)
1.7320508075688772
```

2. 采用"import 模块名称 as 别名"的方式

有时候，模块名可能会很长，不方便使用。这时候可以使用 as 关键字为模块指定一个别名。例如：

```
import numpy as np
np.sqrt(3)
1.7320508075688772
```

3. 只导入需要使用的相应函数

实现方式为"from 模块名称 import 函数名称"，调用函数时不需要加模块名前缀。例如：

```
from numpy import sqrt
sqrt(3)
1.7320508075688772
```

4.2.3 包的使用

包是一种将模块组织成目录结构的方式，使更复杂的项目可以更好地组织代码。具体而言，在 Python 中，包实质是带有特殊文件 __init__.py 的目录。__init__.py 文件可以为空，也可以包含包的初始化代码。

包的导入和使用与模块在语法上类似，但在概念上有一些重要区别。包是一种组织 Python 代码的方式，它允许将多个模块组织在一起，并提供了更多的层次结构和命名空间管理。以下是几种常见的包导入和使用方式。

1. import 包.模块

调用方式：模块名.函数名()

这种方式用于导入包中的模块，并在代码中使用完整的模块名来调用函数。

2. from 包 import 模块

调用方式：模块名.函数名()

这种方式导入了整个模块，但在代码中使用时直接使用模块名来调用函数或变量。这种方式简化了代码，但可能会导致命名空间冲突，因为函数或变量被直接导入到当前命名空间中。

3. from 包.模块 import 函数名

调用方式：函数名()

这种方式用于导入包中的特定函数，然后在代码中直接使用函数或变量名来调用。这种方式可以避免命名空间冲突，并且使代码更加清晰。

本书在后续章节将会用到数据分析中常用的包或模块，如 NumPy、Pandas、Matplotlib、Seaborn、SciPy、Sklearn、Statsmodels 等。这些包和模块是在数据分析领域中非常常用的工具，它们提供了丰富的功能，可以帮助你进行数据处理、可视化、统计分析、机器学习等任务。

扩展阅读 4.1 常用模块和包的简介

4.3 实训案例

本案例是关于 Python 基础编程知识的实践，包括函数定义、参数设置、变量作用域、内置函数使用以及模块导入和应用，旨在帮助读者加深对这些概念的理解并掌握实际操作方法。读者可轻轻刮开封底的刮刮卡，扫码获取该实训项目。教师如有需要，可登录教学实训平台（edu.credamo.com），在课程库中搜索课程"Python 数据分析快速入门"，根据需要选择相应的课程后，按照第 2 章介绍的方法，导入到"我的课程"教师端并组织班级学生加课学习。

【案例一】 定义函数

定义一个函数 calculate_area，接收两个参数 length 和 width，并返回矩形的面积。计算 length 为 5 和 width 为 8 时的面积值并打印出来。

在教学平台"Python 数据分析快速入门"课程第 4 章的代码实训部分，开始案例实训，具体操作如图 4-1 所示。

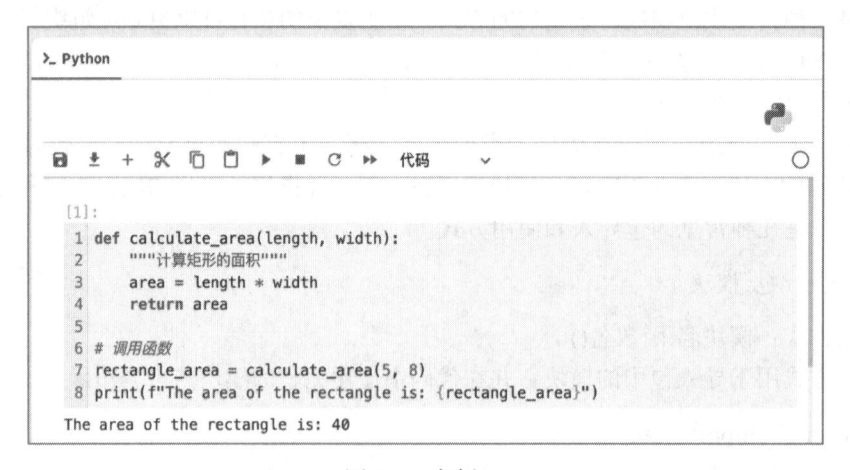

```
[1]:
1  def calculate_area(length, width):
2      """计算矩形的面积"""
3      area = length * width
4      return area
5
6  # 调用函数
7  rectangle_area = calculate_area(5, 8)
8  print(f"The area of the rectangle is: {rectangle_area}")
The area of the rectangle is: 40
```

图 4-1 案例一

【案例二】 函数的参数

定义一个函数 power_of_two，接收一个参数 n，默认值为 1，返回 2 的 n 次方。

具体操作如图 4-2 所示。

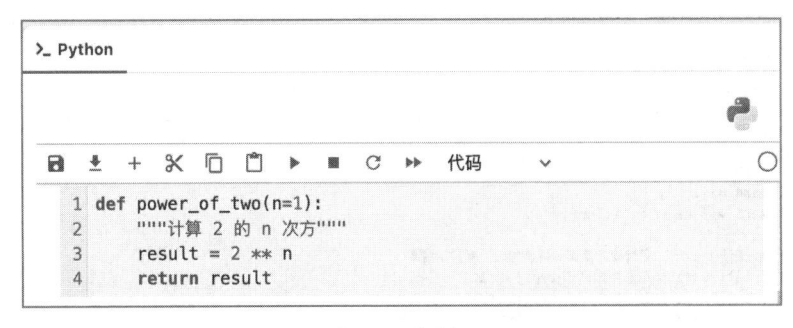

```
1  def power_of_two(n=1):
2      """计算 2 的 n 次方"""
3      result = 2 ** n
4      return result
```

图 4-2　案例二

【案例三】　全局变量和局部变量

在全局范围定义一个变量 global_var 等于 10，然后编写一个函数 modify_var()，将全局变量的值增加 5，最后调用函数并打印全局变量的值。

具体操作如图 4-3 所示。

```
1  global_var = 10
2
3  def modify_var():
4      global global_var
5      global_var += 5
6
7  # 调用函数
8  modify_var()
9  print(global_var)
15
```

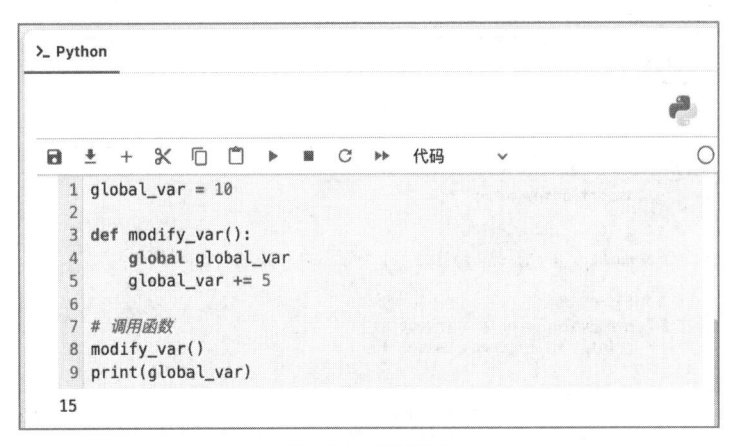

图 4-3　案例三

【案例四】　常用的内置函数

定义一些变量

```
var1 = 10
var2 = 3.14
var3 = "Hello"
var4 = [1, 2, 3]
var5 = {"name": "Alice", "age": 30}
```
使用 type() 函数确定变量的数据类型，并打印结果

具体操作如图 4-4 所示。

【案例五】　导入 NumPy 模块并完成计算

使用 NumPy 模块计算一组数字（5，8，12，15，18）的平均值和标准差并打印结果。在 NumPy 中，可以使用 numpy.mean() 函数计算数组的平均值，使用 numpy.std() 函数计算数组的标准差。

具体操作如图 4-5 所示。

```
1  # 定义一些变量
2  var1 = 10
3  var2 = 3.14
4  var3 = "Hello"
5  var4 = [1, 2, 3]
6  var5 = {"name": "Alice", "age": 30}
7
8  # 使用 type() 函数确定变量的数据类型，并打印结果
9  print("var1 的数据类型:", type(var1))
10 print("var2 的数据类型:", type(var2))
11 print("var3 的数据类型:", type(var3))
12 print("var4 的数据类型:", type(var4))
13 print("var5 的数据类型:", type(var5))
```
```
var1 的数据类型: <class 'int'>
var2 的数据类型: <class 'float'>
var3 的数据类型: <class 'str'>
var4 的数据类型: <class 'list'>
var5 的数据类型: <class 'dict'>
```

图 4-4　案例四

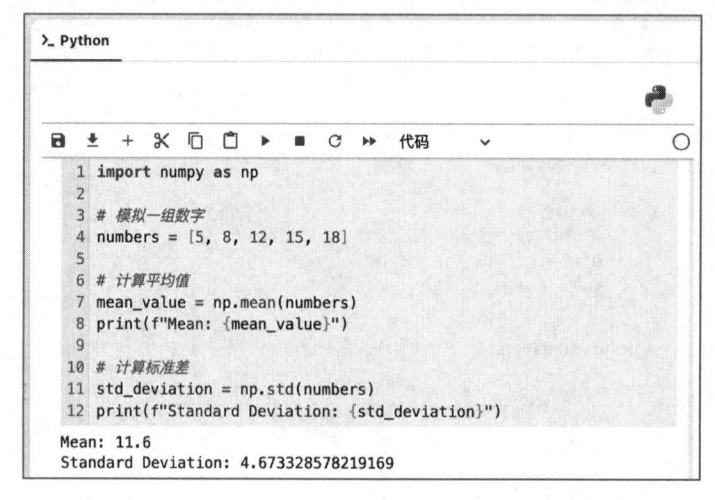

```
1  import numpy as np
2
3  # 模拟一组数字
4  numbers = [5, 8, 12, 15, 18]
5
6  # 计算平均值
7  mean_value = np.mean(numbers)
8  print(f"Mean: {mean_value}")
9
10 # 计算标准差
11 std_deviation = np.std(numbers)
12 print(f"Standard Deviation: {std_deviation}")
```
```
Mean: 11.6
Standard Deviation: 4.673328578219169
```

图 4-5　案例五

本 章 小 结

以下是第 4 章函数、模块与包的主要知识点。

1. 定义函数

（1）函数的基本语法。

①如何使用 def 关键字定义函数。

②函数参数的传递和返回值处理。

（2）函数参数。

①位置参数、默认参数、可变长位置参数、关键字参数和可变长关键字参数的使用。

②函数参数的顺序和规则。

（3）全局变量与局部变量。

①全局变量和局部变量的区别和作用域。

②如何在函数中使用 global 关键字修改全局变量。

（4）Python 中常用的内置函数。

演示 print()、len()、range()等内置函数的用法。

2. 模块和包的使用

（1）什么是模块。

模块的定义和作用。

（2）导入模块。

①使用 import 语句导入模块。

②采用"import 模块名称 as 别名"的方式。

③from 模块名称 import 函数名称。

（3）包的使用。

包的概念和使用。如何导入包中的模块和函数。

3. 实训案例

实训案例涵盖了函数定义、参数传递、全局变量和局部变量的使用、内置函数的应用以及模块和包的导入和使用等方面的内容，进一步巩固读者对函数和模块的理解。

第二部分

Python 统计分析

第 5 章

数据预处理

学习目标

1. 学习如何利用 NumPy 创建和操作多维数组，包括数组的切片、索引和形状变换。
2. 探索 Pandas 库的基本功能，包括 Series 和 DataFrame 结构的创建和操作。
3. 掌握数据的读取和写入操作，包括从 CSV、Excel 等不同数据源导入数据。
4. 学习如何使用 Pandas 进行数据清洗，包括处理重复值、缺失值和异常值。
5. 学习数据编码的方法，以及如何合并和连接不同的数据集。

在进行数据分析之前，数据预处理是确保分析结果准确性的重要环节。本章将深入探讨数据预处理的基本概念和方法，特别是如何使用 Pandas 库进行数据清洗。通过掌握这些技能，你将能够为后续的分析做好充分准备。

5.1 NumPy 基础

5.1.1 创建 NumPy 数组

NumPy 是 Python 中用于科学计算的功能强大的库（一个或多个提供特定功能的 Python 模块或包的集合），特别适用于处理大规模数据和执行各种数学操作。其核心数据结构是多维数组对象（ndarray）。这些数组可以是一维、二维，甚至是更高维的，具有强大的功能和灵活性。以下是一些常见的创建 NumPy 数组的方法。

1. 从列表创建数组

示例：

```
import numPy as np
# 一维数组
np.array([1, 2, 3])
[1 2 3]
```

示例：

```
# 二维数组
```

```
np.array([[1, 2, 3], [4, 5, 6]])
[[1 2 3]
 [4 5 6]]
```

2. 使用 NumPy 提供的函数创建数组

(1) 创建全 0 数组。

示例：

```
# 创建一个形状为(2, 3)的全 0 数组
np.zeros((2, 3))
```

这段代码创建了一个形状为（2,3）的全 0 数组，即 2 行 3 列的数组。输出如下：

```
[[0. 0. 0.]
 [0. 0. 0.]]
```

(2) 创建全 1 数组。

示例：

```
# 创建一个形状为(3, 2)的全 1 数组
np.ones((3, 2))
```

这段代码创建了一个形状为（3,2）的全 1 数组，即 3 行 2 列的数组。输出如下：

```
[[1. 1.]
 [1. 1.]
 [1. 1.]]
```

(3) 创建等差数组。

示例：

```
# 创建一个从 0 到 9，步长为 2 的等差数组
np.arange(0, 10, 2)
```

这段代码创建了一个从 0 开始、不包括 10、步长为 2 的等差数组。输出如下：

```
[0 2 4 6 8]
```

3. 利用随机数创建数组

当利用随机数创建数组时，可以使用 NumPy 库中的随机数生成函数。

(1) np.random.rand(shape)：创建指定形状的随机数数组，取值范围在 0 到 1 之间。例如：

```
# 创建一个形状为(2, 3)的随机数数组
np.random.rand(2, 3)
[[0.61093698 0.51164985 0.30957722]
 [0.37191563 0.39211882 0.24687116]]
```

(2) np.random.randint(low, high, size)：创建指定形状的随机整数数组，取值范围在 low 到 high 之间。例如：

```
# 创建一个形状为(3, 3)的随机整数数组，取值范围在 1 到 10 之间
np.random.randint(1, 11, (3, 3))
[[ 5 10  7]
```

```
 [ 6  5  8]
 [ 5  8  2]]
```

（3）np.random.randn(shape)：创建指定形状的符合标准正态分布的随机数数组。例如：

```
# 创建一个形状为(4, 4)的符合标准正态分布的随机数数组
np.random.randn(4, 4)
[[-1.3135665  -0.85684341  1.41521461  0.4296869 ]
 [-1.02836528 -0.14566091 -0.26966807  0.83824028]
 [-1.86496374 -0.63825117  0.12537495  0.89908171]
 [-0.15625755  1.55232695  0.326921    0.11681703]]
```

5.1.2 NumPy 数组的属性

NumPy 数组具有许多属性，这些属性提供了关于数组的有用信息，例如形状、大小、数据类型等。表 5-1 是一些常见的 NumPy 数组属性。

表 5-1 NumPy 数组属性

属性	含义
shape	返回数组的形状，如行、列、层等
ndim	返回数组的维数或数组轴的个数
dtype	返回数组中各元素的类型
size	返回数组元素的总个数
itemsize	返回数组中的元素在内存中所占的字节数

示例：

```
arr = np.array([[1, 2, 3], [4, 5, 6]])
# 获取数组的形状
shape = arr.shape
print("数组形状: ", shape)
# 获取数组的维度
dimension = arr.ndim
print("数组维度: ", dimension)
# 获取数组的数据类型
dtype_float = arr.dtype
print("数组数据类型: ", dtype_float)
# 获取数组的总元素个数
total_elements = arr.size
print("总元素个数: ", total_elements)
# 获取每个元素的字节大小
element_size = arr.itemsize
print("每个元素的字节大小: ", element_size)
数组形状: (2, 3)
数组维度: 2
数组数据类型: int64
总元素个数: 6
```

每个元素的字节大小：8

5.1.3 索引和切片

在 NumPy 中，可以使用索引和切片操作来访问数组中的元素或子数组。索引用于访问数组中的特定元素，而切片用于获取数组的子数组。以下是索引和切片的基本用法。

（1）索引：在 NumPy 数组中，可以使用索引来访问特定位置的元素。注意，索引是从 0 开始计数，可以使用负数索引从数组末尾开始倒数。

示例：

```
arr = np.array([1, 2, 3, 4, 5])
# 访问第一个元素
arr[0]
1
# 访问最后一个元素
arr[-1]
5
```

（2）切片：使用切片操作获取数组的子数组。切片的基本形式是 start:stop:step，其中 start 是起始索引，stop 是结束索引（不包含在切片中），step 是步长。

示例：

```
# 获取索引为 1 到 3 的子数组（不包括索引 3）
arr[1:3]
array([2, 3])
# 获取从索引 2 开始到末尾的子数组
arr[2:]
array([3, 4, 5])
# 获取从索引 0 到索引 3 的子数组，步长为 2
arr[:4:2]
array([1, 3])
```

（3）对于多维数组，可以使用逗号分隔的索引和切片来访问不同维度的元素或子数组。

示例：

```
arr = np.array([[1, 2, 3], [4, 5, 6], [7, 8, 9]])
# 访问第一行第二列的元素
arr[0, 1]
2
# 获取第一列的所有元素
arr[:, 0]
array([1, 4, 7])
# 获取第二行的所有元素
arr[1, :]
array([4, 5, 6])
# 获取子数组，包括第一行和第二行，第二列和第三列
arr[:2, 1:]
array([[2, 3],
       [5, 6]])
```

5.2　NumPy 中数组的基本操作

5.2.1　数组排序

在 NumPy 中，我们可以使用 NumPy.sort 函数对数组进行排序。该函数返回数组的排序副本，原始数组保持不变。如果希望就地对数组进行排序（即修改原始数组），可以使用数组对象的 sort( )方法。

1. 一维数组的排序

示例：

```
import numPy as np
arr = np.array([3, 1, 5, 2, 4])
# 对数组进行排序
sorted_arr = np.sort(arr)
print(sorted_arr)
# 在原始数组上进行排序
arr.sort()
print(arr)
[1 2 3 4 5]
[1 2 3 4 5]
```

2. 多维数组的排序

除了对一维数组排序，也可以对多维数组的指定轴进行排序。在 np.sort( )函数中，可以使用 axis 参数指定要排序的轴。例如：

```
arr_2d = np.array([[3, 1, 5], [2, 4, 6]])
# 按列排序
sorted_arr_2d = np.sort(arr_2d, axis=0)
print(sorted_arr_2d)
 [[2 1 5]
  [3 4 6]]
```

5.2.2　数组维度

在 NumPy 中，可以使用 reshape( )函数来改变数组的维度。reshape( )函数将数组重新排列为指定的形状，但是要注意，新形状的元素数量必须与原数组的元素数量相同。例如：

```
arr = np.array([1, 2, 3, 4, 5, 6])
# 将一维数组改为二维数组
reshaped_arr = arr.reshape(2, 3)
print(reshaped_arr)
[[1 2 3]
 [4 5 6]]
arr2 = np.array([[1, 2, 3], [4, 5, 6]])
# 将二维数组重新排列为一维数组
```

```
reshaped_arr2 = arr2.reshape(-1)
print(reshaped_arr2)
[1 2 3 4 5 6]
```

需要注意的是,reshape( )函数返回一个新的数组,原始数组保持不变。如果要在原数组上直接修改维度,可以使用 resize( )方法。resize( )方法可以修改数组的形状并且不返回新数组,如果新形状比原数组元素数量多,则在数组末尾添加元素;如果新形状比原数组元素数量少,则截断数组。例如:

```
arr = np.array([1, 2, 3, 4, 5, 6])
# 将一维数组直接修改为二维数组,形状为(2, 3)
arr.resize(2, 3)
print(arr)
[[1 2 3]
 [4 5 6]]
```

```
arr = np.array([[1, 2, 3], [4, 5, 6]])
# 将二维数组直接修改为一维数组
arr.resize(6)
print(arr)
[1 2 3 4 5 6]
```

5.2.3 数组组合

(1)水平组合。水平组合是指沿着水平方向将多个数组连接在一起,各数组行数应当相等。可以使用 np.hstack( )函数实现水平组合。例如:

```
arr1 = np.array([1, 2, 3])
arr2 = np.array([4, 5, 6])
# 水平组合
horizontal_stack = np.hstack((arr1, arr2))
print(horizontal_stack)
[1 2 3 4 5 6]
```

(2)垂直组合。垂直组合是指沿着垂直方向将多个数组堆叠在一起,各数组列数应当一致。在 NumPy 中,可以使用 np.vstack()函数实现垂直组合。例如:

```
# 垂直组合
vertical_stack = np.vstack((arr1, arr2))
print(vertical_stack)
[[1 2 3]
 [4 5 6]]
```

5.2.4 数组分拆

(1)水平分拆。水平分拆是指将数组沿着列方向分割成多个子数组。在 NumPy 中,可以使用 np.hsplit( )函数实现水平分拆。例如:

```
arr = np.array([[1, 2, 3], [4, 5, 6]])
# 水平分拆
split_arr = np.hsplit(arr, 3)
print(split_arr)
[array([[1],
```

```
        [4]]), array([[2],
        [5]]), array([[3],
        [6]])]
```

（2）垂直分拆。垂直分拆是指将数组沿着行方向分割成多个子数组。在 NumPy 中，可以使用 np.vsplit( )函数实现垂直分割。例如：

```
# 垂直分拆
split_arr = np.vsplit(arr, 2)
print(split_arr)
 [array([[1, 2, 3]]), array([[4, 5, 6]])]
```

5.3　NumPy 中的通用函数

NumPy 中的通用函数（universal functions，简称 ufunc）是一种能够对数组中的每个元素进行操作的函数。它们支持元素级运算，使得在数组上进行快速的数学运算成为可能。通用函数可以分为两类：元素级函数和数组级函数。

5.3.1　元素级函数

元素级函数对数组中的每个元素进行操作，产生一个新的数组作为结果。这些函数通常是数学函数，如三角函数、指数函数、对数函数等。在 NumPy 中，这些函数通常可以直接使用，如 np.sqrt( )、np.exp( )、np.log( )等。示例如下：

```
import numpy as np
arr = np.array([1, 2, 3, 4, 5])
# 元素级函数示例
sqrt_arr = np.sqrt(arr)
exp_arr = np.exp(arr)
log_arr = np.log(arr)
print("平方根函数的结果: ", sqrt_arr)
print("指数函数的结果: ", exp_arr)
print("对数函数的结果: ", log_arr)
平方根函数的结果: [1. 1.41421356 1.73205081 2.   2.23606798]
指数函数的结果: [  2.71828183   7.3890561   20.08553692  54.59815003
 148.4131591 ]
对数函数的结果: [0.  0.69314718 1.09861229 1.38629436 1.60943791]
```

5.3.2　数组级函数

数组级函数对整个数组进行聚合操作，产生一个标量作为结果。这些函数通常是对数组中的元素进行统计计算，如求和、求平均、求最大值和最小值等。在 NumPy 中，这些函数通常是在 np 模块中的方法，如 np.sum( )、np.mean( )、np.max( )、np.min( )等。示例如下：

```
arr = np.array([1, 2, 3, 4, 5])
# 数组级函数示例
sum_arr = np.sum(arr)
mean_arr = np.mean(arr)
```

```
max_arr = np.max(arr)
min_arr = np.min(arr)
print("数组的和: ", sum_arr)
print("数组的均值: ", mean_arr)
print("数组的最大值: ", max_arr)
print("数组的最小值: ", min_arr)
```

数组的和：15
数组的均值：3.0
数组的最大值：5
数组的最小值：1

5.4 矩 阵 运 算

矩阵运算在 NumPy 中是一个重要的主题，如矩阵乘法、转置等。NumPy 提供了丰富的函数和方法来进行这些运算。下面列举了一些常见的矩阵运算。

（1）矩阵加法。矩阵加法是指对两个矩阵中对应位置的元素进行相加，生成一个新的矩阵。在 NumPy 中，可以使用 np.add( )函数进行矩阵加法操作。例如：

```
# 创建两个矩阵
A = np.array([[1, 2], [3, 4]])
B = np.array([[5, 6], [7, 8]])
# 进行矩阵加法操作
result = np.add(A, B)
print(result)
[[ 6  8]
 [10 12]]
```

（2）矩阵乘法。可以使用 np.dot( )函数或@运算符进行矩阵乘法。例如：

```
# 创建两个矩阵
A = np.array([[1, 2], [3, 4]])
B = np.array([[5, 6], [7, 8]])
# 矩阵乘法
C = np.dot(A, B)
# 或者 C = A @ B
print(C)
[[19 22]
 [43 50]]
```

（3）矩阵转置。可以使用 np.transpose( )函数或数组的 T 属性来进行矩阵转置。例如：

```
# 创建一个矩阵
A = np.array([[1, 2], [3, 4]])
# 矩阵转置
A_transposed = np.transpose(A)
# 或者 A_transposed = A.T
print(A_transposed)
[[1 3]
 [2 4]]
```

5.5 Pandas 基础

Pandas 是一个基于 NumPy 的开源数据分析和数据处理库，为 Python 编程语言提供了高效、灵活且易用的数据结构，用于处理和分析结构化数据。Pandas 的两个主要数据结构是 Series 和 DataFrame。

Series 是一维标记数组，能够容纳任意数据类型（整数、浮点数、字符串等），并且具有索引，可以根据索引对数据进行标签式访问，类似于字典。

DataFrame 是一个二维的表格型数据结构，类似于关系型数据库中的表或 Excel 中的电子表格，由多个 Series 组成，每个 Series 表示表格中的一列数据。DataFrame 可以看作是由多个 Series 按列排列构成的二维数据结构，不同的列可以有不同的数据类型。

Pandas 提供了丰富的数据操作和处理功能，包括数据读取写入、数据清洗、数据转换、数据筛选、数据统计、数据可视化等。它能够高效地处理大型数据集，并且能够和其他常用的 Python 数据科学库（如 NumPy、Matplotlib、Statsmodel、Scikit-learn 等）很好地集成，为数据分析和挖掘提供了强大的工具支持。

5.5.1 Series

在 Pandas 中，Series 是一种一维标签数组，可以包含任意数据类型。Series 的数据部分被称为值（values），而与之相关的数据标签被称为索引（index）。创建 Series 可以使用以下方式。

1. 从 NumPy 数组创建

可以使用 NumPy 数组创建 Series，例如：

```
import pandas as pd
import numpy as np
data = np.array([10, 20, 30, 40, 50])
series = pd.Series(data)
print(series)
0    10
1    20
2    30
3    40
4    50
dtype: int64
```

2. 从列表创建

可以使用列表创建 Series，其中列表的每个元素将成为 Series 的一个值，可以选择性地提供索引。例如：

```
data = [10, 20, 30, 40, 50]
series = pd.Series(data)
print(series)
0    10
1    20
```

```
2    30
3    40
4    50
dtype: int64
```

3. 从字典创建

可以使用字典创建 Series，其中字典的键将成为 Series 的索引，而对应的值将成为 Series 的值。例如：

```
data = {'a': 10, 'b': 20, 'c': 30, 'd': 40, 'e': 50}
series = pd.Series(data)
print(series)
a    10
b    20
c    30
d    40
e    50
dtype: int64
```

4. 指定索引

可以在创建 Series 时指定索引，索引的长度必须与数据的长度相同。例如：

```
data = [10, 20, 30, 40, 50]
index = ['A', 'B', 'C', 'D', 'E']
# 使用指定索引创建 Series
series = pd.Series(data, index=index)
print(series)
A    10
B    20
C    30
D    40
E    50
dtype: int64
```

5. 修改索引

（1）直接赋值修改索引。可以直接对 Series 对象的索引属性进行赋值，从而修改索引。例如：

```
data = {'A': 10, 'B': 20, 'C': 30, 'D': 40, 'E': 50}
series = pd.Series(data)
# 将索引 'B' 修改为 'Z'
series.index = ['A', 'Z', 'C', 'D', 'E']
print(series)
A    10
Z    20
C    30
D    40
E    50
dtype: int64
```

（2）使用 rename 方法修改索引。可以使用 rename( )方法来修改索引，并生成一个新的 Series 对象。例如：

```
data = {'A': 10, 'B': 20, 'C': 30, 'D': 40, 'E': 50}
series = pd.Series(data)
# 使用 rename 方法修改索引
series = series.rename(index={'B': 'Z'})
print(series)
A    10
Z    20
C    30
D    40
E    50
dtype: int64
```

6. 赋值操作

在 Pandas 中，要修改 Series 中的值，可以通过索引进行赋值操作。

示例：

```
data = {'A': 10, 'B': 20, 'C': 30, 'D': 40, 'E': 50}
series = pd.Series(data)
# 修改索引 'B' 对应的值为 25
series['B'] = 25
print(series)
A    10
B    25
C    30
D    40
E    50
dtype: int64
```

5.5.2 Dataframe

1. 创建 DataFrame 实例对象

（1）使用字典创建 DataFrame。当使用字典创建 DataFrame 时，字典的键将成为 DataFrame 的列标签，而字典的值将成为 DataFrame 的数据。下面是使用字典创建 DataFrame 的示例代码：

```
data = {'Name': ['Alice', 'Bob', 'Charlie', 'David', 'Eva', 'Frank'],
        'Age': [25, 30, 35, 28, 22, 40],
        'City': ['New York', 'San Francisco', 'Los Angeles', 'Chicago', 'Miami', 'Seattle']}
df = pd.DataFrame(data)
df
```

最终创建的结果如表 5-2 所示。

表 5-2 字典创建的 DataFrame

Index	Name	Age	City
0	Alice	25	New York
1	Bob	30	San Francisco
2	Charlie	35	Los Angeles
3	David	28	Chicago
4	Eva	22	Miami
5	Frank	40	Seattle

一般情况下，DataFrame 会用于处理大量数据，因此为快速查看 DataFrame 的内容，可以使用 DataFrame 实例对象的 head 方法查看指定行数的数据，最终结果如表 5-3 所示。

```
df.head() #head 括号中可以指定查看数据的前 n 行（默认前 5 行）
```

表 5-3　数据前 5 行

Index	Name	Age	City
0	Alice	25	New York
1	Bob	30	San Francisco
2	Charlie	35	Los Angeles
3	David	28	Chicago
4	Eva	22	Miami

columns 和 values 属性可以查看 DataFrame 实例对象的列和值，例如：

```
df.columns
Index(['Name', 'Age', 'City'], dtype='object')
```

```
df.values
array([['Alice', 25, 'New York'],
       ['Bob', 30, 'San Francisco'],
       ['Charlie', 35, 'Los Angeles'],
       ['David', 28, 'Chicago'],
       ['Eva', 22, 'Miami'],
       ['Frank', 40, 'Seattle']], dtype=object)
```

DataFrame 是由多个 Series 构成的，其每列都是一个 Series，例如：

```
df.Age
0    25
1    30
2    35
3    28
4    22
5    40
Name: Age, dtype: int64
```

（2）使用 NumPy 数组构造 DataFrame。

示例：

```
# 生成随机数据
random_data = np.random.randn(5, 3)   # 生成一个 5 行 3 列的随机数据矩阵
# 指定列名
columns = ['Column1', 'Column2', 'Column3']
# 创建 DataFrame
df1 = pd.DataFrame(random_data, columns=columns)
df1
```

最终创建的结果如表 5-4 所示。

表 5-4　NumPy 数组创建的 Dataframe

Index	Column1	Column2	Column3
0	−1.013396	−0.375352	0.105243
1	−0.726948	−0.436352	1.337366
2	−0.427958	0.187104	−1.363961
3	−0.022799	−0.012987	−0.895357
4	0.360899	0.202478	1.180711

2. 索引和切片

在 Pandas 中，可以使用索引和切片操作来访问 DataFrame 的行和列。需要注意的是，索引和切片从 0 开始计数。

（1）查看行。

①使用 loc 进行行索引。

示例：

```
df.loc[1]            # 获取索引为 1 的行
Name          Bob
Age           30
City          San Francisco
Name: 1, dtype: object
```

②使用 iloc 进行行索引。

示例：

```
df.iloc[2]           # 获取第 3 行
Name          Charlie
Age           35
City          Los Angeles
Name: 2, dtype: object
```

（2）查看列。

示例：

```
df['Name']           # 直接通过列名查看列
0      Alice
1      Bob
2      Charlie
3      David
4      Eva
5      Frank
Name: Name, dtype: object
```

```
df.loc[:, 'Name']    # 查看'Name'列
0      Alice
1      Bob
2      Charlie
3      David
4      Eva
5      Frank
```

```
Name: Name, dtype: object
df.iloc[:, 0]          #查看第一列
0     Alice
1     Bob
2     Charlie
3     David
4     Eva
5     Frank
Name: Name, dtype: object
```

(3)行和列的切片。

示例：

```
# 使用 loc 进行行和列的切片
df.loc[0:1, ['Name', 'Age']]
```

最终的切片结果如表 5-5 所示。

表 5-5 行和列的切片

Index	Name	Age
0	Alice	25
1	Bob	30

```
# 使用 iloc 进行行和列的切片
df.iloc[0:2, 1:3]
```

最终的切片结果如表 5-6 所示。

表 5-6 行和列的切片

Index	Age	City
0	25	New York
1	30	San Francisco

```
# 使用 iloc 进行行和列的切片
df.iloc[0:2, [0,2]]
```

最终的切片结果如表 5-7 所示。

表 5-7 行和列的切片

Index	Name	City
0	Alice	New York
1	Bob	San Francisco

(4)按使用条件进行筛选。

①根据单个条件筛选：可以使用比较运算符（如 ==, >, <, >=, <=, !=）来创建条件，然后将该条件传递给 DataFrame 来筛选数据。

```
df[df['Age'] > 30]
```

最终的结果如表 5-8 所示。

表 5-8　根据单个条件筛选结果

Index	Name	Age	City
2	Charlie	35	Los Angeles
5	Frank	40	Seattle

②使用多个条件筛选：可以使用逻辑运算符（如 &,|,~）来组合多个条件。

```
df[(df['Age'] > 30) & (df['City'] == 'Seattle')]
```

最终的结果如表 5-9 所示。

表 5-9　根据多个条件筛选结果

Index	Name	Age	City
5	Frank	40	Seattle

5.5.3　读取和写入数据

读取和写入数据是数据分析中的常见任务，Pandas 提供了许多函数来处理这些操作。通常会使用 pd.read_系列函数来读取不同格式的数据，例如 CSV、Excel 等，并使用 DataFrame 的.to_系列函数将数据写入不同格式中。

（1）使用 pd.read_csv( )函数读取"example.csv"文件，并将数据存储在名为 df 的 DataFrame 中。读取时需将文件地址替换为实际地址。

```
# 读取 CSV 文件
df = pd.read_csv('example.csv')
```

（2）使用 pd.read_excel( )函数读取"example.xlsx"文件，并将数据存储在名为 df 的 DataFrame 中。读取时需将文件地址替换为实际地址。

```
# 读取 Excel 文件
df = pd.read_excel('example.xlsx')
```

（3）使用 to_csv( )函数将 DataFrame df 中的数据写入"output.csv"文件中，同时设置 index=False，以避免写入索引列。

```
# 写入 CSV 文件
df.to_csv('output.csv', index=False)
```

（4）使用 to_excel( )函数将 DataFrame df 中的数据写入"output.xlsx"文件中，同样设置 index=False。

```
#写入 Excel 文件
df.to_excel('output.xlsx', index=False)
```

5.6　Pandas 的数据操作

5.6.1　数据清洗

数据清洗是指对数据进行预处理，包括去除重复值、处理缺失值和处理异常值等。

1. 去除重复值

首先我们创建一个包含重复值的 DataFrame 代码，最终创建结果如表 5-10 所示。

```python
import pandas as pd
# 创建包含重复值的 DataFrame
data = {'Name': ['Alice', 'Bob', 'Alice', 'Charlie', 'Bob'],
        'Age': [25, 30, 25, 30, 30],
        'City': ['New York', 'San Francisco', 'New York', 'Los Angeles',
'San Francisco']}
df_duplicate = pd.DataFrame(data)
df_duplicate
```

表 5-10　包含重复值的 DataFrame

Index	Name	Age	City
0	Alice	25	New York
1	Bob	30	San Francisco
2	Alice	25	New York
3	Charlie	30	Los Angeles
4	Bob	30	San Francisco

使用 Pandas 库的 duplicated( ) 方法可以查找、检测重复行，并用 sum( ) 统计重复的数量。

```
# 检查重复值
duplicate_rows = df_duplicate.duplicated().sum()
duplicate_rows
2
```

要从 DataFrame 中去除重复值，可以使用 pandas 库中的 drop_duplicates( ) 方法。这个方法会删除 DataFrame 中的重复行，保留唯一的行。

```
# 去除重复值
df_duplicate.drop_duplicates()
```

去除重复行后的结果如表 5-11 所示。

表 5-11　去除重复行的 DataFrame

Index	Name	Age	City
0	Alice	25	New York
1	Bob	30	San Francisco
3	Charlie	30	Los Angeles

如果想基于特定列进行去重，可以传递 subset 参数给 drop_duplicates( ) 方法：

```
df_duplicate.drop_duplicates(subset=['Age'])
```

以上代码将仅基于 'Age' 列进行去重，最终结果如表 5-12 所示。

表 5-12　基于 'Age' 列进行去重

Index	Name	Age	City
0	Alice	25	New York
1	Bob	30	San Francisco

2. 处理缺失值

首先我们创建一个包含重复值的 DataFrame 代码，最终创建结果如表 5-13 所示。

```
import numPy as np
# 创建包含缺失值的 DataFrame
data_missing = {'Name': ['Alice', 'Bob', None, np.nan, 'Eva'],
                'Age': [25, 30, np.nan, 35, 22],
                'City': ['New York', 'San Francisco', 'Los Angeles',
'Chicago', 'Miami']}
df_missing = pd.DataFrame(data_missing)
df_missing
```

表 5-13 包含缺失值的 DataFrame

Index	Name	Weight	City
0	Alice	25.0	New York
1	Bob	30.0	San Francisco
2	None	NaN	Los Angeles
3	NaN	35.0	Chicago
4	Eva	22.0	Miami

可以看到，在 Pandas 对象中缺失值除了以 "NaN" 的形式存在之外，还可以用 Python 基本库中的 "None" 来表示。

在 Pandas 中，要判断 DataFrame 中是否存在缺失值，可以使用 isnull( ) 方法。该方法将返回一个布尔值的 DataFrame，其中 True 表示相应位置存在缺失值，而 False 表示没有缺失值。

```
# 对整个 dataframe 判断缺失
df_missing.isnull()
```

最终的判断结果如表 5-14 所示。

表 5-14 最终的判断结果

Index	Name	Weight	City
0	False	False	False
1	False	False	False
2	True	True	False
3	True	False	False
4	False	False	False

使用 isnull( ) 方法来检查每列的缺失值数量。

```
# 检查每列缺失值数量
missing_values = df_missing.isnull().sum()
missing_values
Name    2
Age     1
City    0
dtype: int64
```

要删除 DataFrame 中的缺失值，可以使用 dropna( )方法。

```
# 删除包含缺失值的行
df_missing.dropna()
```

最终结果如表 5-15 所示。

表 5-15　删除缺失值后的结果

Index	Name	Weight	City
0	Alice	58.4	New York
1	Bob	50.6	San Francisco
4	Eva	64.6	Miami

如果要删除包含缺失值的列，可以设置 axis 参数为 1。

```
# 删除包含缺失值的列
df_missing.dropna(axis=1)
```

最终结果如表 5-16 所示。

表 5-16　删除包含缺失值的列

Index	City
0	New York
1	San Francisco
2	Los Angeles
3	Chicago
4	Miami

填充缺失值时，通常可以选择使用某些固定值（如零、平均值、中位数、众数等）或者根据一些规则进行填充。在 Pandas 中，可以使用 fillna( )方法来实现。

```
# 使用常数填充缺失值（例如，使用 1 填充）
df_missing.fillna(1)
```

最终结果如表 5-17 所示。

表 5-17　常数填充结果

Index	Name	Weight	City
0	Alice	58.4	New York
1	Bob	50.6	San Francisco
2	1	1.0	Los Angeles
3	1	76.4	Chicago
4	Eva	64.6	Miami

```
# 均值/中位数/众数填充   本列使用均值填充
mean_age = df_missing['Age'].mean()
```

```
df_missing.fillna({'Age': mean_age})
```

最终结果如表5-18所示。

表5-18　均值填充结果

Index	Name	Weight	City
0	Alice	58.4	New York
1	Bob	50.6	San Francisco
2	None	62.5	Los Angeles
3	NaN	76.4	Chicago
4	Eva	64.6	Miami

也可使用Pandas中DataFrame的ffill( )和bfill( )方法来执行前向填充和后向填充操作。这两种方法是非常简单和方便的，它们分别表示前向填充（forward fill）和后向填充（backward fill），即使用缺失值前面或后面的值来填充缺失值。

```
# 使用前向填充缺失值
df_missing.ffill()
```

最终结果如表5-19所示。

表5-19　前向填充结果

Index	Name	Weight	City
0	Alice	58.4	New York
1	Bob	50.6	San Francisco
2	Bob	50.6	Los Angeles
3	Bob	76.4	Chicago
4	Eva	64.6	Miami

```
# 使用后向填充缺失值
df_missing.bfill()
```

最终结果如表5-20所示。

表5-20　后向填充结果

Index	Name	Weight	City
0	Alice	58.4	New York
1	Bob	50.6	San Francisco
2	Eva	76.4	Los Angeles
3	Eva	76.4	Chicago
4	Eva	64.6	Miami

还可用线性插值来填充缺失值，使用Pandas中的interpolate( )方法。线性插值是一种根据已知数据点之间的线性关系来估计缺失值的方法。

```
# 使用线性插值填充缺失值
df_missing.interpolate()
```

最终结果如表 5-21 所示。

表 5-21 线性插值结果

Index	Name	Weight	City
0	Alice	58.4	New York
1	Bob	50.6	San Francisco
2	None	63.5	Los Angeles
3	NaN	76.4	Chicago
4	Eva	64.6	Miami

3. 处理异常值

处理异常值是数据预处理中的一个重要步骤，它有助于提高模型的准确性。常见的异常值处理方法包括标准差方法、箱线图（box plot）方法等。

（1）标准差方法：根据数据的标准差来识别异常值。通常，如果数据点的值与均值的偏差超过了一定数量的标准差，就被视为异常值。

```
from scipy import stats
import numPy as np
# 创建数据框 df
df = pd.DataFrame({'Data': [1, 2, 2, 3, 100]})
# 计算 Z 分数
z_scores = np.abs(stats.zscore(df['Data']))
# 设置自定义阈值，比如 1
threshold = 1
df_no_outliers = df[(z_scores < threshold)]
df_no_outliers
```

在这段代码中，首先导入了 scipy.stats 模块，然后使用 stats.zscore( )函数计算了数据的 Z 分数。接着设置了自定义的阈值 threshold，并根据 Z 分数的绝对值是否小于该阈值来选择数据。

最后，通过筛选出 Z 分数小于阈值的数据点，生成了一个不含异常值的新数据框 df_no_outliers，如表 5-22 所示。

表 5-22 标准差方法处理后的结果

Index	Data
0	1
1	2
2	2
3	3

（2）箱线图方法：利用箱线图来识别异常值。箱线图通过绘制数据的五数概括（最小值、第一四分位数、中位数、第三四分位数和最大值），将异常值定义为在 1.5 倍四分位距

之外的数据点。示例如下：

```
# 通过箱线图识别异常值
q1 = df['Data'].quantile(0.25)
q3 = df['Data'].quantile(0.75)
iqr = q3 - q1
# 定义上下界限
lower_bound = q1 - 1.5 * iqr
upper_bound = q3 + 1.5 * iqr
# 过滤数据
df_no_outliers = df[(df['Data'] >= lower_bound) & (df['Data'] <= upper_bound)]
df_no_outliers
```

这段代码使用了箱线图方法来识别和过滤异常值。

①计算数据的四分位数（Q1、Q3）和四分位距（IQR）。

②根据四分位距计算上下界限。通常，上界是 Q3 + 1.5 × IQR，下界是 Q1 - 1.5 × IQR。

③使用上下界限过滤数据，将落在这个范围内的数据保留，剔除落在范围外的数据，最终处理后的结果如表 5-23 所示。

这种方法利用了数据的中心位置和分散程度来识别异常值，对数据的分布情况更加敏感。

表 5-23 箱线图方法处理后的结果

Index	Data
0	1
1	2
2	2
3	3

5.6.2 数据编码

数据编码通常涉及将非数值型数据转换为数值型数据，以便于进一步的统计模型处理。

首先我们创建一个包含重复值的 DataFrame，示例如下。其中包含两列 City 和 Gender，最终创建结果如表 5-24 所示。

```
# 创建示例数据集
data = {'City': ['New York', 'San Francisco', 'Los Angeles', 'Chicago', 'Miami', 'Seattle'],
        'Gender': ['Male', 'Female', 'Male', 'Female', 'Male', 'Female']}
data = pd.DataFrame(data)
data
```

表 5-24 示例数据集

Index	City	Gender
0	New York	Male
1	San Francisco	Female
2	Los Angeles	Male
3	Chicago	Female
4	Miami	Male
5	Seattle	Female

（1）replace( )方法：可以传递一个字典作为参数，将需要替换的文本映射到相应的数值。在这里我们利用 replace 对 Gender 列进行编码。

```
# 使用 replace 对 'Gender' 列进行编码
gender_replace = {'Female': 0, 'Male':1}
data['Gender'] = data['Gender'].replace(gender_replace)
data
```

最终编码结果如表 5-25 所示。

表 5-25 replace()方法编码结果

Index	City	Gender
0	New York	1
1	San Francisco	0
2	Los Angeles	1
3	Chicago	0
4	Miami	1
5	Seattle	0

（2）map( )方法：将 Series 中的每个值按照给定的映射关系进行替换。在这里我们使用 map 对 Gender 列进行编码：

```
# 使用 map 对 'Gender' 列进行编码
gender_mapping = {'Female': 0, 'Male': 1}
data['Gender'] = data['Gender'].map(gender_mapping)
data
```

最终编码结果如表 5-26 所示。

表 5-26 map()方法编码结果

Index	City	Gender
0	New York	1
1	San Francisco	0
2	Los Angeles	1
3	Chicago	0
4	Miami	1
5	Seattle	0

（3）标签编码（label encoding）：是一种常用的数据编码方法，用于将分类数据转换为整数形式。在这里我们使用 LabelEncoder 对 City 列进行编码：

```
from sklearn.preprocessing import LabelEncoder
# 使用 LabelEncoder 对 'City' 列进行编码
label_encoder_city = LabelEncoder()
data['City'] = label_encoder_city.fit_transform(data['City'])
data
```

最终编码结果如表 5-27 所示。

表 5-27　标签编码结果

Index	City	Gender
0	3	1
1	4	0
2	1	1
3	0	0
4	2	1
5	5	0

5.6.3　数据合并和连接

数据合并和连接是数据处理中常用的操作，它们允许你将多个数据集按照某些条件进行合并，以便进行更深入的分析。在 Python 中，Pandas 库提供了丰富的函数和方法来执行数据合并和连接操作，以下是一些常见的方法。

扩展阅读 5.1　merge()函数与 concat()函数的参数介绍

1. 使用 merge( )函数

当使用 merge( )函数进行数据合并时，需要指定连接的列或索引，并选择合适的连接方式。首先创建两个示例用的 DataFrame：

```
# 创建两个 DataFrame
df1 = pd.DataFrame({'ID': [1, 2, 3], 'Name': ['Alice', 'Bob', 'Charlie']})
df2 = pd.DataFrame({'ID': [2, 3, 4], 'City': ['New York', 'San Francisco', 'Los Angeles']})
```

（1）内连接：使用 merge 合并 DataFrame，how="inner"表示使用内连接，即只保留两个 DataFrame 中都存在的行。

```
pd.merge(df1, df2, on='ID', how='inner')
```

最终合并结果如表 5-28 所示。

表 5-28　内连接结果

Index	ID	Name	City
0	2	Bob	New York
1	3	Charlie	San Francisco

（2）左连接：保留左边 DataFrame 的所有行，右边 DataFrame 中没有匹配的值用 NaN 填充。

```
pd.merge(df1, df2, on='ID', how='left')
```

最终合并结果如表 5-29 所示。

表 5-29　左连接结果

Index	ID	Name	City
0	1	Alice	NaN
1	2	Bob	New York
2	3	Charlie	San Francisco

（3）右连接：保留右边 DataFrame 的所有行，左边 DataFrame 中没有匹配的值用 NaN 填充。

```
pd.merge(df1, df2, on='ID', how='right')
```

最终合并结果如表 5-30 所示。

表 5-30 右连接结果

Index	ID	Name	City
0	2	Bob	New York
1	3	Charlie	San Francisco
2	4	NaN	Los Angeles

（4）外连接：保留两个 DataFrame 的所有行，没有匹配的值用 NaN 填充。

```
pd.merge(df1, df2, on='ID', how='outer')
```

最终合并结果如表 5-31 所示。

表 5-31 外连接结果

Index	ID	Name	City
0	1	Alice	NaN
1	2	Bob	New York
2	3	Charlie	San Francisco
3	4	NaN	Los Angeles

2. 使用 concat() 函数进行数据连接

（1）按行连接：如果想沿着行的方向连接两个 DataFrame，则可以使用 concat() 函数，并将 axis 参数设置为 0 或者不指定，因为默认值就是 0。下面创建两个 DataFrame，并使用 concat 按行连接。

```
# 创建两个 DataFrame
df1 = pd.DataFrame({'ID': [1, 2, 3], 'Name': ['Alice', 'Bob', 'Charlie']})
df2 = pd.DataFrame({'ID': [4, 5, 6], 'Name': ['David', 'Eva', 'Frank']})
pd.concat([df1, df2])
```

最终连接结果如表 5-32 所示。

表 5-32 按行连接

Index	ID	Name
0	1	Alice
1	2	Bob
2	3	Charlie
0	4	David
1	5	Eva
2	6	Frank

（2）按列连接：可以通过设置 axis=1 来沿着列的方向进行连接，实现两个 DataFrame 的水平连接。

```
# 创建两个 DataFrame
df1 = pd.DataFrame({'ID':[1, 2, 3],'Name':['Alice','Bob','Charlie']})
df2 = pd.DataFrame({'City': ['New York', 'San Francisco', 'Los Angeles']})
pd.concat([df1, df2], axis=1)
```

最终连接结果如表 5-33 所示。

表 5-33 按列连接

Index	ID	Name	City
0	1	Alice	New York
1	2	Bob	San Francisco
2	3	Charlie	Los Angeles

5.7 实训案例

本案例是关于消费者满意度数据的清洗和预处理。读者可轻轻刮开封底的刮刮卡，扫码获取该实训项目及数据。教师如有需要，可登录教学实训平台（edu.credamo.com），在课程库中搜索课程"Python 数据分析快速入门"，根据需要选择相应的课程后，按照第 2 章介绍的方法，导入"我的课程"教师端并组织班级学生加课学习。

1. 案例背景

假设你是一家公司的数据分析师，负责处理消费者满意度的数据。公司的数据库中有一份包含有关消费者基本信息以及满意度评价的数据集，这份数据集包括三列：Age（年龄）、Income（收入）和 Satisfaction（满意度）。但是该数据集存在一些常见问题需要解决。

（1）重复值：数据集中存在重复的记录，导致数据冗余，影响分析结果的准确性和代表性。

（2）缺失值：Age 列中存在缺失值，降低了数据的完整性，可能导致分析偏差，需要适当处理。

（3）异常值：在 Income 列中存在异常的高收入值，影响数据的分布和分析的稳健性。

（4）数据格式：Satisfaction 列需要进行编码（Low: 1; Medium: 2; High: 3），以便更有效地在分析中使用。

2. 案例操作

在教学平台"Python 数据分析快速入门"课程第 5 章的代码实训部分，开始实训案例的具体操作，具体步骤如下。

（1）首先导入分析所需要的 Python 库，随后单击外部数据操作栏的按钮复制文件地址，如图 5-1 所示。然后利用 Pandas 完成数据读取（注：实际地址以操作栏复制的文件地址为准），如图 5-2 所示。

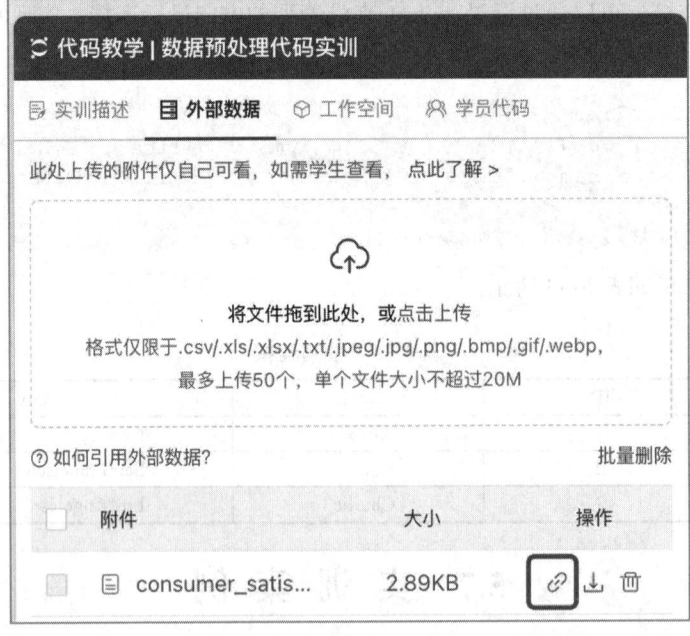

图 5-1 复制文件地址

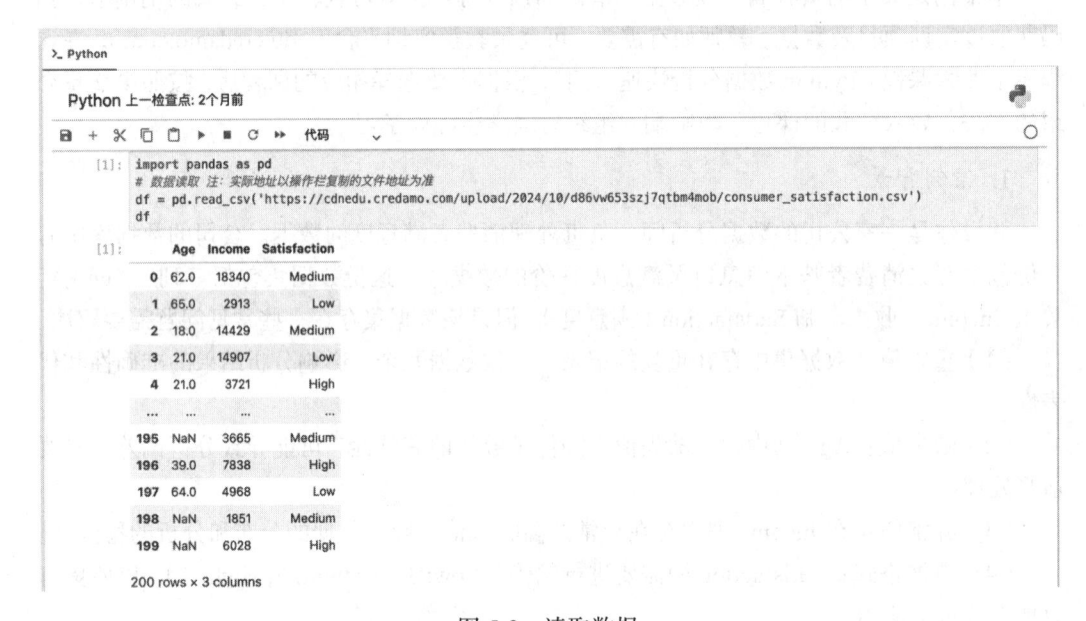

图 5-2 读取数据

（2）处理重复值。删除数据集中的重复值，如图 5-3 和图 5-4 所示。

```
# 处理重复值
df = df.drop_duplicates()
# 重新设置索引
df = df.reset_index(drop=True)
df
```

图 5-3 处理重复值代码

	Age	Income	Satisfaction
0	62.0	18340	Medium
1	65.0	2913	Low
2	18.0	14429	Medium
3	21.0	14907	Low
4	21.0	3721	High
...	...	...	...
193	NaN	3665	Medium
194	39.0	7838	High
195	64.0	4968	Low
196	NaN	1851	Medium
197	NaN	6028	High

198 rows × 3 columns

图 5-4　去重后的数据

（3）处理缺失值。采用均值填充处理 Age 列中的缺失值，如图 5-5 和图 5-6 所示。

```
1  # 处理缺失值，这里使用均值填充Age变量，四舍五入到整数
2  df['Age'] = df['Age'].fillna(df['Age'].mean()).round(0).astype(int)
3  df
```

图 5-5　缺失值处理代码

	Age	Income	Satisfaction
0	62	18340	Medium
1	65	2913	Low
2	18	14429	Medium
3	21	14907	Low
4	21	3721	High
...	...	...	...
193	42	3665	Medium
194	39	7838	High
195	64	4968	Low
196	42	1851	Medium
197	42	6028	High

198 rows × 3 columns

图 5-6　填补缺失值后的数据

（4）处理异常值。采用箱线图法，处理 Income 列存在的异常值，如图 5-7 和图 5-8 所示。

```
1  # 通过箱线图识别异常值
2  q1 = df['Income'].quantile(0.25)
3  q3 = df['Income'].quantile(0.75)
4  iqr = q3 - q1
5
6  # 定义上下界限
7  lower_bound = q1 - 1.5 * iqr
8  upper_bound = q3 + 1.5 * iqr
9
10 # 过滤数据
11 df = df[(df['Income'] >= lower_bound) & (df['Income'] <= upper_bound)]
12 df
```

图 5-7　异常值处理代码

	Age	Income	Satisfaction
0	62	18340	Medium
1	65	2913	Low
2	18	14429	Medium
3	21	14907	Low
4	21	3721	High
...	...	...	...
193	42	3665	Medium
194	39	7838	High
195	64	4968	Low
196	42	1851	Medium
197	42	6028	High

195 rows × 3 columns

图 5-8 异常值处理后的数据

（5）数据编码。对 Satisfaction 列进行编码，如图 5-9 和图 5-10 所示。具体编码方式：Low: 1; Medium: 2; High: 3。

```
1  # 数据编码
2  satisfaction_replace = {'Low': 1, 'Medium': 2, 'High': 3}
3  df['Satisfaction'] = df['Satisfaction'].replace(satisfaction_replace)
4  df
```

图 5-9 数据编码的代码

	Age	Income	Satisfaction
0	62	18340	2
1	65	2913	1
2	18	14429	2
3	21	14907	1
4	21	3721	3
...	...	...	...
193	42	3665	2
194	39	7838	3
195	64	4968	1
196	42	1851	2
197	42	6028	3

195 rows × 3 columns

图 5-10 数据编码后的数据

本 章 小 结

本章通过介绍数据预处理的基本概念和方法，特别是如何使用 Pandas 库进行数据清洗，帮助读者为后续的分析做好充分准备。以下是本章的主要知识点。

1. NumPy 基础

（1）创建 NumPy 数组：利用列表和 NumPy 中的函数创建数组。

（2）NumPy 数组的属性：探索数组的形状、维度、数据类型等属性。

（3）索引和切片：学习如何使用索引和切片访问和操作数组元素。

（4）数组的基本操作：学习数组排序、数组维度、数组组合以及数组分拆的基本操作。

2. Pandas 基础

（1）创建和操作 Series 结构。

（2）创建和操作 Dataframe 结构，包括 Dataframe 的索引与切片。

3. 数据读取和写入

（1）学习如何从 CSV、Excel 等不同数据源导入数据。

（2）掌握将数据写入不同格式文件的方法。

4. 数据清洗

（1）处理重复值。

识别和删除数据集中的重复记录。

（2）处理缺失值。

学习识别、删除或填充缺失值的策略。

（3）处理异常值。

处理数据中的异常值，如使用标准差和箱线图方法。

5. 数据编码

学习如何对分类数据进行编码，如使用 replace() 方法、map() 方法、标签编码。

6. 数据合并和连接

掌握 merge 和 concat 函数的使用方法。

7. 实训案例

通过一个关于消费者满意度数据的清洗案例，实践了本章所学的数据预处理技能。

第 6 章

数据描述

学习目标

1. 理解描述性统计分析的作用。
2. 学习使用 Python 计算集中趋势指标，如均值、中位数、四分位数和众数。
3. 掌握使用 Python 计算表示离散程度的统计量，如极差、四分位差、方差和标准差。
4. 学习如何使用 Python 创建统计表来描述和总结数据。

描述性统计是数据分析的基础，它帮助我们总结和解释数据集的特征。本章将教你如何计算和解读关键的描述性统计量，并使用统计表来直观展示数据。这些技能将使你能够快速了解数据的分布和特征，为进一步分析和决策提供依据。

6.1 集中趋势

集中趋势用于描述一组数据的集中位置或平均水平。它通过统计量来表示数据分布的中心位置，帮助我们了解数据的典型值或平均水平。常见的集中趋势统计量包括均值、中位数、四分位数和众数等。

集中趋势的作用包括但不限于以下几个方面。

（1）数据特征的描述。集中趋势指标（如均值、中位数、四分位数、众数等）提供了数据集中心位置的摘要描述，使得人们能够快速了解数据的整体特征。

（2）数据的比较。通过比较不同数据集的集中趋势指标，我们可以了解它们的相对位置。这有助于比较不同群体、时间点或实验条件下的数据分布，从而推断出可能存在的差异或趋势。

（3）异常值检测。在某些情况下，异常值可能会对数据集的统计指标产生较大的影响。通过观察集中趋势指标与数据的分布情况，我们可以初步判断是否存在异常值，并进行进一步的分析和处理。

（4）决策支持。集中趋势指标对于制定决策提供了重要的参考。例如，在财务领域，均值和中位数可以帮助分析公司的盈利状况，从而指导投资和经营决策。

（5）数据的可视化。集中趋势指标常被用于可视化图表中，例如直方图、箱线图等。这些图表能够直观地展现数据的分布情况，有助于快速发现数据的特点和规律。

6.1.1 均值

均值（平均数）是一组数据所有值的总和除以数据的个数。均值是集中趋势的一种度量，它表示数据的平均水平。计算均值的公式如下：

$$\bar{x} = \frac{\sum_{i=1}^{n} x_i}{n} \tag{6-1}$$

其中，$\bar{x}$ 表示均值；x_i 是数据集中的每个数据点；n 是数据集中数据点的数量。

均值是最常见的用来衡量集中趋势的统计量，是一种直观且容易理解的统计量。计算均值的方法很简单，只需将所有数据相加然后除以数据数量即可。假设你是一位消费者，想要购买一种商品，但市场上有多个品牌和型号可供选择。你可以使用商品的均价来比较不同品牌或型号之间的价格水平，以便选择最具性价比的商品。或者作为一名老师，你想要评估班级学生的数学成绩，你可以计算班级学生的平均分（均值），以了解整体学生的平均表现水平，并且通过比较均值可以了解分数的分布情况。

创建如下数据集，后续进一步分析与处理均以此数据集为基础。

```
import numPy as np
import pandas as pd
# 创建一个示例数据集
data = {'数值': [12, 18, 20, 22, 25, 28, 30, 30, 35, 40]}
numPy_array = np.array(data['数值'])
pandas_series = pd.Series(data['数值'])
```

使用 NumPy 的 np.mean 和 Pandas 的 mean 方法分别计算均值。

```
np.mean(numPy_array)
26.0
pandas_series.mean()
26.0
```

均值（平均数）对数据集中的极端值（异常值）具有很高的敏感性。这意味着如果数据集中存在极端值，那么均值可能会被拉向这些极端值的方向，导致整体数据集的平均值产生偏移，从而影响对数据集集中趋势的准确描述。

6.1.2 中位数

中位数是一组数据中间的值，即将数据集按顺序排列，中间位置上的数即为中位数。如果数据集中的数据个数为奇数，则中位数是中间位置上的数；如果数据集中的数据个数为偶数，则中位数是中间两个数的平均值。

中位数是数据集中所有数值按顺序排列后位于中间位置的值。它不受数据集中极端值的影响，因为它只关注数据的位置而不考虑数值大小。即使数据集中存在极端值，中位数也能够提供一个相对稳健的集中趋势估计。

但在计算中位数时，只考虑了数据的中间值，而忽略了其他数据点的信息，这可能导致部分数据信息的丢失，尤其是在样本量较小的情况下。

在 NumPy 中，使用 np.median 来计算中位数；在 Pandas 中，使用 median 方法计算。

```
np.median(numPy_array)
26.5
pandas_series.median()
26.5
```

6.1.3 四分位数

四分位数将数据集分成四个部分，每个部分包含数据集中的 25%的数据，用于衡量数据集的分布。通常会计算二个四分位数，分别是下四分位数（Q1）和上四分位数（Q3）。

下四分位数（Q1）：数据集中所有数值从小到大排序后，位于 25%位置的数值。

上四分位数（Q3）：数据集中所有数值从小到大排序后，位于 75%位置的数值。

四分位数是基于数据的位置来划分数据的方法，因此对异常值或极端值的影响相对较小。即使数据中存在一些异常值，四分位数也能提供相对稳健的结果。

在 NumPy 中，常用 np.percentile 计算四分位数，而在 Pandas 中，常使用 quantile()方法，并传入相应的分位数参数，例如 25th 分位数（下四分位数）和 75th 分位数（上四分位数）等。

```
#下四分位数
np.percentile(numPy_array, 25)
20.5
pandas_series.quantile(0.25)
20.5
#上四分位数
np.percentile(numPy_array, 75)
30.0
pandas_series.quantile(0.75)
30.0
```

6.1.4 众数

众数是描述数据集中出现频率最高的数值或数值组合的统计量，它是一种表示数据集中的典型值的方式。以下是众数的一些概念和特点。

（1）出现频率最高的值。众数是数据集中出现次数最多的值或数值组合，它反映了数据集中的集中趋势。

（2）可以是一个或多个值。数据集可能有一个众数，也可能有多个众数。如果有多个值出现的频率相同，并且这个频率最高，那么这些值都被称为众数。

（3）可能没有众数。在某些情况下，数据集中可能没有众数。例如，一个数据集中的所有值都是唯一的，那么就没有出现频率最高的值，因此也就没有众数。

（4）不受极端值的影响。与平均数不同，众数不受数据集中极端值（异常值）的影响。即使数据集中存在极端值，众数仍然反映了数据集中出现频率最高的值。

在 Pandas 中，可以使用 mode()方法计算众数。

```
pandas_series.mode()
0    30
dtype: int64
```

6.2 离散程度

在统计学中，离散程度（dispersion）用于衡量数据集中数据点的分散程度或者波动性。离散程度的值越大，表示数据点越分散，反之则越集中。

它对于数据分析和决策制定具有重要作用。

（1）评估数据的变异性。离散程度可以告诉我们数据集中的数据点在中心值周围分散的程度。较高的离散程度表示数据点相对于中心值更为分散，而较低的离散程度则表示数据点更为集中。

（2）识别异常值。通过测量数据的离散程度，可以帮助我们识别和理解数据中的异常值。异常值通常会使数据的离散程度增加，从而在统计分析中成为显著的特征。

（3）比较不同数据集的分布。离散程度是一个用于比较不同数据集之间差异的重要指标。通过比较不同数据集的离散程度，可以判断它们的分布形态及变化情况，从而进行更深入的分析。

（4）评估风险。在金融和投资领域，离散程度常被用来评估资产或投资组合的风险水平。较高的离散程度意味着投资的风险更大，因此它在风险管理和投资决策中具有重要意义。

综合而言，离散程度可以提供关于数据分散程度的信息，帮助我们理解数据的波动性和变异程度；而集中趋势则能够简洁地提供数据的中心位置，便于快速比较和解释数据的整体趋势。两者结合起来，能够提供更全面和准确的数据摘要，有助于深入理解数据的特征和性质。

本节将介绍离散程度的几个常用统计量，包括极差（range）、四分位差（interquartile range，IQR）、方差（variance）、标准差（standard deviation）以及变异系数（coefficient of variation）。

6.2.1 极差

极差是描述数据集中变量取值范围的统计量，它是数据集中的最大值与最小值之间的差值。极差提供了数据集的变异程度的一个简单度量，它可以告诉我们数据集中的值在整个取值范围内的分布情况。

计算极差的方法是将数据集中的最大值减去最小值，其公式为

$$\text{range} = \text{Max}(x) - \text{Min}(x) \tag{6-2}$$

其中，$\text{Max}(x)$ 表示数据集中的最大值；$\text{Min}(x)$ 表示数据集中的最小值。

NumPy 的 max() 和 min() 函数用来计算数据的最大值和最小值，然后计算它们的差值得到极差。

```
np.max(numPy_array) - np.min(numPy_array)
28
```

也可以使用 NumPy.ptp() 函数直接计算数据的极差。

```
np.ptp(numPy_array)
28
```

在 Pandas 中，可以使用 max( ) 和 min( ) 函数来计算数据的最大值和最小值，然后计算它们的差值即可得到极差。

```
Pandas_series.max() - Pandas_series.min()
28
```

在数据分析中，极差是一种简单直观的统计量，用于衡量数据集的分布范围。它由最大值和最小值的差值组成，可以在数据初步探索阶段快速了解数据的变异情况。然而，极差受异常值的影响较大，因为它只考虑了数据集的两个极端值，而忽略了数据的其他分布情况。在受异常值影响较大的数据集中，极差可能不是一个很好的描述数据分散程度的指标。

在这种情况下，更复杂的统计量如四分位差、方差或标准差可能更具有代表性。

6.2.2 四分位差

四分位差是描述数据集中分布范围的一种统计量，它表示数据集的上四分位数（第三四分位数，Q_3）和下四分位数（第一四分位数，Q_1）之间的差值。四分位差能够帮助我们了解数据集的中间 50% 数据的分布情况，同时对极端值（异常值）不敏感。

计算四分位差的公式如下：

$$IQR = Q_3 - Q_1 \tag{6-3}$$

其中，Q_3 表示数据集的上四分位数（75th percentile）；Q_1 表示数据集的下四分位数（25th percentile）。

在 NumPy 中，可以使用 percentile 函数计算四分位数，然后通过计算差值得到四分位差。

```
np.percentile(numPy_array, 75) - np.percentile(numPy_array, 25)
9.5
```

在 Pandas 中，可以使用 quantile 方法来计算四分位数，然后通过计算差值得到四分位差。

```
pandas_series.quantile(0.75) - Pandas_series.quantile(0.25)
9.5
```

6.2.3 方差和标准差

方差和标准差都是用来衡量数据集中数据分布的分散程度的统计量。方差和标准差在一定程度上受到极端值的影响，但相较于其他统计量，它们的影响程度较小，具有一定的稳健性。

1. 方差

方差是每个数据点与数据集均值之间差的平方的平均值。方差越大，表示数据点离均值越远，数据集的分散程度越大。

（1）总体方差（population variance）。总体方差是对整个总体数据的方差进行计算。它通过将每个数据点与总体均值之间的差值的平方求和来计算。

总体方差的计算公式如下：

$$\sigma^2 = \frac{\sum_{i=1}^{N}(x_i - u)^2}{N} \tag{6-4}$$

其中，x_i 是总体中的每个数据点；u 是总体的均值；N 是总体的大小。

（2）样本方差（sample variance）。样本方差是对样本数据的方差进行计算，即从总体中抽取的一部分数据的方差。与总体方差相比，样本方差的计算方式类似，但在计算时分母是样本的大小减去 1，即 $n-1$，而不是总体的大小。

$$s^2 = \frac{\sum_{i=1}^{n}(x_i - \bar{x})^2}{n-1} \tag{6-5}$$

其中，x_i 是样本中的每个数据点；$\bar{x}$ 是样本的均值；n 是样本的大小。

样本方差和总体方差的计算方式之所以不同，主要是由于它们所代表的统计意义和应用场景不同。

总体方差是用来衡量整个总体的数据点与总体均值之间的离散程度。当我们拥有总体的全部数据时，可以准确地计算总体方差，分母为总体的大小 N。

而样本方差是用来估计总体方差的一种方法，它是基于样本数据来估计总体方差的，因此在计算时需要对样本的自由度进行校正。具体而言，由于样本方差是基于部分样本数据进行估计的，因此它倾向于低估总体方差。为了纠正这种低估的倾向，我们将分母调整为样本大小减去 1，即 $n-1$，这样可以更好地反映样本的变异性。使用 $n-1$ 作为分母可以使样本方差更接近总体方差，从而提高估计的准确性。这种校正方法被称为贝塞尔校正，它可以帮助我们更准确地估计总体方差，并且在样本较小或总体方差未知的情况下尤其有用。

2. 标准差

标准差是方差的平方根，它给出了数据集数据点的分散程度或波动性的统计量。标准差越大，表示数据点越分散；标准差越小，表示数据点越集中。

标准差的单位与原始数据的单位相同，这使得标准差更加直观和易于理解。例如，如果数据是长度的测量值（如米或英尺），那么标准差也将是长度单位。在实际应用中，人们更习惯于使用标准差来描述数据的分散情况，经常将它直接与均值结合使用，进而提供更全面的数据描述。

在 NumPy 中，我们使用 np.var 和 np.std 计算方差和标准差，而在 Pandas 中，使用 var 和 std 方法。

注：NumPy 默认计算的为总体标准差，ddof=0；Pandas 默认计算的为样本标准差，ddof=1。此处我们分别使用 NumPy 和 Pandas 计算样本方差和标准差。

```
np.var(numPy_array, ddof=1)
69.55555555555556
np.std(numPy_array, ddof=1)
8.339997335464536
pandas_series.var()
69.55555555555556
```

```
pandas_series.std()
8.339997335464536
```

6.2.4 变异系数

变异系数（coefficient of variation，CV）是一种用于衡量数据集中变异程度的统计量，它表示数据的标准差相对于其均值的百分比。变异系数可以帮助比较不同数据集的离散程度，尤其是当这些数据集具有不同的均值和标准差时。

变异系数的计算公式如下：

$$\text{CV} = \frac{s}{\bar{x}} \times 100\% \tag{6-6}$$

其中，s 是数据集的标准差；$\bar{x}$ 是数据集的均值。CV 通常以百分比的形式表示。

变异系数是一种无量纲的统计量，通过将标准差与均值进行归一化，消除了不同数据集的量纲差异，因此更适用于比较不同数据集之间的变异程度，尤其是在数据的尺度不同或者均值相近的情况下，能够提供更为准确和可靠的比较结果。

以下是使用 NumPy 和 Pandas 计算变异系数的示例代码：

```
np.std(numPy_array, ddof=1) / np.mean(numPy_array)
0.3207691282870976
pandas_series.std() / pandas_series.mean()
0.3207691282870976
```

在了解了数据集的集中趋势和离散程度之后，我们通常希望得到更加全面的统计摘要信息，这时就可以使用 describe( ) 方法来帮助我们快速了解数据的基本特征。

Describe 方法提供了关于数据分布、集中趋势和离散程度的信息，包括均值、标准差、最小值、下四分位数、中位数、上四分位数和最大值等。

```
pandas_series.describe()
count    10.000000
mean     26.000000
std       8.339997
min      12.000000
25%      20.500000
50%      26.500000
75%      30.000000
max      40.000000
dtype: float64
```

6.3 统 计 表

在了解了数据集的集中趋势和离散程度之后，接下来我们将学习如何使用统计表来更清晰地呈现这些数据。统计表是一种有效的工具，可以帮助我们以表格形式组织和展示数据的关键统计信息，使其更易于理解和比较。

6.3.1 统计表的基本要素

统计表是用于呈现和汇总数据的一种形式，它包含以下基本要素，用于有效地传达数据信息。

（1）表头。表头是统计表的顶部部分，通常包括表格的标题和其他标识信息。标题通常简明扼要地描述了表格中所包含的数据的主题或内容，以便读者快速理解表格的目的和意义。其他标识信息可能包括表格的编号、日期、制作者等。一个清晰的表头设计可以使整个统计表易于阅读和理解。

扩展阅读 6.1 统计表的应用

（2）行标题。行标题位于表格的左侧，用于标识每一行数据的含义或分类。行标题通常描述数据的特征或类别，以便更容易地理解每一行数据所代表的含义。

（3）列标题。列标题位于表格的顶部，用于标识每一列数据的含义或分类。列标题通常描述数据的属性或变量，以便更容易地理解每一列数据所代表的含义。

（4）数字资料。数字资料是统计表中实际包含的数据，通常填充在行和列所对应的交叉位置处。这些数据可以是各种类型的统计量，如计数、均值、百分比等，它们以数字的形式呈现在统计表中，以便理解和分析数据的特征和趋势。

在了解完统计表的基本要素后，我们将深入介绍一些常见的统计表类型，包括分类汇总表以及交叉表。这些不同类型的统计表在数据呈现和分析方面有着各自的特点和用途。

6.3.2 分类汇总表

分类汇总表是一种对数据集按照某个分类变量进行分组，然后计算每个组内数值型变量的统计量的表格形式。通常，分类汇总表会展示每个类别的统计指标，如均值、中位数、标准差等，以便比较不同类别之间的差异。

分类汇总表可以使用 groupby 方法进行创建。

```
# 示例数据
data = {'Category': ['A', 'B', 'A', 'C', 'B', 'C', 'A', 'A', 'B', 'C'],
        'Value': [10, 15, 20, 25, 30, 35, 40, 45, 50, 55]}
df=pd.DataFrame(data)
df.groupby('Category')['Value'].agg(['mean', 'median', 'std'])
```

上述代码使用 groupby 方法按照 Category 列对数据进行分组，并利用 agg 函数对每个分组的 Value 列应用了三个聚合操作：计算均值（mean）、中位数（median）和标准差（std），从而生成一个分类汇总表（表 6-1）。

表 6-1 分类汇总表（一）

Category	mean	median	std
A	28.750 000	30.0	16.520 190
B	31.666 667	30.0	17.559 423
C	38.333 333	35.0	15.275 252

同时我们也可以根据多个分类变量对数据进行分组：

```
# 示例数据
data = {
    'Category1': ['A', 'B', 'A', 'C', 'B', 'C', 'A', 'A', 'B', 'C'],
    'Category2': ['X', 'Y', 'Y', 'X', 'Y', 'X', 'Y', 'X', 'Y', 'X'],
    'Value': [23, 45, 56, 78, 32, 12, 67, 43, 55, 34]
}
df = pd.DataFrame(data)
df.groupby(['Category1','Category2'])['Value'].agg(['sum'])
```

上述代码使用 groupby( ) 方法按照 Category1 和 Category2 两个分类变量对数据进行分组。接着，对于每个组合，计算了 Value 列的总和（sum），从而生成一个分类汇总表（表 6-2）。

表 6-2 分类汇总表（二）

Category1	Category2	sum
A	X	66
A	Y	123
B	Y	132
C	X	124

6.3.3　交叉表

交叉表（cross-tabulation），是一种用于展示两个或多个分类变量之间关系的数据汇总工具。它以表格的形式展示了不同分类变量之间的交叉频数计数，从而可以清晰地看出它们之间的关系。

Pandas 提供了 crosstab 函数，可以方便地生成交叉表。

```
# 示例数据
data = {'Category1': ['A', 'B', 'A', 'C', 'B', 'C', 'A', 'A', 'B', 'C'],
        'Category2': ['X', 'Y', 'Y', 'X', 'Y', 'X', 'Y', 'X', 'Y', 'X']}
df = pd.DataFrame(data)
pd.crosstab(df['Category1'], df['Category2'])
```

pd.crosstab(df['Category1'], df['Category2'])，这行代码调用了 pd.crosstab( ) 函数，传入了两个分类变量 Category1 和 Category2，该函数会自动计算这两个分类变量之间的交叉频数，并返回一个交叉表（表 6-3）。在这个交叉表中，行对应 Category1 的不同取值，列对应 Category2 的不同取值，表格中的每个单元格表示对应行和列的组合在数据中出现的次数。

表 6-3 交　叉　表

Category1	Category2	
	X	Y
A	2	2
B	0	3
C	3	0

6.4 实训案例

本案例是关于销售数据的描述性统计分析。读者可轻轻刮开封底的刮刮卡，扫码获取该实训项目及数据。教师如有需要，可登录教学实训平台（edu.credamo.com），在课程库中搜索课程"Python 数据分析快速入门"，根据需要选择相应的课程后，按照第 2 章介绍的方法，导入到"我的课程"教师端并组织班级学生加课学习。

1. 案例背景

一家电商公司想要了解其销售数据的集中趋势和离散程度，以便更好地了解销售业绩和制定未来策略。你作为数据分析师，负责对该公司的销售额数据进行描述性统计和分析。

示例的销售数据集 sales_data，包括三个主要变量。

（1）Product_Category（产品类别）：这个变量表示销售的产品类别，包括 Electronics（电子产品）、Clothing（服装）和 Books（图书）。

（2）Region（地区）：这个变量表示销售的地区，包括 East（东部）、West（西部）、South（南部）和 North（北部）。

（3）Sales（销售额）：这个变量表示每笔销售交易的金额。

任务目标：

（1）计算并比较销售数据的均值、中位数、四分位数；
（2）计算并比较销售数据的极差、四分位差、方差和标准差；
（3）根据产品类别和地区制作分类汇总表，统计不同类别产品在不同地区的销售额数据。

2. 案例操作

在教学平台"Python 数据分析快速入门"课程第 6 章的代码实训部分，开始实训案例的具体操作，具体步骤如下。

（1）首先导入分析所需要的 Python 库，随后单击外部数据操作栏的 🔗 按钮复制文件地址，如图 6-1 所示。然后利用 Pandas 完成数据读取（注：实际地址以操作栏复制的文件地址为准），如图 6-2 所示。

图 6-1 复制文件地址

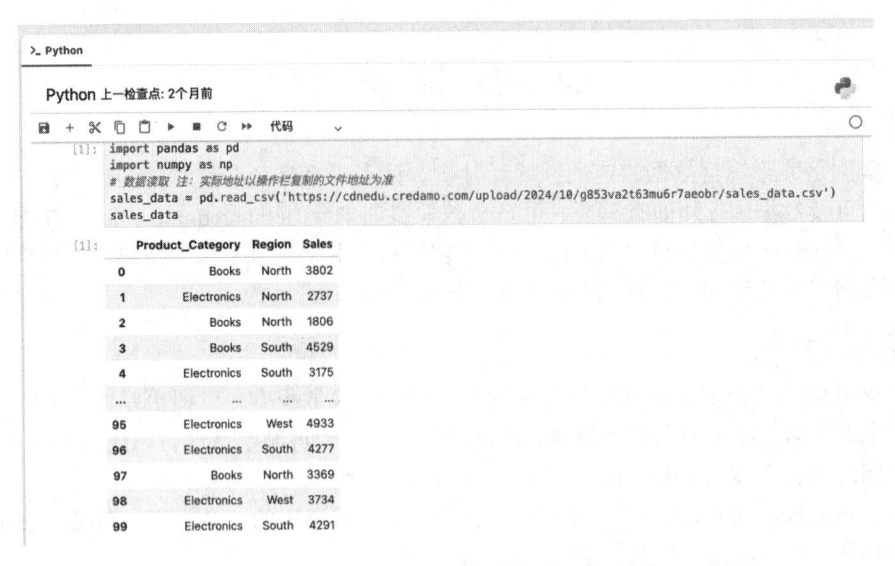

图 6-2 读取数据

（2）接着计算销售数据的均值、中位数、四分位数，如图 6-3 所示。

```python
# 1. 集中趋势
mean_sales = sales_data['Sales'].mean()
median_sales = sales_data['Sales'].median()
q1_sales = sales_data['Sales'].quantile(0.25)
q3_sales = sales_data['Sales'].quantile(0.75)


print(f"均值 sales: {mean_sales}")
print(f"中位数 sales: {median_sales}")
print(f"下四分位数 sales: {q1_sales}")
print(f"上四分位数 sales: {q3_sales}")
```

```
均值 sales: 2995.07
中位数 sales: 3226.0
下四分位数 sales: 2145.0
上四分位数 sales: 3983.0
```

图 6-3 任务 1

（3）随后计算销售数据的极差、四分位差、方差和标准差，如图 6-4 所示。

```python
# 2. 离散程度
range_sales = np.ptp(sales_data['Sales'])
iqr_sales = q3_sales - q1_sales
var_sales = sales_data['Sales'].var()
std_sales = sales_data['Sales'].std()

print(f"\n极差 sales: {range_sales}")
print(f"四分位差 sales: {iqr_sales}")
print(f"方差 sales: {var_sales}")
print(f"标准差 sales: {std_sales}")
```

```
极差 sales: 4401
四分位差 sales: 1838.0
方差 sales: 1547662.8132323234
标准差 sales: 1244.0509689045396
```

图 6-4 任务 2

（4）最后根据产品类别和地区制作分类汇总表，统计不同类别产品在不同地区的销售额数据，如图 6-5 所示。

```
1  # 制作分类汇总表
2  category_region_summary = sales_data.groupby(['Product_Category', 'Region'])['Sales'].agg(['sum'])
3  category_region_summary
```

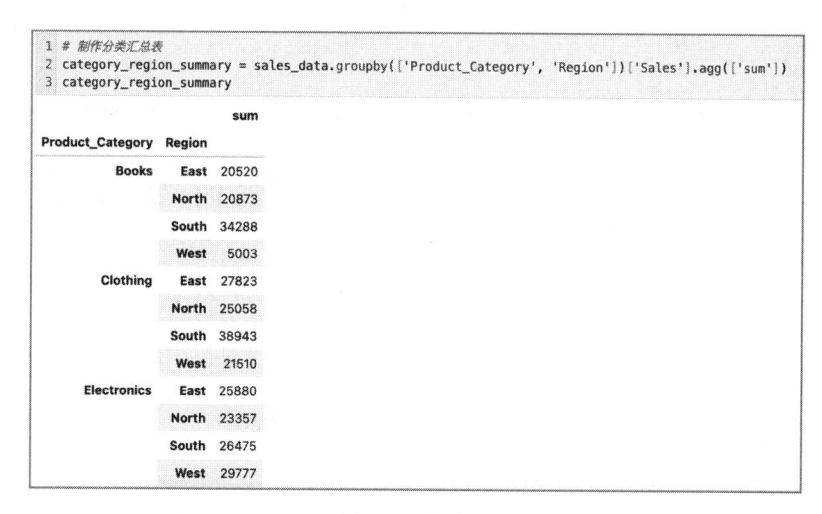

		sum
Product_Category	Region	
Books	East	20520
	North	20873
	South	34288
	West	5003
Clothing	East	27823
	North	25058
	South	38943
	West	21510
Electronics	East	25880
	North	23357
	South	26475
	West	29777

图 6-5　任务 3

本 章 小 结

以下是本章的主要知识点。

1. 集中趋势

讨论如何使用 NumPy 以及 Pandas 计算数据的均值、中位数、四分位数以及众数。

2. 离散程度

讨论如何使用 NumPy 以及 Pandas 计算数据的极差、四分位差、方差、标准差以及变异系数。

3. 统计表

（1）统计表的基本要素：表头、行标题、列标题和数字资料。

（2）分类汇总表：利用 groupby 方法创建分类汇总表。分析不同类别的统计指标。

（3）交叉表：使用 crosstab 函数创建交叉表。分析两个分类变量之间的关系。

4. 实训案例

通过一个实际案例，将本章所介绍的集中趋势、离散程度和统计表的知识应用于销售数据的描述性统计分析。

第 7 章

统计图表与可视化

学习目标
1. 学习如何使用 Matplotlib 和 Seaborn 库创建可视化图表。
2. 掌握不同类型图表的适用场景和制作方法。

在数据分析的过程中,将复杂的数据转化为直观的图表是至关重要的。这不仅帮助我们更好地理解数据,还能更有效地与他人沟通我们的发现。本章将带你进入数据可视化的世界,学习如何使用 Python 中的 Matplotlib 和 Seaborn 库来制作各种图表,从而更直观地展示数据。

7.1 Matplotlib 概述

7.1.1 Matplotlib 简介

Matplotlib 是一个用于绘制数据可视化图表的 Python 库,广泛应用于科学计算、数据分析和数据可视化领域。它提供了丰富的功能和灵活的接口,从简单的折线图到复杂的图形,使用户能够以各种方式可视化数据。

以下是 Matplotlib 的一些关键特点。

扩展阅读 7.1 数据分析图表的作用

(1)简单易用。Matplotlib 的 API(应用程序编程接口,通常是指一组预定义的函数)设计简单直观,使用户可以轻松创建各种类型的图表,无论是简单的折线图还是复杂的多子图布局。

(2)灵活性和功能强大。Matplotlib 提供了丰富的绘图选项,支持绘制多种类型的图表,包括折线图、散点图、直方图、饼图、热图等。

(3)NumPy 和 Pandas 集成。Matplotlib 能够直接处理 NumPy 数组和 Pandas 数据结构,用户可以方便地将数据转换为 Matplotlib 支持的格式进行绘图。

(4)丰富的定制选项。Matplotlib 允许用户对图表进行高度的定制,包括调整颜色、线型、标签、标题等多个方面。

总的来说,Matplotlib 是一个功能强大、灵活性高、易于使用的 Python 可视化库,适用于各种数据分析任务，下一节我们将介绍一个简单折线图的绘制。

7.1.2 Matplotlib 绘图初体验

下面是一个简单的 Matplotlib 绘图初体验示例——绘制一个简单的折线图。

绘图过程可以分解为以下几个关键步骤。

（1）导入 Matplotlib 库。首先导入 matplotlib.pyplot 模块，通常习惯使用别名 plt，这样可以方便后续使用。

（2）准备数据。准备要绘制的数据，这里简单地创建了两个列表 x 和 y，分别表示横坐标和纵坐标的数据。

（3）创建图表。使用 plt.plot( )函数创建图表，传入准备好的数据 x 和 y。这里创建了一个简单的折线图。

（4）添加标题和坐标轴标签。使用 plt.title( )函数添加图表的标题，使用 plt.xlabel( )和 plt.ylabel( )函数添加横坐标和纵坐标的标签。

（5）显示图表。最后使用 plt.show( )函数显示绘制的图表，将之前创建的图表呈现在屏幕上（图 7-1）。

```
#引入pyplot模块
import matplotlib.pyplot as plt
# 创建数据
x = [1, 2, 3, 4, 5]
y = [2, 4, 6, 8, 10]
# 使用plot()方法绘图
plt.plot(x, y)
# 添加标题和标签
plt.title('简单折线图')
plt.xlabel('X轴')
plt.ylabel('Y轴')
# 显示图表
plt.show()
```

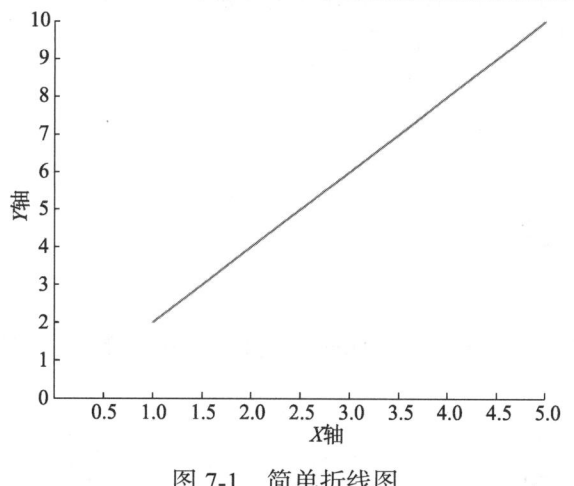

图 7-1　简单折线图

7.2 图表的常用设置

本节主要介绍图表的一些常用设置,包括基本绘图工具plot()函数的基本语法和一些常用参数,以及设置画布、坐标轴、网格线、标题和文本标签、图例等的方法。

7.2.1 基本绘图工具plot( )函数

在matplotlib中,plot( )函数是用于绘制折线图的基本函数之一。下面是plot( )函数的基本语法:

```
plt.plot(x, y, label='Line 1', linestyle='-', color='blue', marker='o', markersize=8)
```

(1)x,y:要绘制的数据点的x和y坐标。
(2)label:图例中显示的标签。
(3)linestyle:折线的样式,如"-"表示实线,"--"表示虚线。
(4)color:折线的颜色,可以使用颜色名称或十六进制颜色码。
(5)marker:数据点的标记符号,如"o"表示圆圈。
(6)markersize:数据点的大小。

7.2.2 设置画布

在Matplotlib中,画布是指绘制图表的区域,我们可以通过设置画布的大小、背景色等属性来控制图表的外观。下面是一些设置画布的常用方法:

```
plt.figure(figsize=(8, 6), dpi=100, facecolor='lightgray', edgecolor='black', frameon=False, num='My Figure')
```

(1)figsize:设置画布的大小,是一个包含两个值的元组,表示宽度和高度(单位是英寸)。
(2)dpi:设置每英寸的点数、影响图表的分辨率。
(3)facecolor:设置画布的背景颜色。
(4)edgecolor:设置画布的边框颜色。
(5)frameon:控制是否显示画布边框。
(6)num:设置画布的标题。

7.2.3 坐标轴的设置

坐标轴的设置具体如下。
设置坐标轴标题:可以使用plt.xlabel()和plt.ylabel()函数来设置横轴和纵轴的标题。例如:

```
plt.xlabel('X轴')
plt.ylabel('Y轴')
```

设置坐标轴范围：可以使用plt.xlim()和plt.ylim()函数来设置横轴和纵轴的范围。例如：

```
plt.xlim(0, 10)
plt.ylim(0, 100)
```

设置刻度标签：可以使用plt.xticks()和plt.yticks()函数来设置横轴和纵轴的刻度标签。例如：

```
plt.xticks([0, 2, 4, 6, 8, 10])
plt.yticks([0, 20, 40, 60, 80, 100])
```

设置坐标轴刻度的字体大小和样式：可以使用plt.tick_params()函数来设置坐标轴刻度的字体大小和样式。例如：

```
plt.tick_params(axis='x', labelsize=10, labelcolor='red')
plt.tick_params(axis='y', labelsize=10, labelcolor='blue')
```

plt.grid()函数是用于在绘图中添加网格线的函数。网格线可以帮助读者更好地理解图表中的数据分布情况，使图表更加清晰易读。

```
plt.grid(color='blue', linestyle='--', linewidth=0.5)
```

这行代码将网格线的颜色设置为蓝色，线型设置为虚线，并且线宽为0.5个点。

7.2.4 标题和文本标签的添加

在 Matplotlib 中，可以通过一系列函数来添加标题和文本标签，以提供更多的图表信息和解释。以下是一些常用的添加标题和文本标签的方法：

```
plt.title('My First Plot', fontsize=16, color='blue',
fontweight='bold', loc='left', pad=20)
```

（1）fontsize：指定标题的字体大小。
（2）color：指定标题的颜色。
（3）fontweight：指定标题的字体粗细，可选值有normal、bold等。
（4）loc：指定标题的位置，可选值有center、left、right。
（5）pad：指定标题和图表顶部的距离。

```
plt.text(x=3, y=6, s='Max Value', fontsize=12, color='red',
ha='center', va='bottom', rotation=30)
```

（1）x，y：文本标签的坐标位置。
（2）s：文本标签的内容。
（3）fontsize：文本标签的字体大小。
（4）color：文本标签的颜色。
（5）ha：水平对齐方式，可选值有left、center、right。
（6）va：垂直对齐方式，可选值有top、center、bottom。
（7）rotation：文本标签的旋转角度。

7.2.5 图例的添加与设置

在 Matplotlib 中，图例是用于标识图表中不同元素的标识，例如不同线条、散点、柱状等。下面是一些常用的图例添加与设置方法：

```
# 绘制数据，并为图例指定标签
plt.plot(x, y, label="数据集1")
# 添加图例并设置参数
plt.legend(loc='upper right', fontsize=10, title='图例标题',
title_fontsize=12)
```

（1）loc：指定图例的位置，可选值有 upper right、upper left、lower right 等。
（2）fontsize：指定图例文字的字体大小。
（3）title：设置图例的标题。
（4）title_fontsize: 设置图例标题的大小。

7.3 常用图表的绘制

本节介绍通过 Matplotlib 绘制常用图表的方法，包括绘制折线图、散点图、柱状图、直方图、饼图、箱线图以及绘制子图。

7.3.1 折线图

折线图是一种常用的数据可视化图表，用于显示数据随着连续变量的变化而变化的趋势。在 Matplotlib 中，可以直接使用 plt.plot()函数绘制折线图。

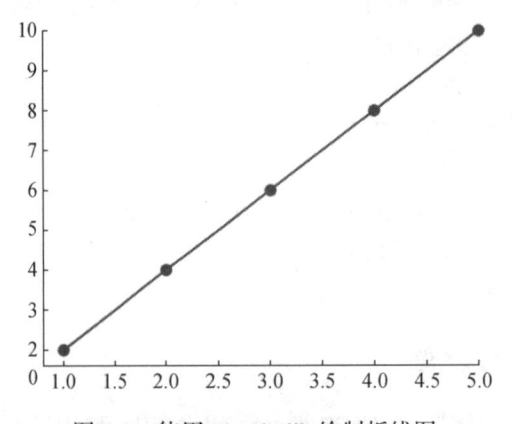

下面是一个示例，演示如何使用 Matplotlib 绘制折线图（图 7-2）：

```
import pandas as pd
import numPy as np
import Matplotlib.pyplot as plt
# 创建数据
x = [1, 2, 3, 4, 5]
y = [2, 4, 6, 8, 10]
# 绘制折线图
plt.plot(x, y, marker='o', linestyle='-', color='blue', markersize=8)
# 显示图表
plt.show()
```

图 7-2 使用 Matplotlib 绘制折线图

7.3.2 散点图

散点图是一种常用的数据可视化图表，用于展示两个变量之间的关系，每个点代表一个观测值，横轴表示一个变量，纵轴表示另一个变量。在 Matplotlib 中，可以使用 plt.scatter() 函数绘制散点图。

以下是 plt.scatter() 函数的基本语法：

```
plt.scatter(x, y, s=20, c='b', marker='o', alpha=None, edgecolors=None,
linewidths=None)
```

参数说明：

（1）x, y：数据。

（2）s：可选参数，指定散点的大小，可以是一个标量或与 x、y 同样长度的序列，用于设置每个点的大小，默认为 20。

（3）c：可选参数，指定散点的颜色，可以是一个标量或与 x、y 同样长度的序列，用于设置每个点的颜色，默认为蓝色"b"。

（4）marker：可选参数，指定散点的标记类型，如圆形、方形、三角形等，默认为"o"。

（5）alpha：可选参数，指定散点的透明度，取值范围为[0, 1]，其中 0 表示完全透明，1 表示完全不透明，默认为 None。

（6）edgecolors：可选参数，指定散点的边缘颜色，默认为 None。

（7）linewidths：可选参数，指定散点的边缘宽度，默认为 None。

下面是一个简单的示例，演示如何使用 Matplotlib 绘制散点图（图 7-3）：

```
# 创建随机数据
np.random.seed(42)  # 设置随机数种子，这会确保每次生成的随机数据相同
x = np.random.rand(50)
y = 2 * x + 1 + 0.1 * np.random.randn(50)
# 绘制散点图
plt.scatter(x, y, c='blue', marker='o', s=50)
# 显示图表
plt.show()
```

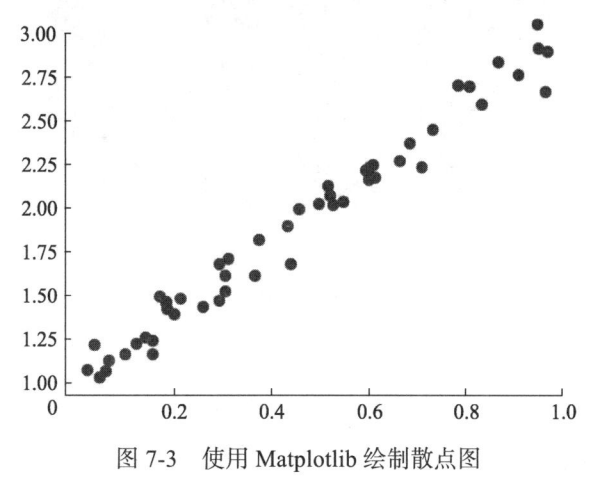

图 7-3 使用 Matplotlib 绘制散点图

7.3.3 柱状图

柱状图是一种常用的数据可视化图表，用于比较不同类别之间的数据大小。在 Matplotlib 中，可以使用 plt.bar()函数绘制柱状图，其基本语法如下：

```
plt.bar(x, height, width=0.8, bottom=None, align='center')
```

参数说明：

（1）x：x 轴数据。
（2）height：指定每个柱子的高度，即 y 轴的值。
（3）width：可选参数，指定柱子的宽度，默认为 0.8。
（4）bottom：可选参数，指定柱子的底部位置，默认为 None，表示从 0 开始。
（5）align：可选参数，指定柱子的对齐方式，可以是 center、edge 或 align，默认为 center。

下面是一个基本的例子，展示了如何使用 Matplotlib 绘制柱状图（图 7-4）：

```
# 创建数据
categories = ['A', 'B', 'C', 'D']
values = [20, 35, 30, 25]
# 绘制柱状图
plt.bar(categories, values, color='green', alpha=0.7)
# 添加标题和标签
plt.title('柱状图')
plt.xlabel('分类')
plt.ylabel('值')
# 显示图表
plt.show()
```

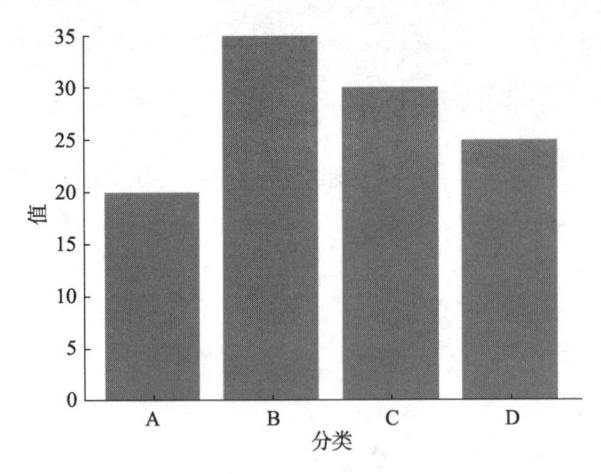

图 7-4 使用 Matplotlib 绘制柱状图

7.3.4 直方图

直方图用于展示数据的分布情况，它将数据分成不同的区间，每个区间的高度表示该区间内数据的频数。plt.hist()函数用于绘制直方图,直观地展示数据的分布情况。以下是plt.hist()函数的基本语法:

```
plt.hist(x, bins=10, range=None, density=None, cumulative=False,
bottom=None, histtype='bar', align='mid', color=None, stacked=False)
```

参数说明:

(1) x:指定要绘制直方图的数据。

(2) bins:可选参数,指定直方图的区间个数,默认为 10。

(3) range:可选参数,指定直方图的取值范围,默认为 None,表示使用数据的最大值和最小值作为取值范围。

(4) density:可选参数,指定是否将直方图的值归一化为概率密度,默认为 False。

(5) cumulative:可选参数,指定是否绘制累积直方图,默认为 False。

(6) bottom:可选参数,指定直方图的底部位置,默认为 None。

(7) histtype:可选参数,指定直方图的类型,可以是 bar、barstacked、step、stepfilled 中的一种,默认为 bar。

(8) align:可选参数,指定直方图的对齐方式,可以是 left、mid 或 right,默认为 mid。

(9) color:可选参数,指定直方图的颜色,默认为 None。

(10) stacked:可选参数,指定是否堆叠直方图,默认为 False。

下面是一个基本的例子,展示了如何使用 Matplotlib 绘制直方图(图 7-5):

```
# 创建随机数据
data = np.random.randn(1000)
# 由于没有设置随机数种子,每次运行代码生成的数据可能会有所不同
# 绘制直方图
plt.hist(data, bins=30, color='purple', alpha=0.7)
# 添加标题和标签
plt.title('直方图')
plt.xlabel('值')
plt.ylabel('频数')
# 显示图表
plt.show()
```

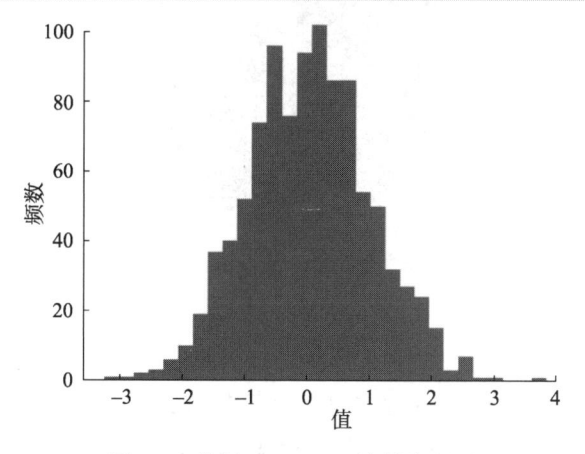

图 7-5 使用 Matplotlib 绘制直方图

7.3.5 饼图

饼图（Pie Chart）是一种常见的数据可视化图表，用于展示各部分占总体的比例。在 Matplotlib 中，可以使用 plt.pie() 函数绘制饼图，其基本语法如下：

```
plt.pie(x, explode=None, labels=None, colors=None, autopct=None)
```

参数说明：

（1）x：指定绘制饼图的数据。

（2）explode：可选参数，用于指定是否突出显示某些部分，以及突出的程度，默认为 None。

（3）labels：可选参数，用于指定各部分的标签，默认为 None。

（4）colors：可选参数，用于指定各部分的颜色，默认为 None。

（5）autopct：可选参数，用于设置饼图上显示的百分比格式，例如 "%1.1f%%" 表示保留小数后一位，"%1.2f%%" 表示保留小数后二位，默认为 None。

下面是一个基本的例子，展示了如何使用 Matplotlib 绘制饼图（图 7-6）：

```
# 创建数据
labels = ['A', 'B', 'C', 'D']
sizes = [25, 30, 20, 25]
# 绘制饼型图
plt.pie(sizes, labels=labels, autopct='%1.1f%%', colors=['orange', 'green', 'blue', 'purple'])
# 添加标题
plt.title('饼图')
# 显示图表
plt.show()
```

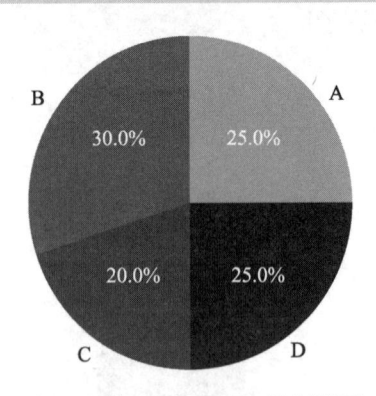

图 7-6 使用 Matplotlib 绘制饼图

7.3.6 箱线图

箱线图（Box Plot）是一种用于显示数据分布情况的统计图表。它展示了一组数据的中位数、四分位数、最大值、最小值和异常值等信息。在 Matplotlib 中，可以使用 plt.boxplot() 函数绘制箱线图。

以下是 plt.boxplot()函数的基本语法：

```
plt.boxplot(x, notch=False, vert=True, patch_artist=False, widths=0.5,
showmeans=False, showcaps=True, showbox=Ture, showfliers=Ture)
```

参数说明：

（1）x：指定要绘制箱线图的数据，可以是一个数组、列表、DataFrame 等。

（2）notch：可选参数，是否是凹口的形式展现箱线图，默认为 False。

（3）vert：可选参数，指定箱线图的方向，如果设置为 True，则箱线图为垂直方向；如果设置为 False，则箱线图为水平方向，默认为 True。

（4）patch_artist：可选参数，指定是否填充箱体的颜色，默认为 False。

（5）widths：可选参数，指定箱线图中箱体的宽度，默认为 0.5。

（6）meanline：可选参数，指定是否显示均值线，默认为 False。

（7）showmeans：可选参数，指定是否显示均值点，默认不显示。

（8）showcaps：可选参数，指定是否显示箱线图顶部和底部的线段，默认为 True。

（9）showbox：可选参数，指定是否显示箱体，默认为 True。

（10）showfliers：可选参数，指定是否显示异常值，默认为 True。

下面是一个基本的例子，展示了如何使用 Matplotlib 绘制箱线图（图 7-7）：

```
# 创建随机数据
data = pd.DataFrame(np.random.randn(100, 3), columns=['A', 'B', 'C'])
# 绘制箱线图
plt.boxplot(data)
# 添加标题和标签
plt.title('箱线图')
plt.xlabel('分类')
plt.ylabel('值')
# 显示图表
plt.show()
```

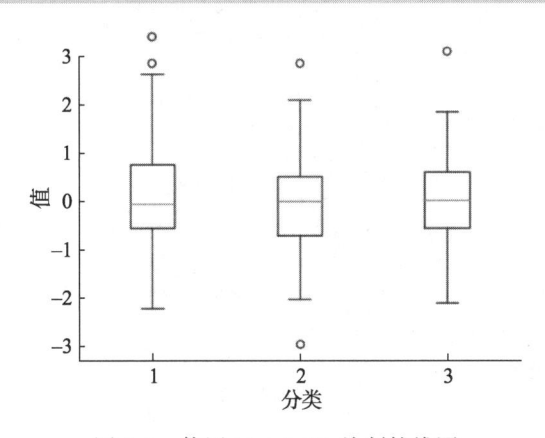

图 7-7　使用 Matplotlib 绘制箱线图

7.3.7　绘制子图

在 Matplotlib 中，可以使用子图（subplot）来在同一画布上绘制多个图表。通常使用

plt.subplot()函数来创建子图。该函数接受三个整数参数：行数、列数和子图索引，指定了子图的排列方式以及当前绘制的子图的位置。

下面是一个简单的示例，演示如何使用 Matplotlib 绘制子图（图 7-8）：

```python
import matplotlib.pyplot as plt
import numpy as np

# 创建画布，调整画布大小
plt.figure(figsize=(14, 10))

# 子图 1：折线图（时间和销售额趋势）
plt.subplot(2, 2, 1)
x1 = [1, 2, 3, 4]  # 时间（天）
y1 = [10, 15, 7, 20]  # 销售额（万元）
plt.plot(x1, y1, marker='o', color='b', label='销售额')  # 数据点标记
plt.title('子图 1：销售额趋势变化', fontsize=26)  # 标题
plt.xlabel('时间（天）', fontsize=24)  # 横轴标签
plt.ylabel('销售额（万元）', fontsize=24)  # 纵轴标签
plt.tick_params(axis='both', labelsize=22)  # 坐标轴刻度字体大小
plt.legend(fontsize=20)  # 图例

# 子图 2：散点图（广告投放与销售额）
plt.subplot(2, 2, 2)
np.random.seed(42)  # 设置随机种子
x2 = np.random.uniform(1, 10, 50)  # 广告投放费用（万元）
y2 = x2 * 2 + np.random.normal(0, 2, 50)  # 销售额（万元），加噪声
plt.scatter(x2, y2, color='g', label='投放数据')
plt.title('子图 2：广告投放与销售额', fontsize=26)
plt.xlabel('广告投放费用（万元）', fontsize=24)
plt.ylabel('销售额（万元）', fontsize=24)
plt.tick_params(axis='both', labelsize=22)
plt.legend(fontsize=20)  # 图例

# 子图 3：柱状图（产品销量对比）
plt.subplot(2, 2, 3)
categories = ['产品 A', '产品 B', '产品 C']
values = [300, 700, 200]  # 销量（千件）
plt.bar(categories, values, color=['r', 'b', 'g'])
plt.title('子图 3：产品销量对比', fontsize=26)
plt.xlabel('产品类别', fontsize=24)
plt.ylabel('销量（千件）', fontsize=24)
plt.tick_params(axis='both', labelsize=22)

# 子图 4：直方图（网站停留时长分布）
plt.subplot(2, 2, 4)
np.random.seed(42)
stay_durations = np.random.normal(8, 2, 200)  # 模拟网站停留时长，均值 8 分钟，标准差 2 分钟
```

```
stay_durations = stay_durations[stay_durations > 0]  # 去掉负值
plt.hist(stay_durations, bins=10, color='purple', alpha=0.7, edgecolor='black')
plt.title('子图 4：网站停留时长分布', fontsize=26)
plt.xlabel('停留时长（分钟）', fontsize=24)
plt.ylabel('用户数', fontsize=24)
plt.tick_params(axis='both', labelsize=22)

# 自动调整子图之间的间距
plt.tight_layout()

# 显示图表
plt.show()
```

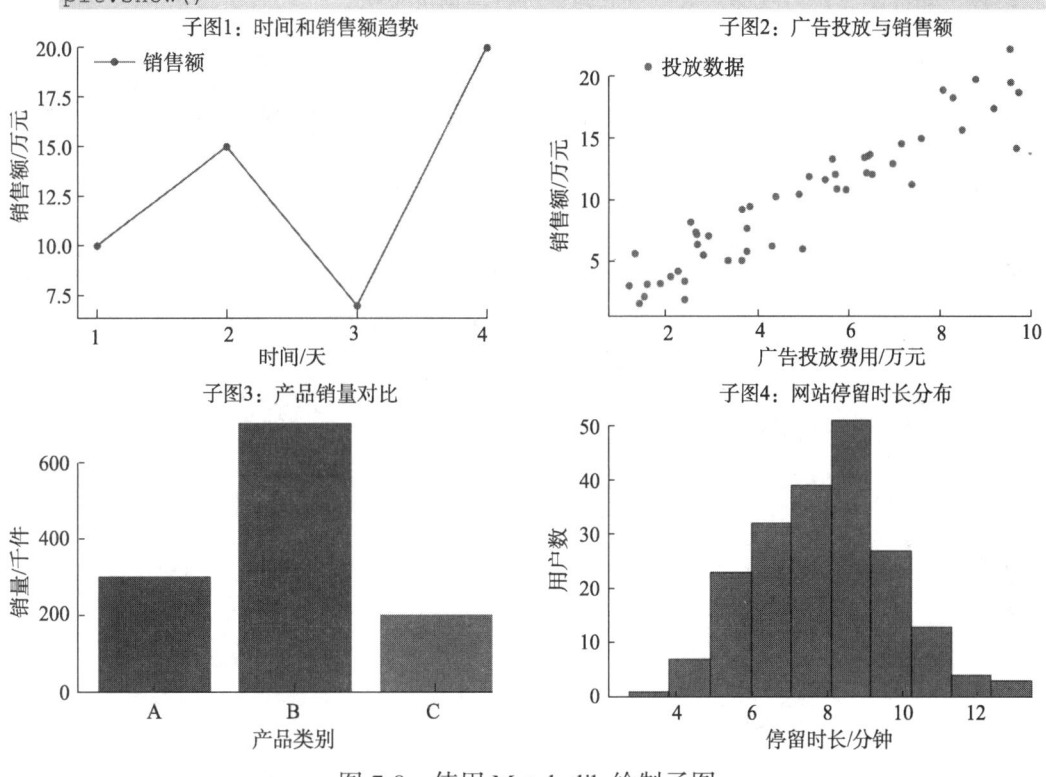

图 7-8　使用 Matplotlib 绘制子图

7.4　Seaborn 图表

7.4.1　Seaborn 简介

Seaborn 是建立在 Matplotlib 之上的 Python 数据可视化库，它提供了一种高级界面，用于创建具有吸引力并且信息丰富的统计图形。

Seaborn 具有以下主要特点和功能。

（1）内置数据集。Seaborn 内置了一些常用的数据集，用户可以直接使用这些数据集进行绘图实验和演示。

（2）统计图表支持。Seaborn 提供了丰富的统计图表类型，包括折线图、热力图、箱线图、散点图等，可以满足用户在数据分析和可视化过程中的各种需求。

（3）美观的默认样式。Seaborn 提供了美观的默认样式，使用户无需过多定制即可获得具有吸引力的图表。

（4）与 Pandas 兼容。Seaborn 与 Pandas 库兼容良好，用户可以直接使用 Pandas 数据结构进行数据处理和绘图。

7.4.2 Seaborn 常用图表

Seaborn 提供了许多常见的统计图表，如折线图、散点图、柱状图、直方图、密度图、提琴图、箱线图、热力图等，可以更方便地进行数据可视化。

1. 折线图

在 Seaborn 中，可以使用 sns.lineplot()函数绘制折线图。这个函数可以绘制连续变量随着另一个变量的变化而变化的趋势。

下面是一个简单的示例，演示如何使用 Seaborn 绘制折线图（图 7-9）。

```
import seaborn as sns
import matplotlib.pyplot as plt
# 示例数据
x = [1, 2, 3, 4, 5]
y = [2, 4, 6, 8, 10]
# 使用 sns.lineplot() 绘制折线图
sns.lineplot(x=x, y=y)
plt.title('折线图')
plt.show()
```

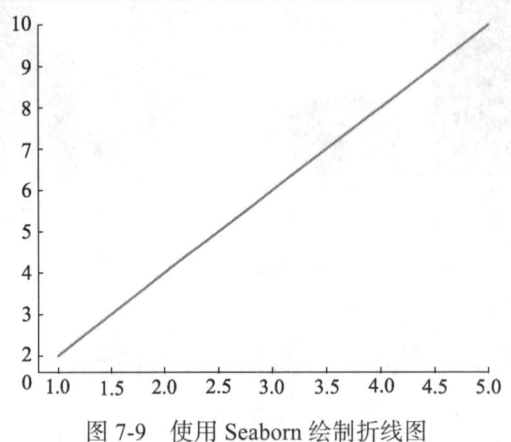

图 7-9 使用 Seaborn 绘制折线图

2. 散点图

在 Seaborn 中，可以使用 sns.scatterplot()函数绘制散点图。

下面是个简单的示例，绘制的散点图如图 7-10 所示。

```
# 生成示例数据
data_scatter = pd.DataFrame({
```

```
        'X': np.linspace(0, 10, 100),
        'Y': np.random.randn(100),
})
# 绘制散点图
sns.scatterplot(x='X', y='Y', data=data_scatter)
plt.title('散点图')
plt.show()
```

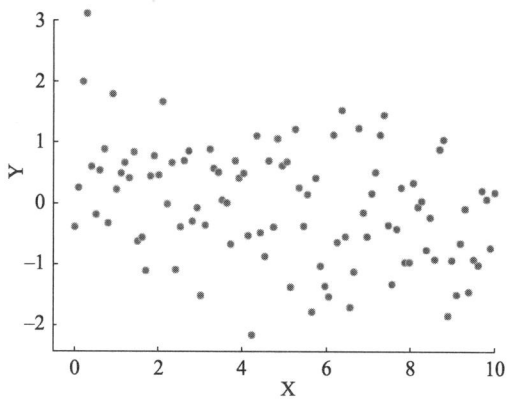

图 7-10　使用 Seaborn 绘制散点图

3. 柱状图

在 Seaborn 中，可以使用 sns.barplot()函数来绘制柱状图。示例如下，绘制出的柱状图如图 7-11 所示。

```
# 生成示例数据
data_bar = pd.DataFrame({
        '分类': ['A', 'B', 'C', 'D'],
        '值': [25, 40, 30, 35],
})
# 绘制柱状图
sns.barplot(x='分类', y='值', data=data_bar)
plt.title('柱状图')
plt.show()
```

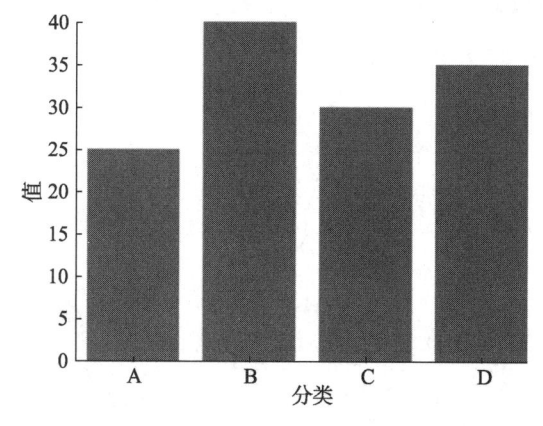

图 7-11　使用 Seaborn 绘制柱状图

4. 直方图

在 Seaborn 中，可以使用 sns.histplot()函数来绘制直方图（图 7-12）。

下面是一个简单的示例，其中，data 表示指定绘图的数据；bins 表示可选参数，指定直方图的箱子数量；kde 表示可选参数，指定是否在直方图上绘制核密度估计图。最终绘制出的直方图如图 7-12 所示。

```
data = np.random.normal(loc=0, scale=1, size=1000)
# 绘制直方图
sns.histplot(data, bins=30, kde=True)
plt.title('直方图')
plt.xlabel('值')
plt.ylabel('频数')
plt.show()
```

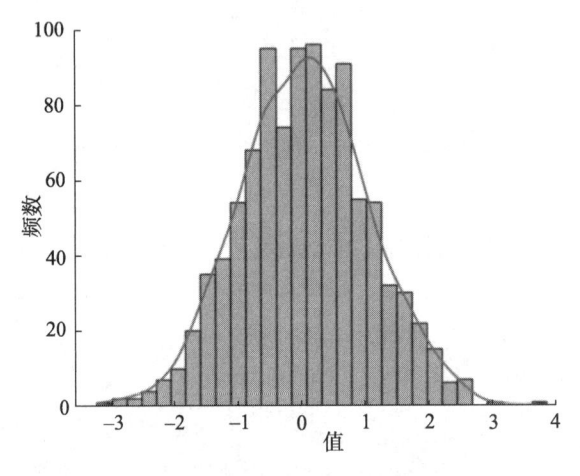

图 7-12　使用 Seaborn 绘制直方图

5. 箱线图

在 Seaborn 中，可以使用 sns.boxplot()函数来绘制箱线图。

下面是一个简单的示例，最终绘制出的箱线图如图 7-13 所示。

```
# 生成箱线图所需的示例数据
data_box = pd.DataFrame({
    '分类': np.random.choice(['A', 'B', 'C'], size=100),
    '值': np.random.randn(100)
})
# 绘制箱线图
sns.boxplot(x='分类', y='值', data=data_box)
plt.title('箱线图')
plt.show()
```

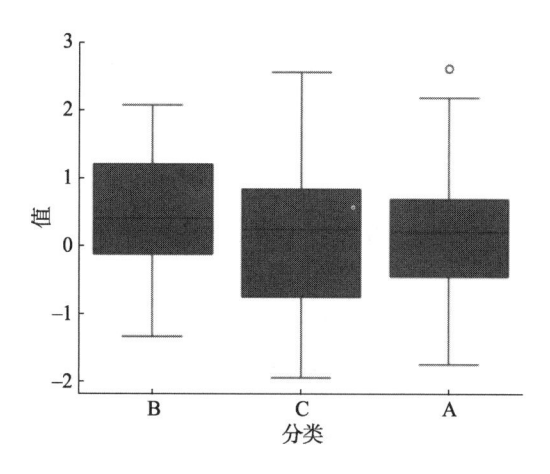

图 7-13　使用 Seaborn 绘制箱线图

6. 热力图

热力图（heatmap）是一种通过色彩变化展示数据矩阵的图表类型，通常用于可视化两个维度之间的关系。在 Seaborn 中，可以使用 sns.heatmap()函数来绘制热力图。下面是一个简单的示例，其中：data 表示指定绘图的数据；annot 表示可选参数，指定是否在每个单元格中显示数据值；cmap 表示可选参数，用于指定颜色映射的名称，例如 viridis、coolwarm 等。最终绘制出的热力图如图 7-14 所示。

```
# 生成示例数据
data_heatmap = pd.DataFrame({
    'A': np.random.randn(100),
    'B': np.random.randn(100),
    'C': np.random.randn(100),
})
# 绘制热力图
sns.heatmap(data_heatmap.corr(), annot=True, cmap='coolwarm')
plt.title('热力图')
plt.show()
```

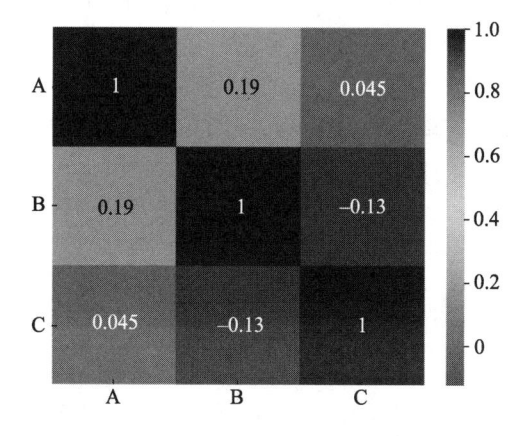

图 7-14　使用 Seaborn 绘制热力图

7. 密度图

密度图（density plot）是一种用于可视化数据分布的图表类型，它可以显示数据的概率密度，并且可以很好地展示数据的整体分布趋势。在 Seaborn 中，可以使用 sns.kdeplot() 函数来绘制密度图。

下面是一个简单的示例，其中 fill 可以指定是否在密度曲线下方填充颜色。最终绘制出的密度图如图 7-15 所示。

```
data_category_kde = pd.DataFrame({
    '分类': np.random.choice(['A', 'B'], size=100),
    'x': np.random.randn(100),
})
# 绘制密度图
sns.kdeplot(x='x', hue='分类', data=data_category_kde, fill=True)
plt.title('密度图')
plt.show()
```

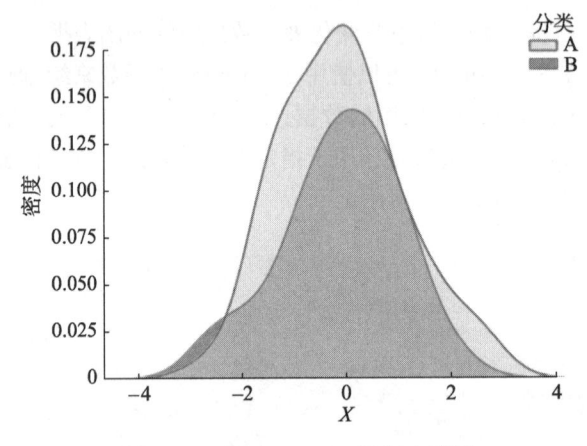

图 7-15　使用 Seaborn 绘制密度图

8. 提琴图

提琴图（violin plot）是一种结合了箱线图和密度估计图的图表类型，用于可视化数据分布的形状和密度。

下面是一个简单的示例，其中 x 和 y 表示指定绘制提琴图的数据的变量名，data 参数用于指定绘图所需的数据集。最终绘制出的提琴图如图 7-16 所示。

```
# 生成提琴图所需的示例数据
data_violin = pd.DataFrame({
    '分类': np.random.choice(['A', 'B', 'C'], size=100),
    '值': np.random.randn(100)
})
# 绘制提琴图
sns.violinplot(x='分类', y='值', data=data_violin)
plt.title('提琴图')
plt.show()
```

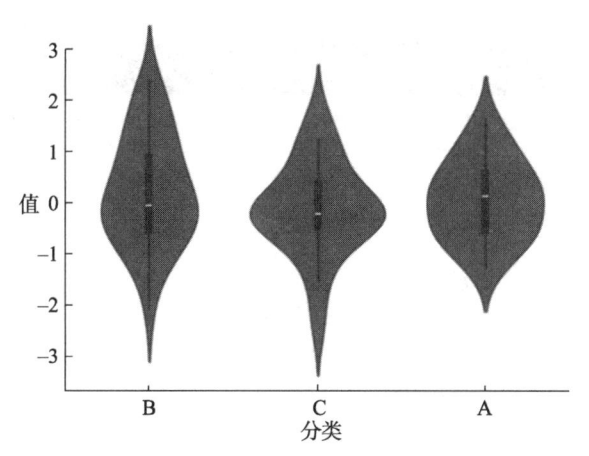

图 7-16　使用 Seaborn 绘制提琴图

7.5　实训案例

本案例是关于产品销售数据的分析与可视化。读者可轻轻刮开封底的刮刮卡，扫码获取该实训项目及数据。教师如有需要，可登录教学实训平台（edu.credamo.com），在课程库中搜索课程"Python 数据分析快速入门"，根据需要选择相应的课程后，按照第 2 章介绍的方法，导入"我的课程"教师端并组织班级学生加课学习。

1. 案例背景

假设你是一家销售公司的数据分析师，负责分析最近一年内各种产品的销售数据。公司销售 A、B、C 三种产品，希望你通过可视化图表向管理层展示各种产品的销售趋势、销售额占比等信息。

你所使用的销售数据集包含了日期、产品类型以及销售额变量，具体任务目标如下：
（1）绘制不同产品的销售额占比饼图。
（2）绘制不同产品的销售额柱状图。
（3）绘制不同产品销售额的箱线图。

2. 案例操作

在教学平台"Python 数据分析快速入门"课程第 7 章的代码实训部分，开始实训案例的具体操作，具体步骤如下。

（1）首先导入分析所需要的 Python 库，随后单击外部数据操作栏的"🔗"按钮复制文件地址，如图 7-17 所示。然后利用 Pandas 完成数据读取（注：实际地址以操作栏复制的文件地址为准），如图 7-18 所示。

（2）为了绘制不同产品销售额占比饼图，我们先按产品分组计算总销售额，然后使用 plt.pie()创建饼图，设置标签为产品名称，并显示销售额百分比，添加标题并显示图表，从而直观展示各产品的销售额占比，如图 7-19 和图 7-20 所示。

图 7-17 复制文件地址

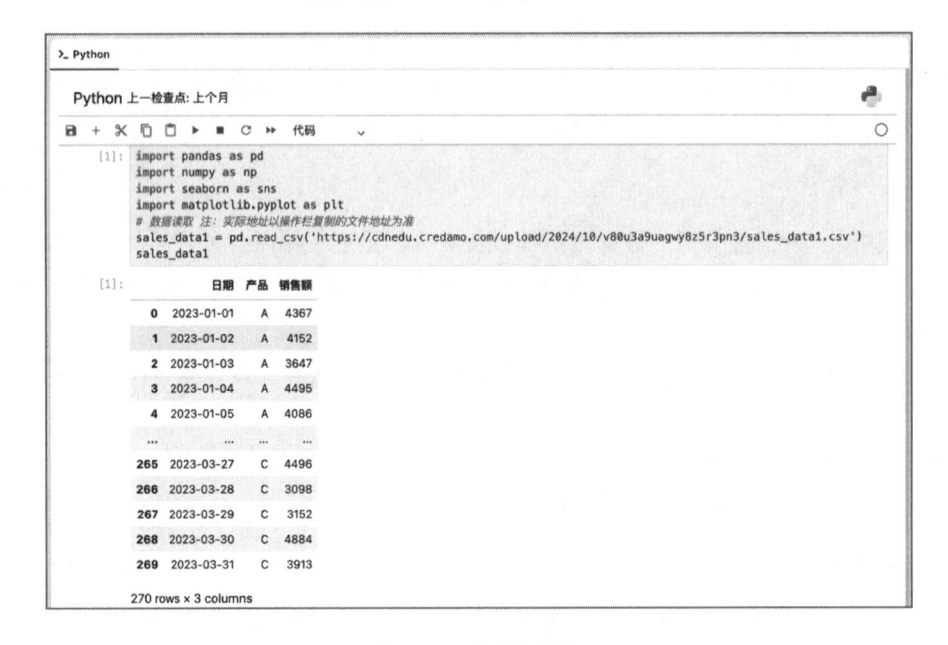

图 7-18 读取数据

```
1  # 1. 不同产品的销售额占比饼图
2  plt.figure(figsize=(8, 6))
3  sales_by_product = sales_data1.groupby('产品')['销售额'].sum()
4  plt.pie(sales_by_product, labels=sales_by_product.index, autopct='%1.1f%%',
5          startangle=90, colors=['skyblue', 'lightcoral', 'lightgreen'])
6  plt.title('销售额占比饼图')
7  plt.show()
```

图 7-19 不同产品的销售额占比饼图代码

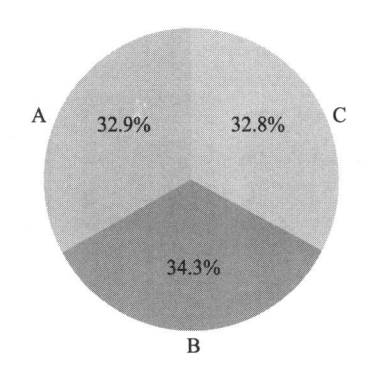

图 7-20　不同产品的销售额占比饼图

（3）为了绘制不同产品销售额柱状图，我们先按产品分组计算总销售额，然后使用 sns.barplot()绘制柱状图，设置产品名称为 x 轴，销售额为 y 轴，添加标题和轴标签，显示图表，从而直观展示各产品的总销售额，如图 7-21 和图 7-22 所示。

```
1  # 按产品分组，计算总销售额
2  total_sales_by_product = sales_data1.groupby('产品')['销售额'].sum().reset_index()
3  # 2. 绘制不同产品的销售额柱状图
4  plt.figure(figsize=(6, 4))
5  sns.barplot(x='产品', y='销售额', data=total_sales_by_product)
6  plt.title('不同产品的总销售额')
7  plt.xlabel('产品')
8  plt.ylabel('总销售额')
9  plt.show()
```

图 7-21　不同产品的销售额柱状图代码

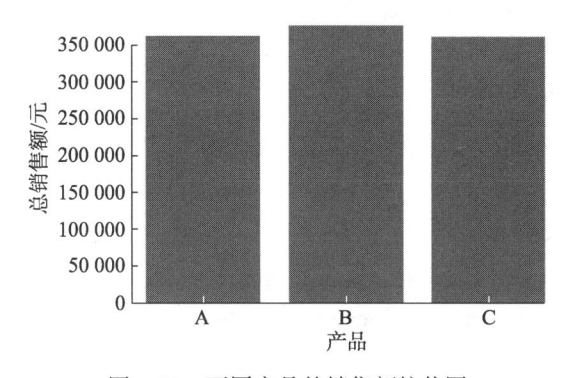

图 7-22　不同产品的销售额柱状图

（4）最后，我们使用 sns.boxplot()函数绘制不同产品销售额的箱线图，如图 7-23 和图 7-24 所示。

```
1  # 3. 不同产品销售额的箱线图
2  plt.figure(figsize=(6, 4))
3  sns.boxplot(x='产品', y='销售额', data=sales_data1)
4  plt.title('不同产品销售额箱线图')
5  plt.xlabel('产品')
6  plt.ylabel('销售额')
7  plt.show()
```

图 7-23　不同产品销售额的箱线图代码

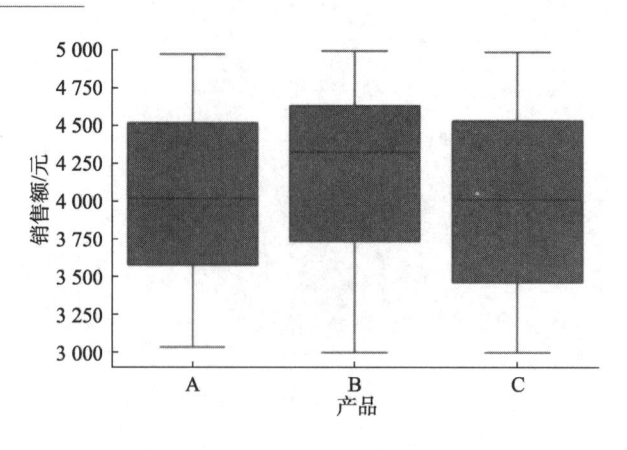

图 7-24　不同产品销售额的箱线图

本 章 小 结

本章通过介绍 Matplotlib 和 Seaborn 两个强大的 Python 可视化库，使读者学会如何创建和定制各种统计图表，以下是本章的主要内容。

1. Matplotlib 概述

介绍了 Matplotlib 库，包括其特点、与 NumPy 和 Pandas 的集成，以及丰富的定制选项。

2. 图表的常用设置

学习了如何使用基本绘图函数 plot()，以及设置画布、坐标轴、网格线、标题和文本标签、图例等方法。

3. 常用图表的绘制

介绍了使用 Matplotlib 绘制折线图、散点图、柱状图、直方图、饼图、箱线图以及绘制子图的方法。

4. SEaborn 图表

介绍 Seaborn 库，以及如何使用 Seaborn 绘制统计图表，如折线图、散点图、柱状图、直方图、提琴图、箱线图、热力图、密度图。

5. 实训案例

通过一个关于产品销售数据的分析与可视化案例，将本章所学的理论知识应用于实际问题中，包括绘制不同产品的销售额占比饼图、柱状图和箱线图。

第 8 章

方差分析

学习目标
1. 理解方差分析的基本原理。
2. 掌握单因素方差分析和多因素方差分析的步骤和方法。
3. 学习如何使用 Python 进行方差分析，并解释分析结果。

在许多领域，比较不同组之间的均值差异是常见的任务。方差分析（analysis of variance，ANOVA）作为一种强有力的统计工具，可以帮助我们评估不同因素对结果的影响。本章将深入探讨方差分析的基本概念、步骤和应用，帮助你在数据分析中做出更为精准的判断和决策。

8.1 方差分析的基本原理

8.1.1 方差分析的基本概念

方差分析是一种统计方法，用于比较两个或多个组之间的均值差异。它通过分解总体的方差，将总方差分为组间变异和组内变异两部分，以评估组间均值是否存在显著性差异。在这个过程中，方差分析依赖于以下关键概念。

1. 组间变异与组内变异

方差分析将总体方差分解为组间变异和组内变异两部分。组间变异是指不同组之间的差异，反映了不同处理方法、因素或条件对总体均值的影响；而组内变异则是同一组内个体之间的差异，代表了随机误差或未解释因素引起的变异。

2. 均方与 F 统计量

在方差分析中，组间变异和组内变异分别以"组间均方"和"组内均方"的形式表示，通过计算组间均方与组内均方的比率，可以得到 F 统计量。当组间均方显著大于组内均方时，F 统计量的值较大，表明组间变异显著大于组内变异，不同组别的均值差异具有统计学显著性。

通过这一方法，我们能够在多个组之间进行均值比较，以确定不同组间是否存在显著差异。这种分析广泛应用于科学实验、商业决策和社会研究等领域。

8.1.2 方差分析的基本步骤

在了解完方差分析的基本概念之后,我们将进一步介绍关于方差分析的基本步骤,具体如下。

1. 建立假设

明确研究问题并建立相关的假设,这是方差分析的第一步。在方差分析中,首要步骤是确立两种假设:零假设(H0)和备择假设(H1)。零假设(H0)通常断言各组之间的均值没有显著差异,而备择假设(H1)则陈述至少存在一组均值与其他组不同。

2. 计算均方和 F 统计量

对每个组进行平均值和方差的计算,然后推导出组间均方和组内均方。组间均方是各组均值与总体均值之间的平方和的平均值,而组内均方是各组内观测值与各组均值之差的平方和的平均值。通过这些计算,得到组间均方和组内均方的数值,从而计算 F 统计量,即组间均方与组内均方的比值:

$$F = \frac{组间均方}{组内均方} \quad (8\text{-}1)$$

F 统计量用于评估组间变异与组内变异之间的相对关系,为后续的显著性检验提供依据。

3. 做出统计决策

根据所选的显著性水平以及分子自由度(组数减 1)和分母自由度(总样本数减总组数),使用 F 分布表或统计软件计算对应的 P 值。P 值表示在给定显著性水平下,观察到的 F 统计量的概率。然后,将计算得到的 P 值与所选的显著性水平进行比较。如果 P 值小于显著性水平(通常为 0.05),我们可以拒绝零假设,表明组间均值存在显著差异;相反,如果 P 值大于显著性水平,则说明组间均值差异不显著,无法拒绝零假设。

4. 多重比较分析

在对 F 统计量进行比较并决定是否拒绝零假设后,我们可以根据结果判断各组均值是否存在显著差异,并做出相关结论。如果我们拒绝了零假设,这意味着至少有一组均值与其他组不同。然而,有时这并不能提供关于哪些组之间具体存在显著差异的信息。因此,为了更精细地了解组别之间的显著性差异,可以进行进一步的多重比较分析。

多重比较分析是方差分析中常用的一种方法,旨在确定具体是哪些组别之间存在显著差异。通过对各组均值进行比较,可以明确哪些组合之间存在显著性差异。这个分析有助于更详细地理解组别之间的差异,为进一步的实际解释和干预提供指导。

8.1.3 方差分析的基本假定

方差分析是一种敏感于数据假定的统计方法,其有效性依赖于一系列基本假定。以下是方差分析的基本假定。

1. 正态性假定

方差分析假定不同总体的观测值是来自正态分布的。尤其是对于小样本,正态性假定更为关键。

2. 方差齐性假定（同方差性假定）

方差分析要求各组之间的方差相等，即各组的观测值具有相似的方差。如果方差不齐，则可能影响结果的解释和可靠性。

3. 独立性假定

方差分析假定各组的观测值是相互独立的，即一个个体的观测值不受其他个体观测值的影响。

8.2 单因素方差分析

前面我们详细介绍了方差分析的基本原理、基本步骤以及基本假定。现在，让我们进一步探讨单因素方差分析，这是方差分析中最常用的一种方法。

单因素方差分析（one-way analysis of variance）是一种用于比较两个或多个组均值是否存在显著差异的统计方法。在单因素方差分析中，我们关注的是一个自变量（因素），该因素具有两个或多个水平（组别）。该方法通过比较组内变异和组间变异来判断组别均值是否在统计上显著不同。下面通过一个具体的案例展示如何应用单因素方差分析来比较不同组之间的均值差异。

假设作为市场分析师，你对三种不同包装风格（简约风格、时尚风格和复古风格）手工艺品的卖场销售量进行研究。在同一月内，你随机选择了50家卖场，分别销售这三种不同包装风格的手工艺品，并记录了每家卖场的销售量，部分数据如表8-1所示。

表8-1　50家卖场不同包装风格手工艺品销售量　　单位：件

卖场	风格		
	简约风格	时尚风格	复古风格
销售量 1	149	192	122
2	139	176	112
3	148	182	133
4	155	163	128
5	157	172	117

方差分析的目标是帮助你解答以下问题："这三种包装风格对于卖场销售量是否存在显著差异？抑或者，我们观察到的差异只是偶然产生的？"通过对销售量数据的方差分析，你可以确定这些包装风格对于卖场销售量是否存在统计上的显著差异，从而了解不同包装风格对销售业绩的影响。这样的分析有助于提升市场分析的深度，为优化包装设计和销售策略提供科学依据。

接下来，我们详细阐述如何采用单因素方差分析方法来深入探索问题，具体步骤如下。

1. 提出假设

在进行单因素方差分析时，我们首先依据研究问题明确设定零假设（H0）与备择假设

（H1）。

零假设（H0）：$u_A = u_B = u_C$，即三种包装风格的平均销售量相等。

备择假设（H1）：至少有一种包装风格的平均销售量与其他不同。

2. 计算均方和 F 统计量

首先通过以下公式计算统计量：组间平方和（SSA）表示各组平均值与总平均值之差的平方和，它衡量了不同包装风格之间销售量差异的总和；组内平方和（SSE）反映的是同一组内各个观测值与该组平均值之差的平方和，它体现了每个组内部销售量的变异程度；总平方和（SST）等于组间平方和与组内平方和之和，它代表了所有观测值与总平均值差异的平方和。

组间平方和： $$\text{SSA} = \sum_{i=1}^{3} n_i (\bar{X}_i - \bar{X}_{\text{total}})^2 \tag{8-2}$$

组内平方和： $$\text{SSE} = \sum_{i=1}^{3} \sum_{j=1}^{n_i} (X_{ij} - \bar{X}_i)^2 \tag{8-3}$$

总平方和： $$\text{SST} = \text{SSA} + \text{SSE} \tag{8-4}$$

其中，X_{ij} 表示第 i 组的第 j 个观测值；$\bar{X}_i$ 表示第 i 组的样本均值；$\bar{X}_{\text{total}}$ 为所有卖场销售量的平均值。

利用上述计算结果，我们可以进一步求得组间均方（MSA）、组内均方（MSE），它们分别是组间平方和、组内平方和除以各自对应的自由度。其中组间自由度为 $k-1$，组内自由度为 $n-k$，n 是总样本量，k 是组数。随后进一步求出 F 统计量的值为组间均方除以组内均方（MSA/MSE）。具体公式如下。

组间均方： $$\text{MSA} = \frac{\text{SSA}}{k-1} \tag{8-5}$$

组内均方： $$\text{MSE} = \frac{\text{SSE}}{n-k} \tag{8-6}$$

F 统计量： $$F = \frac{\text{MSA}}{\text{MSE}} \tag{8-7}$$

3. 做出统计决策

通过比较计算得到 F 统计量和 F 分布表，确定 p 值。如果 p 值小于显著性水平（通常为 0.05），则拒绝零假设，即在 0.05 的显著性水平下认为不同区域的销售量均值之间有显著性差异，从而得出区域因子对销售量有显著性影响的结论。

4. 多重比较分析

若方差分析结果显示显著性差异，为了明确指出这些差异存在于哪些特定的包装风格，研究人员将进一步进行多重比较分析，比如使用 TukeyHSD 或其他适当的方法来确定具体的差异所在。

在介绍完单因素方差分析的基本步骤后，下面我们将详细介绍如何利用 Python 进行单因素方差分析。

8.2.1 方差齐性检验

在单因素方差分析中，方差齐性检验是一项关键的步骤。这一步的目的是验证各组的方差是否相等，即是否满足方差齐性假定。常用的统计检验方法包括 Levene 检验等，示例代码如下。

```
import pandas as pd
from scipy.stats import levene
#读取数据（此处的文件地址以文件名表示，在教学实训平台进行实际代码操作时，此处的文件
地址需替换成外部数据操作栏里复制的文件地址，详见第 2 章）
Packing_style=pd.read_csv('Packing_style.csv')
# 对三个样本进行 Levene 方差齐性检验
levene_stat, levene_p_value = levene(Packing_style['简约风格'],
Packing_style['时尚风格'], Packing_style['复古风格'])
# 打印结果
print("Levene's Test - Statistic:", levene_stat, ", p-value:",
levene_p_value)
```

运行程序，输出结果如下。

```
Levene's Test - Statistic: 0.6033612447294969,
p-value: 0.5482920380984393
```

有结果可知，P 值 > 0.05，满足方差齐性假设。

8.2.2 方差来源分解及检验过程

方差来源分解是单因素方差分析中的核心内容。这一步骤通过计算组内平方和、组间平方和，对总体方差进行拆解，从而了解观测值的总体变异是由组间变异和组内变异构成的。检验过程涉及计算自由度、均方、F 统计量等，用于判断组间均方和组内均方的比值是否显著。

f_oneway 函数是 SciPy 中用于执行单因素方差分析的函数。它可以直接用于比较多个组别之间的数值变量是否存在显著差异。以下是使用 f_oneway 进行方差分析的示例代码。

```
from scipy.stats import f_oneway
# 执行单因素方差分析
f_statistic, p_value = f_oneway(Packing_style['简约风格'],
Packing_style['时尚风格'], Packing_style['复古风格'])
# 打印结果
print("F-statistic:", f_statistic)
print("P-value:", p_value)
```

运行程序，输出结果如下。

```
F-statistic: 469.2119559868523
P-value: 2.798909462847918e-65
```

由结果可知，F 统计量的值均为 469.21，P 值小于显著性水平 0.05，我们可以拒绝零

假设，即认为销售量在不同包装风格之间存在显著差异。

为使读者更详细了解方差分析的基本原理，我们对方差来源进行了分解，并得出方差分析表。以下是详细步骤。

（1）使用 pd.melt 函数将数据从宽格式转换为长格式，以适应多重比较的需求。每行代表一个观测值，包括一个索引（Index）、样式（Style）和对应的销售量（Sale）。

```
# 将数据堆叠成适合多重比较的格式
stacked_data = pd.melt(Packing_style.reset_index(), id_vars=['index'],
value_vars=['简约风格', '时尚风格', '复古风格'])
stacked_data.columns = ['Index', 'Style', 'Sale']
```

（2）使用 ols 函数构建一个普通最小二乘（OLS）模型，其中 Sales ~ C(Style)表示销售量与样式之间的关系，C(Style)是指将 Style 变量视为分类变量。然后使用.fit()方法拟合模型。

```
from statsmodels.formula.api import ols
# 单因素方差分析模型
model = ols('Sale ~ C(Style)', data=stacked_data).fit()
```

（3）通过 anova_lm 函数得出方差分析表。这个表提供了关于销售量和样式之间方差的信息，包括总体方差、组内方差和组间方差。

```
import statsmodels.api as sm
# 方差来源分解
anova_table = sm.stats.anova_lm(model)
anova_table
```

运行程序，输出结果如下：

```
            df      sum_sq        mean_sq       F           PR(>F)
C(Style)    2.0     62319.934641  31159.96732   469.211956  2.798909e-65
Residual    150.0   9961.372549   66.40915      NaN         NaN
```

由运行的结果可知，组间平方和约为 62 319.93，组内平方和约为 9 961.37，组间方差为组间平方和除以组间自由度 2 得到的值 31 159.97，组内方差为组内平方和除以组内自由度 150 得到的值 66.41，F 统计量是组间方差与组内方差的比值 469.21，P 值小于显著性水平 0.05。由此我们可以拒绝零假设，即认为销售量在不同样式之间存在显著差异。

8.2.3 多重比较检验

当方差分析结果显著时，通常需要进行多重比较检验，以确定具体哪些组之间存在显著差异。多重比较方法包括 TukeyHSD 方法等，这些方法帮助识别在组间均方差异存在的情况下，具体哪些组的均值差异显著。

使用 pairwise_tukeyhsd 函数进行 TukeyHSD 多重比较检验，用于比较不同样式组合之间的销售量是否存在显著差异，示例如下。

```
from statsmodels.stats.multicomp import pairwise_tukeyhsd
```

```
# 进行多重比较检验
tukey_results = pairwise_tukeyhsd(stacked_data['Sale'],
stacked_data['Style'])
# 打印多重比较结果
print(tukey_results)
```

运行程序，输出结果如下。

```
Multiple Comparison of Means - Tukey HSD, FWER=0.05
====================================================
group1 group2 meandiff p-adj  lower    upper   reject
----------------------------------------------------
复古风格 时尚风格  47.549   0.0  43.7289  51.3692  True
复古风格 简约风格  12.0588  0.0   8.2387  15.879   True
时尚风格 简约风格 -35.4902  0.0 -39.3103 -31.67    True
```

多重比较检验的结果表明，在不同样式组合之间存在显著的销售量差异。所有组合对均支持拒绝零假设，进一步强调了不同样式在销售量上的显著性差异。

这些步骤构成了单因素方差分析的基本流程，涵盖了方差齐性检验、方差来源分解、检验过程以及多重比较检验。

8.3 多因素方差分析

相较于单因素方差分析，多因素方差分析（two-way analysis of variance）是一种用于同时考虑两个以上自变量（因素）对因变量的影响的统计方法。多因素方差分析可以帮助确定各个因素以及它们之间是否对因变量产生显著影响，并检测这些影响是否相互作用。

8.3.1 只考虑主效应的多因素方差分析

在多因素方差分析中，如果只考虑主效应而不考虑交互作用，那么这个分析通常被称为只包含主效应的多因素方差分析（main effects ANOVA）。

假设我们对两个因素进行分析：学生群体和教学方法分别对考试成绩的影响。我们有360个样本，部分样本数据如表8-2所示，每个样本有一个考试成绩，同时考虑了不同的学生群体（GroupA、GroupB、GroupC）和不同的教学方法（Method1、Method2、Method3）。

```
#读取数据并查看(此处的文件地址以文件名表示，在教学实训平台进行实际代码操作时，此处
的文件地址需替换成外部数据操作栏里复制的文件地址，详见第2章)
grades=pd.read_csv('grades.csv')
grades.head()
```

表8-2 考试成绩表（部分样本数据）

Student_Group	Teaching_Method	Exam_Score
GroupA	Method1	78
GroupA	Method1	80

续表

Student_Group	Teaching_Method	Exam_Score
GroupA	Method1	77
GroupA	Method1	71
GroupA	Method1	75
…	…	…

对于只考虑主效应的多因素方差分析,它通常包含以下步骤。

1. 提出假设

针对不同学生群体和教学方法对学生考试成绩的影响是否显著,提出以下假设。

(1)针对班级的假设。

零假设(H0):不同学生群体的平均考试成绩相等。

备择假设(H1):至少存在一对学生群体的平均考试成绩不相等。

(2)针对教学方法的假设。

零假设(H0):不同教学方法的平均考试成绩相等。

备择假设(H1):至少存在一对教学方法的平均考试成绩不相等。

2. 计算均方及 F 统计量

(1)计算总平方和(SST)、学生群体平方和(SSG)、教学方法平方和(SSM)和误差平方和(SSE)。

总平方和(SST)的计算公式如下:

$$\text{SST} = \sum_{i=1}^{k}\sum_{j=1}^{r}(X_{ij} - \bar{X}_{\text{total}})^2 \quad (8\text{-}8)$$

其中,k 是学生群体的类别数;r 是教学方法的类别数;X_{ij} 是第 i 个学生群体和第 j 个教学方法的观测值;$\bar{X}_{\text{total}}$ 是全部观测值的均值。

学生群体平方和(SSG)的计算公式如下:

$$\text{SSG} = \sum_{i=1}^{k}\sum_{j=1}^{r}(\bar{X}_{i\cdot} - \bar{X}_{\text{total}})^2 \quad (8\text{-}9)$$

其中,$\bar{X}_{i\cdot}$ 是第 i 个学生群体的平均成绩。

教学方法平方和(SSM)的计算公式如下:

$$\text{SSM} = \sum_{i=1}^{k}\sum_{j=1}^{r}(\bar{X}_{\cdot j} - \bar{X}_{\text{total}})^2 \quad (8\text{-}10)$$

其中,$\bar{X}_{\cdot j}$ 是第 j 个教学方法的平均成绩。

误差平方和(SSE)的计算公式如下:

$$\text{SSE} = \sum_{i=1}^{k}\sum_{j=1}^{r}(X_{ij} - \bar{X}_{i\cdot} - \bar{X}_{\cdot j} + \bar{X}_{\text{total}})^2 \quad (8\text{-}11)$$

(2)计算均方,其中总平方和自由度为 $kr-1$,学生群体平方和自由度为 $k-1$,教学方

法平方和自由度为 $r-1$，误差平方和自由度为 $(k-1)(r-1)$。

计算学生群体的均方（MSG）：

$$\mathrm{MSG} = \frac{\mathrm{SSG}}{k-1} \tag{8-12}$$

计算教学方法的均方（MSM）：

$$\mathrm{MSM} = \frac{\mathrm{SSM}}{r-1} \tag{8-13}$$

计算误差的均方（MSE）：

$$\mathrm{MSE} = \frac{\mathrm{SSE}}{(k-1)(r-1)} \tag{8-14}$$

（3）计算 F 统计量

对于学生群体的 F 统计量：

$$F_{\mathrm{group}} = \frac{\mathrm{MSG}}{\mathrm{MSE}} \tag{8-15}$$

对于教学方法的 F 统计量：

$$F_{\mathrm{method}} = \frac{\mathrm{MSM}}{\mathrm{MSE}} \tag{8-16}$$

3. 做出统计决策

使用 F 分布表或统计软件计算 P 值。对于学生群体的 P 值，比较其与设定的显著性水平（通常为 0.05）的大小。如果 $P_{\mathrm{group}} < 0.05$，则拒绝学生群体对成绩没有影响的零假设，认为不同学生群体的考试成绩差异明显。对于教学方法的 P 值，比较其与设定的显著性水平（通常为 0.05）的大小。如果 $P_{\mathrm{method}} < 0.05$，则拒绝教学方法对成绩没有影响的零假设，认为不同教学方法的考试成绩差异明显。

在 Python 中，常使用 Statsmodels 中的 anova_lm 配合 ols 进行只考虑主效应的多因素方差分析，示例如下。

```
# 进行只考虑主效应的多因素方差分析
formula = 'Exam_Score ~ C(Student_Group) + C(Teaching_Method)'
model = ols(formula, grades).fit()
anova_results = sm.stats.anova_lm(model,typ=3)
# typ=3 表示做方差分析 type III 型检验，适用于平衡的 ANOVA 和非平衡的 ANOVA
# 输出方差分析的结果
print("\n只考虑主效应的多因素方差分析结果：")
print(anova_results)
```

运行程序，输出结果如下。

只考虑主效应的多因素方差分析结果：

```
                       sum_sq     df            F         PR(>F)
Intercept        375540.444907    1.0  13548.428221  3.014609e-284
C(Student_Group)    405.177778    3.0      4.872553  2.472346e-03
C(Teaching_Method)  456.516667    2.0      8.234910  3.193933e-04
Residual           9812.305556  354.0           NaN            NaN
```

在这个只考虑主效应的多因素方差分析中,我们分析了学生群体(Student_Group)和教学方法(Teaching_Method)对考试成绩的影响。结果表明,学生群体和教学方法都对考试成绩产生了显著影响,因为它们的 P 值都小于 0.05,即拒绝了零假设。

随后,在确定了学生群体对考试成绩产生了显著影响的情况下。对所有学生群体之间的平均分进行比较,以确定哪些学生群体之间的均值存在显著差异,示例如下。

```
from statsmodels.stats.multicomp import pairwise_tukeyhsd
# 进行多重比较检验
tukey_results = pairwise_tukeyhsd(grades['Exam_Score'],
grades['Student_Group'])
# 输出多重比较检验结果
print("\n 多重比较检验结果: ")
print(tukey_results)
```

运行程序,输出结果如下。

```
多重比较检验结果:
Multiple Comparison of Means - Tukey HSD, FWER=0.05
====================================================
group1  group2  meandiff  p-adj   lower   upper  reject
----------------------------------------------------
GroupA  GroupB   0.1889  0.9954  -1.8777  2.2555  False
GroupA  GroupC  -1.1444  0.4818  -3.211   0.9221  False
GroupA  GroupD  -2.4667  0.0119  -4.5332 -0.4001   True
GroupB  GroupC  -1.3333  0.3436  -3.3999  0.7332  False
GroupB  GroupD  -2.6556  0.0055  -4.7221 -0.589    True
GroupC  GroupD  -1.3222  0.3512  -3.3888  0.7444  False
----------------------------------------------------
```

综合来看,通过 TukeyHSD 多重比较检验,我们可以确定在显著性水平 0.05 下,GroupA 和 GroupD 以及 GroupB 和 GroupD 之间存在显著均值差异。

在确定了教学方法对考试成绩产生了显著影响的情况下。对所有教学方法之间的平均分进行比较,以确定哪些教学方法之间的均值存在显著差异,示例如下。

```
# 进行多重比较检验
tukey_results = pairwise_tukeyhsd(grades['Exam_Score'],
grades['Teaching_Method'])
# 输出多重比较检验结果
print("\n 多重比较检验结果: ")
print(tukey_results)
```

运行程序,输出结果如下。

```
多重比较检验结果:
 Multiple Comparison of Means - Tukey HSD, FWER=0.05
====================================================
group1   group2   meandiff  p-adj   lower   upper  reject
----------------------------------------------------
Method1  Method2  -2.6417  0.0005  -4.2671 -1.0162  True
Method1  Method3  -0.6333  0.6299  -2.2588  0.9921  False
Method2  Method3   2.0083  0.0108   0.3829  3.6338  True
----------------------------------------------------
```

综合来看，通过 TukeyHSD 多重比较检验，我们可以确定在显著性水平 0.05 下，Method1 和 Method2 以及 Method2 和 Method3 之间存在显著均值差异。

8.3.2 存在交互作用的多因素方差分析

当进行存在交互效应的方差分析时，除了考察各因素的主效应，还需要考察因素之间的交互效应。本小节仍用以上例子进行考察。

在 Python 中，使用 statsmodels 中的 anova_lm 配合 ols 进行存在交互效应的多因素方差分析，星号*表示了两个变量之间的交互作用，C(Student_Group)*C(Teaching_Method) 表示了两个因素 Student_Group 和 Teaching_Method 之间的交互作用。示例如下。

扩展阅读 8.1 存在交互作用的多因素方差分析步骤

```
# 进行存在交互作用的多因素方差分析
formula = 'Exam_Score ~ C(Student_Group)*C(Teaching_Method)'
model = ols(formula, grades).fit()
anova_results = sm.stats.anova_lm(model,typ=3)
# 输出方差分析的结果
print("\n存在交互作用的多因素方差分析结果：")
print(anova_results)
```

运行程序，输出结果如下。

```
                                          sum_sq     df            F  \
Intercept                           172217.633333    1.0  7462.797470
C(Student_Group)                       446.358333    3.0     6.447427
C(Teaching_Method)                     229.355556    2.0     4.969393
C(Student_Group):C(Teaching_Method)   1781.572222    6.0    12.866968
Residual                              8030.733333  348.0          NaN

                                            PR(>F)
Intercept                            3.519414e-237
C(Student_Group)                      2.935273e-04
C(Teaching_Method)                    7.448422e-03
C(Student_Group):C(Teaching_Method)   3.865330e-13
Residual                                       NaN
```

结果展示了在考虑存在交互作用的情况下，不同学生群体（Student_Group）和不同教学方法（Teaching_Method）对考试成绩的影响。结果表明，学生群体因素的主效应显著（$P<0.05$），不同学生群体之间存在显著差异；教学方法因素的主效应也显著（$P<0.05$），不同教学方法之间的平均值存在显著差异。学生群体和教学方法之间的交互效应的 P 值小于 0.05，交互效应显著。

8.4 实训案例

本案例旨在通过方差分析探讨不同性别、月收入和婚育状况对牛肉丸伴手礼购买意愿的影响。读者可轻轻刮开封底的刮刮卡，扫码获取该实训项目及数据。教师如有需要，可登录教学实训平台(edu.credamo.com)，在课程库中搜索课程"Python 数据分析快速入门"，根据需要选择相应的课程后，按照第 2 章介绍的方法，导入"我的课程"教师端并组织班级学生加课学习。

8.4.1 案例背景

文旅产业需求侧消费意愿持续激发，"美食+文旅"的变化在中小城市旅游用户出游需求上率先释放。为了解不同性别、不同月收入和婚育状态消费者购买牛肉丸伴手礼的意愿是否存在差异，开展相关的市场调研分析。

8.4.2 数据收集

本项调查的对象是有意愿或曾经来过潮汕地区旅游的旅客。通过 Credamo 见数平台收集了 390 份问卷，并利用问卷的数据及信息进行后续的统计分析。

8.4.3 变量描述

在本次市场调研中，四个关键变量被用于分析消费者对牛肉丸伴手礼的购买意愿，如表 8-3、表 8-4 所示。

表 8-3 变 量 描 述

变量名称	问卷题项	问卷编码
性别	性别	男：1；女：2
月收入	月收入	5 000 元以下：1；5 001～10 000 元：2；10 001～15 000 元：3；15 001～20 000 元：4；20 000 元以上：5
婚育状况	婚育状况	未婚未育：1；已婚未育：2；已婚已育：3；其他：4

表 8-4 变 量 描 述

变量名称	问卷题项	问卷编码
购买意愿	购买伴手礼意愿（①+②+③）/3	
购买意愿①	我乐意购买牛肉丸伴手礼	由低到高：1～5
购买意愿②	我推荐他人购买牛肉丸伴手礼	由低到高：1～5
购买意愿③	我愿意多次买牛肉丸伴手礼	由低到高：1～5

（1）性别变量：通过数字编码方式进行区分，其中 1 代表男性受访者，2 代表女性受访者。

（2）月收入变量：将受访者的月收入细分为五个等级，用数值 1～5 分别代表五个不同的收入范围。

（3）婚育状况变量：包含四种可能的状态，分别以数值 1～4 进行标识。

（4）购买意愿变量：通过组合三个关于购买意愿的量表题项来获得一个综合得分。这三个题项均采用了 5 点 Likert 量表，评分从 1～5，数字越大表示购买意愿越强烈。具体的综合得分计算方式为：将"乐意购买""推荐他人购买"以及"愿意多次购买"三项的得分相加后再除以 3，得到的平均值作为衡量购买牛肉丸伴手礼总体意愿的指标。

8.4.4 数据读取

进入"Python 数据分析快速入门"课程第 8 章的代码实训部分,首先导入分析所需要的 Python 库,随后单击外部数据操作栏的 "⌘" 按钮复制文件地址,如图 8-1 所示。然后利用 Pandas 完成数据读取(注:实际地址以操作栏复制的文件地址为准),如图 8-2 所示。

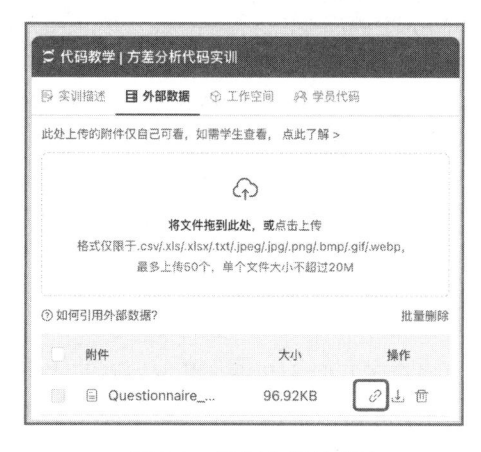

图 8-1 复制文件地址

图 8-2 读取数据

8.4.5 单因素方差分析

如图 8-3 和图 8-4 所示,在单因素方差分析中,我们关注性别这一变量对购买牛肉丸伴手礼意愿的影响。首先进行方差齐性检验,其结果显示 P 值大于 0.05(图 8-3),则可以认为各组间方差无显著差异,满足方差齐性假设。最终的方差分析结果显示,P 值是小于 0.05 的($P = 0.03$),如图 8-4 所示,则说明女性和男性消费者在牛肉丸伴手礼购买意愿方面存在显著性的差异。

图 8-3 方差齐性检验

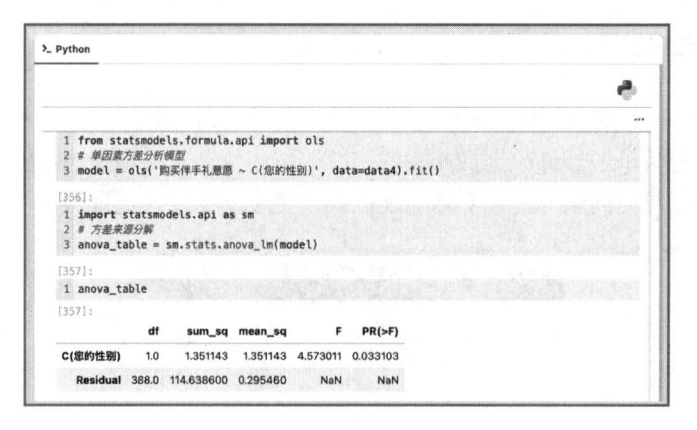

图 8-4 单因素方差分析

8.4.6 多因素方差分析

在多因素方差分析中，考察了月收入和婚育状况对购买牛肉丸伴手礼意愿的影响，如图 8-5 所示。根据图中的结果可知，平均月收入对牛肉丸伴手礼的影响是显著的（$P = 1.957\,781\mathrm{e}-06 < 0.05$），说明不同月收入在购买伴手礼意愿上存在显著差异；其次，婚育状况对购买伴手礼的影响是显著的（$P = 2.662\,577\mathrm{e}-05 < 0.05$），说明不同婚育状况在购买伴手礼意愿上存在显著差异。

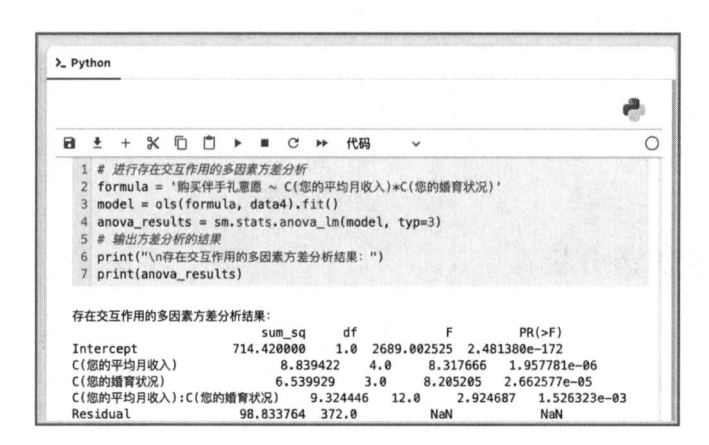

图 8-5 多因素方差分析

平均月收入与婚育状况的交互项对于牛肉丸伴手礼购买意愿的影响是显著的（$P = 1.526\,323\mathrm{e}-03 < 0.05$），说明这两个变量对牛肉丸伴手礼有交互作用下的影响。

本 章 小 结

本章的主要内容如下。

1. 方差分析基础

（1）介绍了方差分析的基本原理，包括组间变异与组内变异的概念。

（2）探讨了方差分析的基本步骤，从建立假设到计算 F 统计量，再到做出统计决策。

（3）强调了方差分析的三个基本假定：正态性、方差齐性（同方差性）和独立性。

2. 单因素方差分析

（1）详细阐述了单因素方差分析的实施步骤，包括方差齐性检验、方差来源分解以及利用 TukeyHSD 法进行多重比较检验。

（2）通过案例分析，展示了如何使用 Python 进行单因素方差分析，并解释了分析结果。

3. 多因素方差分析

（1）讨论了只考虑主效应的多因素方差分析，以及包含交互作用的多因素方差分析。

（2）介绍了如何在 Python 中实现多因素方差分析，并解释了分析结果。

4. 实训案例

通过一个关于牛肉丸伴手礼购买意愿的案例，将理论知识应用于实际数据集的分析中，体现了方差分析在实际研究中的应用。

第 9 章

相 关 分 析

学习目标

1. 理解函数关系和相关关系的区别,并能够识别数据中的关系类型。
2. 掌握简单相关分析和偏相关分析的方法,并能够使用相关系数量化变量之间的关系。
3. 学习如何使用 Python 进行相关分析,并解释分析结果。

了解了如何通过方差分析比较不同群体的均值差异后,我们接下来将探讨变量之间的关系。相关分析是统计学中用于量化两个变量之间线性关系强度和方向的技术。本章将引导你学习如何识别和测量变量之间的关系,以及如何利用 Python 进行相关分析。

9.1 函数关系与相关关系

在统计学中,我们常常探讨不同变量之间的关系,而理解函数关系和相关关系是解读变量之间关系的关键。本节将深入探讨函数关系和相关关系的概念,以帮助读者更好地理解变量之间的联系和相互影响。

1. 函数关系

函数关系是一种较为明确的关系,其中两个变量之间存在着确定性的、一一对应的联系。在函数关系中,每个自变量(输入)的取值都精确对应于唯一的因变量(输出)取值。这种关系可以通过数学函数表示,例如,$y=f(x)$。换句话说,在函数关系中,一个变量的变化完全由另一个变量的变化所决定。

举例来说,考虑一个物体的速度(v)和时间(t)之间的函数关系,如果对于每个特定的时间,物体都有唯一的速度,那么这就是一个函数关系。考虑圆的面积(A)与半径(r)之间的关系。在几何学中,圆的面积可以根据半径通过一个确定的数学公式计算得出:$A = \pi r^2$。在这个函数关系中,当半径 r 发生变化时,圆的面积 A 将会随之按比例精确变化。

2. 相关关系

相比之下,相关关系强调的是变量之间的统计相关性,而不一定是严格的确定性关系。两个变量可以在某种程度上相关,但并不一定具有函数关系。相关关系是通过相关系数来度量的，它用于表示两个变量之间关系的强度和方向。

许多现象体现出来的并非简单的函数关系，而是更为复杂的相关关系。例如，考虑温度和冰淇淋销售量之间的关系。虽然这两个变量可能存在某种程度上的相关性，但并不是每一个温度值都对应唯一的销售量，因此它们之间不是严格的函数关系。例如，在经济学领域，GDP 增长速度与就业率之间可能存在正相关关系，即 GDP 增速提高时，整体就业率也可能随之上升，但这二者间并不存在一对一的确定性函数关系，因为就业情况还受到其他多种因素的影响。

3. 区别与强调

理解函数关系和相关关系的区别至关重要。函数关系的显著特征是确定性和可预测性，只要知道自变量的具体数值，就能准确计算出因变量的值。然而，在相关关系中，即使了解了一个变量的数值，也不能确切预知另一个变量的值，只能根据历史数据分析出两者大致的趋势或模式。函数关系具有因果关系的特性，而相关关系只是表明两个变量的变化可能是相关的，但并不一定是因果关系。

在统计学中，强调相关关系的重要性在于帮助我们理解变量之间可能的关联。在后续章节将深入研究如何量化和分析这些关系，包括简单相关分析和偏相关分析，以使读者能够更全面地理解和利用数据的信息，从而做出更准确的推断和预测。通过这样的学习，读者将能够更灵活地运用统计方法解决实际问题。

9.2 简单相关分析

简单相关分析是一种统计方法，用于研究两个变量之间的关系。这种方法通常用于确定两个变量之间是否存在线性关系，并且用散点图来可视化这种关系，并且用相关系数来衡量这种关系的强度和方向。例如，在研究一个城市中家庭的年收入与孩子的学业成绩之间的关系时，通过收集数据，绘制出年收入与学业成绩之间的散点图，并计算相关系数，可以确定两者之间是否存在线性关系以及这种关系的强度和方向。又例如，在研究学习时间与考试成绩之间的关系时，可以收集一组学生的学习时间和他们在某次考试中的成绩数据，通过绘制散点图并计算相关系数，可以确定学习时间与考试成绩之间是否存在线性关系，以及这种关系的强度和方向。

9.2.1 用图形描述相关关系

在简单相关分析中，了解两个变量之间的关系是非常重要的。我们可以通过图形工具来可视化这些关系，其中散点图是一种直观的数据可视化工具，用于展示两个变量之间的关系。在散点图中，每个数据点表示数据集中的一个观测，横轴（X 轴）通常代表一个变量，纵轴（Y 轴）代表另一个变量。每个点的位置由对应观测的两个变量的数值确定。

从散点图（图 9-1）可以观察到，变量之间的相关关系呈现几种主要形态，包括完全相关、线性相关、非线性相关和不相关。以两个变量的情况为例进行介绍。

（1）完全相关。当一个变量的取值完全依赖于另一个变量，导致所有观测点都落在一条直线上时，我们称之为完全相关。这实际上表示了一种函数关系，如图 9-1（a）和图 9-1（b）所示。

（2）线性相关：如果变量之间的关系近似地呈现一条直线，我们称之为线性相关，如图 9-1（d）和图 9-1（e）所示。

（3）非线性相关：如果变量之间的关系近似地呈现一条曲线，我们将其称为非线性相关或曲线相关，如图 9-1（c）所示。

（4）不相关：如果两个变量的观测点分散且没有明显的规律，表明它们之间没有明显的关联关系，如图 9-1（f）所示。

此外，在线性相关中，当两个变量的变动方向相同时，即一个变量的数值增加，另一个变量的数值也随之增加，或者一个变量的数值减少，另一个变量的数值也随之减少，我们称之为正相关，如图 9-1（a）所示。相反地，如果两个变量的变动方向相反，即一个变量的数值增加，另一个变量的数值随之减少，或者一个变量的数值减少，另一个变量的数值随之增加，我们称之为负相关，如图 9-1（b）所示。这种描述有助于理解变量之间关系的方向性。

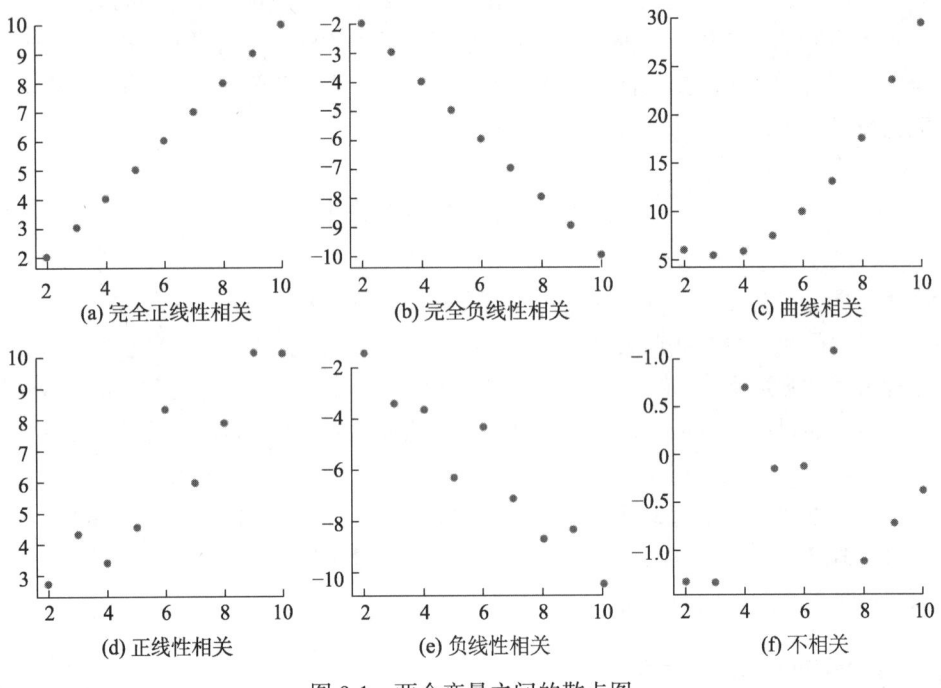

图 9-1　两个变量之间的散点图

9.2.2　用相关系数衡量相关关系

在简单相关分析中，我们不仅可以通过可视化工具（如散点图）来观察变量之间的关系，还可以使用相关系数来量化这种关系的强度和方向。相关系数是衡量两个变量线性相关程度的统计指标，具体内容如下。

计算样本数据的相关系数主要采用皮尔逊相关系数（Pearson correlation coefficient），

其公式如下:

$$r = \frac{\sum(X_i - \bar{X})(Y_i - \bar{Y})}{\sqrt{\sum(X_i - \bar{X})^2}\sqrt{\sum(Y_i - \bar{Y})^2}} \qquad (9\text{-}1)$$

其中,对于两个变量的观察值,分别用 X_i 和 Y_i 表示,其均值分别为 $\bar{X}$ 和 $\bar{Y}$。相关系数 r 的取值范围在–1~1。当 r 为 1 时,表明两个变量呈完全正相关,即一个变量的增加伴随着另一个变量的增加,且二者之间的关系是完全线性的;当 r 为–1 时,表示两个变量呈完全负相关,即一个变量的增加伴随着另一个变量的减少,同样是完全线性的;而当 r 接近 0 时,表明两个变量之间几乎没有线性关系。值得注意的是,即使相关系数为 0,也不意味着变量之间不存在关系,因为相关系数只能反映线性关系。

此外,根据经验,r 的绝对值大小可以表示不同程度的线性相关关系。相关系数的绝对值大小反映了变量之间线性关系的强度。当相关系数的绝对值大于等于 0.8 时,表示变量之间存在着高度相关的线性关系,变化趋势非常明显;在 0.5~0.8 的相关系数被认为是中度相关,表明变量之间有一定程度的线性关系,但不如高度相关;当相关系数在 0.3~0.5 时,被认为是低度相关;当相关系数的绝对值小于 0.3 时,被认为是弱相关,意味着变量之间的线性关系非常弱,可能难以得出明显的结论,如表 9-1 所示。

表 9-1 相关系数表

|r|值大小	变量关系强弱
≥0.8	高度相关
[0.5,0.8)	中度相关
[0.3,0.5)	低度相关
<0.3	弱相关

通过相关系数的计算和解释,可以帮助我们更准确地了解和描述两个变量之间的关系。然而,需要注意的是,相关系数只能衡量线性关系,其他类型的关系无法通过相关分析来捕捉。

9.2.3 相关系数的显著性检验

在简单相关分析中,除了计算相关系数以量化两个变量之间的线性关系外,我们还关心这种关系是否具有统计学意义。为了验证相关系数的显著性,通常需要进行显著性检验。下面是有关相关系数显著性检验的介绍。

1. 假设检验

在进行相关系数的显著性检验时,通常会执行以下假设检验。
原假设 H0: 总体相关系数为零,即 $\rho = 0$。
备择假设 H1:总体相关系数不为 0,即 $\rho \neq 0$。

2. 检验统计量

显著性检验的关键是计算检验统计量,通常使用 t 统计量,其计算公式为

$$t = \frac{r\sqrt{n-2}}{\sqrt{1-r^2}} \qquad (9\text{-}2)$$

其中，t 代表检验统计量；r 代表样本观察到的相关系数，表示两个变量之间的线性关系强度和方向；n 表示样本的大小，即观测值的数量。

3. 显著性水平和决策规则

在计算了检验统计量后，将其与临界值比较，或者计算 p 值。选择显著性水平（通常为 0.05 或 0.01），如果 p 值小于显著性水平，则拒绝原假设，认为相关系数是显著的。

4. 相关案例

一般来说，身高较高的人通常具有较大的肺活量。较高的身高通常伴随着较大的胸腔容积，使得肺部有更多的空间来进行气体交换。对此，收集 80 组人的身高（单位为厘米）、肺活量（单位为 L）等数据，使用相关系数来评估身高、肺活量之间的关系，本例所用数据如表 9-2 所示。

```
import pandas as pd
#读取数据并查看（此处的文件地址以文件名表示，在教学实训平台进行实际代码操作时，此处的文件地址需替换成外部数据操作栏里复制的文件地址，详见第 2 章）
lung_capacity=pd.read_csv('lung_capacity.csv')
lung_capacity.head()
```

表 9-2 肺活量数据

序号	身高/厘米	年龄	肺活量/升
1	175	28	5.8
2	169	35	5.2
3	182	29	6.3
4	166	32	4.9
5	170	31	5.5

Python 中 NumPy 库中的 np.corrcoef 函数可以用来计算身高和肺活量的相关系数矩阵以及相关系数的值，示例如下。

```
import numpy as np
# 计算身高和肺活量的相关系数
correlation_matrix = np.corrcoef(lung_capacity['身高'], lung_capacity['肺活量'])
correlation_coefficient = correlation_matrix[0, 1]
print(f"身高和肺活量的相关系数矩阵:\n{correlation_matrix}")
print(f"身高和肺活量的相关系数值: {correlation_coefficient}")
```

运行程序，输出结果如下。

身高和肺活量的相关系数矩阵:

[[1.   0.91076689]
 [0.91076689 1.   ]]
身高和肺活量的相关系数值: 0.9107668943010913

从相关系数矩阵中可以看到矩阵的对角线元素是 1，因为一个变量与自身的相关性是完全正相关的。非对角线元素（第一行第二列和第二行第一列）是 0.910 766 89，表示身高和肺活量之间的相关系数。就相关系数值来说，非常接近 1，表明身高和肺活量之间的线性关系非常强。这意味着，随着一个变量（身高）的增加，另一个变量（肺活量）也相应地增加。

使用 Pandas 库中的 corr 方法也可以计算身高和肺活量的相关系数，示例如下。

```
# 计算身高和肺活量的相关系数
correlation_coefficient = lung_capacity['身高'].corr(lung_capacity['肺活量'])
print(f"身高和肺活量的相关系数值：{correlation_coefficient}")
```

运行程序，输出结果如下。

身高和肺活量的相关系数值：0.9107668943010913

如需进一步对相关系数的总体显著性进行检验，SciPy 库中的 pearsonr 函数可用来计算身高和肺活量的皮尔逊相关系数以及相关系数的 P 值，示例如下。

```
from scipy import stats
# 计算身高和肺活量的相关系数和p值
correlation_coefficient, p_value = stats.pearsonr(lung_capacity['身高'], lung_capacity['肺活量'])
print(f"身高和肺活量的相关系数值：{correlation_coefficient}")
print(f"相关系数的p值：{p_value}")
```

运行程序，输出结果如下。

身高和肺活量的相关系数值：0.910766894301091
相关系数的 p 值：1.0754730971496062e-31

运行结果表明，身高和肺活量之间存在着强烈的正相关关系，相关系数的 P 值极小（约 1.08e–31），远小于通常的显著性水平，因此我们有充分的统计学证据拒绝零假设，即支持这两个变量之间存在显著的正相关关系。

9.3 偏相关分析

之前我们探讨了两个变量相关的情况，在实际情况中，三个变量之间可能存在直接的关联。如果我们只进行两两相关分析，可能会忽略其中一个变量对另外两个变量之间关系的影响。这时候引入偏相关分析就显得十分必要了。

与简单相关分析不同，偏相关分析能够量化两个变量之间的关系，同时控制了其他相关变量的影响，从而更准确地评估它们之间的关联程度。本节将深入探讨偏相关分析的原理、方法和应用，帮助读者更好地理解和应用。

9.3.1 偏相关分析的定义

偏相关分析是指将第三个变量的影响剔除，只分析另外两个变量之间相关程度的过程，其目的是在控制其他变量的影响后，测量这两个变量之间的独立关系。在偏相关分析中，我们试图消除其他变量对两个变量之间关系的干扰，以便更准确地了解它们之间的真实关联。

在进行偏相关分析时，首先需要确定主要分析的两个变量，以及需要控制的辅助变量。例如，如果我们想要研究教育水平（X）和收入（Y）之间的关系，但同时意识到工作经验（Z）可能对收入有显著影响，且具有更多工作经验的人可能更有动力追求更高的教育水平或拥有更高的学历。那么我们可以使用工作经验作为控制变量进行偏相关分析。又例如，假设想要探究体育锻炼频率（X）与心理健康状态（Y）之间的关系，然而考虑到年龄（Z）可能对心理健康有显著的影响，并且也可能与体育锻炼频率相关，在这种情况下，可以使用年龄作为控制变量来进行偏相关分析。

偏相关系数（partial correlation coefficient）是衡量这种关系的统计指标，偏相关系数的计算通常使用条件协方差矩阵和条件方差来进行。本书主要讨论一阶偏相关分析（即控制住一个变量 Z，单纯分析 X 和 Y 之间的相关关系）。设想有两个变量 X 和 Y，以及一个控制变量 Z，偏相关系数的计算公式如下：

$$\rho_{XY \cdot Z} = \frac{r_{XY} - r_{XZ} \cdot r_{YZ}}{\sqrt{(1 - r_{XZ}^2) \cdot (1 - r_{YZ}^2)}} \tag{9-3}$$

其中，r_{XY} 为 X 和 Y 的相关系数；r_{XZ} 为 X 与 Z 之间的相关系数；r_{YZ} 为 Y 与 Z 之间的相关系数。

通过式（9-3），我们可以计算出在控制了变量 Z 的影响后，变量 X 和 Y 之间的相关程度。偏相关系数的取值范围为 –1～1，其中 –1 表示完全负相关，1 表示完全正相关，0 表示无相关性。通过偏相关系数的大小和方向，可以判断两个变量之间的关系强度和方向。

9.3.2 偏相关分析的实现

继续考虑 9.2 节的例子，年龄在肺活量的形成过程中也发挥着重要作用。一般来说，在到了某个年龄后，随着年龄的增长，肺活量会逐渐下降。此外，年龄也可能会影响身高的增长和发育，进而影响肺活量的形成。因此，为了更准确地分析身高和肺活量的关系，需要借助偏相关分析，考虑在控制其他变量（例如年龄）的情况下评估两个变量之间的关系。

引用 9.2 节的数据进行进一步分析，肺活量数据中包含了身高、年龄、肺活量三个变量的数据。首先需要查看年龄和身高、肺活量之间的相关系数值是否呈现显著性及其相关程度。可使用如下循环计算相关系数和 P 值。

```
# 使用循环计算相关系数和p值
for i in lung_capacity[['身高','肺活量']].columns:
    correlation_coefficient_age, p_value_age = stats.pearsonr(lung_capacity['年龄'], lung_capacity[i])
    print(f"年龄和{i}的相关系数值:{correlation_coefficient_age},p值:{p_value_age}")
```

运行程序，输出结果如下。

年龄和身高的相关系数值：-0.7243635950853513，P 值：3.1003207342013855e-14
年龄和肺活量的相关系数值：-0.7575328998611056，P 值：4.205814350426709e-16

这段代码计算出了年龄与身高、年龄与肺活量之间的皮尔逊相关系数，并输出相关系数的值以及对应的 P 值。可以看出，年龄对身高和体重均呈现出显著性（$P<0.05$），且相关系数较高，说明年龄同时与相关分析的两个变量（身高和体重）均有着密切的相关关系；也说明把年龄作为控制变量纳入分析中较为合适。

随后，在将年龄纳入控制变量的情况下评估身高和肺活量的关系。Pingouin 库是一个 Python 统计学库，它提供一系列用于执行统计分析的功能。在 Pingouin 库中，可以使用 partial_corr 函数来进行偏相关分析。这个函数允许你计算两个变量在控制其他变量的情况下的相关性，并提供相关系数、P 值等统计信息，示例如下。

```
import pingouin as pg
# 计算偏相关系数和 P 值
result = pg.partial_corr(data=lung_capacity, x='身高', y='肺活量', covar='年龄')
# 打印结果
print(result)
```

运行程序，输出结果如下。

```
          n     r      CI95%         p-val
pearson  80  0.804439 [0.71, 0.87]  4.289620e-19
```

从结果中我们可以看到，控制住年龄因素的影响之后，相关系数降低为 0.80，但仍然处于高度相关的范围。相关系数的 P 值为 4.289620e–19，远远小于 0.05，表明即使在控制年龄因素的影响下，身高和肺活量之间的关系仍然是非常显著的。这强调了即使考虑到年龄，身高仍然是一个与肺活量紧密相关的因素。

9.4 实训案例

本案例通过相关分析探讨消费者对牛肉丸伴手礼的购买意愿及其相关因素。读者可轻轻刮开封底的刮刮卡，扫码获取该实训项目及数据。教师如有需要，可登录教学实训平台（edu.credamo.com），在课程库中搜索课程"Python 数据分析快速入门"，根据需要选择相应的课程后，按照第 2 章介绍的方法，导入"我的课程"教师端并组织班级学生加课学习。

9.4.1 案例背景

文旅产业需求侧消费意愿持续激发，"美食 + 文旅"的变化在中小城市旅游用户出游需求中率先释放。将美食与旅游结合起来，成为吸引游客的新趋势。通过品尝当地特色美食，游客可以丰富旅游体验，从而推动了美食旅游的发展。牛肉丸作为潮汕地区特色美食之一，在当地旅游市场中备受欢迎。它不仅是一种美食，更是一种具有特殊地域文化象征意义的礼物，常常被游客用来作为旅行中的纪念品或礼物。

为了深入了解消费者对牛肉丸伴手礼购买意愿的形成因素，以及社会价值和情绪价值与购买意愿之间的关系，开展了相关的市场调研分析。

9.4.2 数据收集

为了确保调查对象具有对牛肉丸伴手礼的了解和体验，本项调查的对象是有意愿或曾经来过潮汕地区旅游的旅客。通过 Credamo 见数平台收集了 390 份问卷，并利用问卷的数据及信息进行后续的统计分析。

9.4.3 变量描述

在本次市场调研中，三个变量被用于分析消费者对牛肉丸伴手礼的购买意愿，如表 9-3、表 9-4 所示。

（1）社会价值变量。该变量衡量消费者在购买和赠送牛肉丸伴手礼过程中所感知的社会价值，包括增强人际交往、增进情感联系以及在社交平台上获取更多关注的可能性。该变量通过对三个相关问卷题项得分的平均值计算得出。

（2）情绪价值变量。该变量反映消费者在购买牛肉丸伴手礼过程中所体验到的情绪价值，包括趣味性、新颖感以及购买行为带来的愉悦感。该变量通过三个相关问卷题项得分相加后取平均值得出。

（3）购买意愿变量。该变量衡量消费者对于牛肉丸伴手礼的购买意愿强度，结合了自我购买意向、推荐他人购买以及重复购买的可能性。该变量通过将三个反映购买意愿的相关题项得分相加后取平均数得到。

表 9-3 变量描述（一）

变量名称	问卷题项	问卷编码
社会价值	购买伴手礼的社会价值（①＋②＋③）/3	
	①我认为赠送领导/同事牛肉丸伴手礼可以增强人际交往	由低到高：1～5
	②我认为赠送亲人/朋友牛肉丸伴手礼可以增进感情	由低到高：1～5
	③我认为在社交平台分享牛肉丸伴手礼可以获得更多关注	由低到高：1～5
情绪价值	购买伴手礼的社会价值（①＋②＋③）/3	
	①牛肉丸伴手礼让我觉得很有趣	由低到高：1～5
	②牛肉丸伴手礼让我觉得新奇	由低到高：1～5
	③旅途中购买牛肉丸伴手礼让我感觉愉悦	由低到高：1～5

表 9-4 变量描述（二）

变量名称	问卷题项	问卷编码
购买意愿	购买伴手礼意愿（①＋②＋③）/3	
	①我乐意购买牛肉丸伴手礼	由低到高：1～5
	②我推荐他人购买牛肉丸伴手礼	由低到高：1～5
	③我愿意多次购买牛肉丸伴手礼	由低到高：1～5

9.4.4 数据读取

进入教学平台"Python 数据分析快速入门"课程第 9 章的代码实训部分，首先导入分析所需要的 Python 库，随后单击外部数据"操作"栏的"⚙"按钮复制文件地址，如图 9-2 所示。然后利用 Pandas 完成数据读取（注：实际地址以操作栏复制的文件地址为准），如图 9-3 所示。

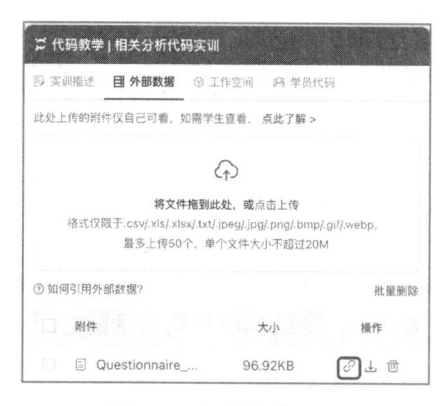

图 9-2　复制文件地址

图 9-3　读取数据

9.4.5　简单相关分析

为了解旅游用户对牛肉丸伴手礼的购买意愿及其相关因素，探究购买牛肉丸伴手礼的社会价值和情绪价值与购买意愿的相关性，我们首先分析三个变量（社会价值、情绪价值和购买意愿）两两之间的相关系数值是否呈现出显著性，以及相关程度。如图 9-4 所示，使用这段代码循环计算相关系数和 p 值。

```python
from scipy.stats import pearsonr

# 获取具体的列名
columns = ['购买伴手礼的社会价值','购买伴手礼的情绪价值','购买伴手礼意愿']

#使用两层循环计算相关系数和p值
for i in range(len(columns)):
    for j in range(i+1, len(columns)):
        col1 = columns[i]
        col2 = columns[j]
        correlation_coefficient, p_value = pearsonr(data[col1],data[col2])
        print(f"{col1} 和 {col2} 之间的相关系数值: {correlation_coefficient}, p值: {p_value}")
```

图 9-4　简单相关分析

在这段代码中。首先，我们定义了一个列表 columns，其中包含了数据集中的列名，这些列名代表了我们要计算相关系数的变量。接着，通过两层循环遍历列名列表 columns，确保每一对列都被考虑到。在每一次循环中，选取两列，分别赋给变量 col1 和 col2。使用

pearsonr(data[col1], data[col2]) 来计算 col1 和 col2 之间的皮尔逊相关系数和对应的 P 值。最后，使用 print 函数输出相关系数和 P 值。

运行程序，输出结果如图 9-5 所示。

```
购买伴手礼的社会价值 和 购买伴手礼的情绪价值 之间的相关系数值为: 0.5875121652782318, P值: 1.4622174642528215e-37
购买伴手礼的社会价值 和 购买伴手礼意愿 之间的相关系数值为: 0.6360980643820177, P值: 1.2944161611278602e-45
购买伴手礼的情绪价值 和 购买伴手礼意愿 之间的相关系数值为: 0.5704956784159131, P值: 4.7374521688853123e-35
```

图 9-5　运行结果

可以看出，三个变量两两之间均呈现出显著性（$P<0.05$），且相关系数较高，属于中度相关的范畴，说明三个变量两两之间均有着密切的相关关系。其中，社会价值和购买意愿之间的相关系数值为 0.64，社会价值和购买意愿之间存在正向的线性关系。情绪价值和购买意愿之间的相关系数值为 0.57，情绪价值和购买意愿之间存在正向的线性关系。

9.4.6　偏相关分析

为了更准确地分析社会价值和购买意愿、情绪价值和购买意愿之间的关系，我们将情绪价值和社会价值分别纳入控制变量，并做进一步分析。在 Pingouin 库中，可以使用 partial_corr 函数来进行偏相关分析，如图 9-6 所示。

```python
import pingouin as pg

# 计算偏相关系数
partial_corr_result1 = pg.partial_corr(data=data, x='购买伴手礼的社会价值', y='购买伴手礼意愿', covar='购买伴手礼的情绪价值')
partial_corr_result2 = pg.partial_corr(data=data, x='购买伴手礼的情绪价值', y='购买伴手礼意愿', covar='购买伴手礼的社会价值')

# 打印结果
print(partial_corr_result1)
print(partial_corr_result2)
```

图 9-6　偏相关分析

运行程序，输出结果如图 9-7 所示。

```
          n       r      CI95%        p-val
pearson  390  0.452785  [0.37, 0.53]  4.647623e-21
          n       r      CI95%        p-val
pearson  390  0.315152  [0.22, 0.4]   2.036958e-10
```

图 9-7　运行结果

从结果中我们可以看到，控制住情绪价值因素的影响之后，社会价值和购买意愿的相关系数降低为 0.45，处于低度相关的范围，相关系数的 P 值远远小于 0.05。这表明在情绪价值作为控制变量的条件下，社会价值是购买意愿低度相关的因素。

同时，控制住社会价值因素的影响之后，相关系数为 0.31。情绪价值和购买意愿的相关系数的 P 值远远小于 0.05。这强调了在社会价值作为控制变量的条件下，情绪价值是与购买意愿低度相关的因素。

本 章 小 结

本章通过理论和实训案例的结合，使读者深入理解了相关分析的基本概念、方法和应用。以下是本章的知识点。

1. 函数关系与相关关系

学习如何识别数据中的函数关系和相关关系，以及它们在数据分析中的意义。

2. 简单相关分析

（1）介绍简单相关分析的方法，包括散点图的绘制、相关系数的计算以及显著性检验。

（2）使用 Python 计算皮尔逊相关系数，并进行显著性检验。

3. 偏相关分析

（1）介绍偏相关分析的概念，学会在控制其余变量影响的情况下，分析两个变量之间的相关性。

（2）使用 Python 的 Pingouin 库进行偏相关分析。

4. 实训案例

通过一个关于消费者对牛肉丸伴手礼购买意愿及其相关因素的案例，实践了相关分析的全过程。

第 10 章

回 归 分 析

学习目标
1. 理解回归分析的基本概念,包括线性回归模型的构建等。
2. 掌握一元线性回归和多元线性回归的实施步骤和案例应用。
3. 学习如何使用 Python 进行回归分析,并评估模型的有效性。

在第 9 章中,我们学习了如何度量变量之间的相关性。然而,相关性并不等同于因果关系。本章我们将进入回归分析的领域,这是一种预测分析方法,它可以帮助我们建立模型,预测一个变量如何依赖于一个或多个其他变量。通过本章的学习,你将能够深入了解变量之间的关系,并为决策提供更准确的数据支持。

10.1 回归方程的基本原理

相关分析用于度量两个变量的线性关系,通过计算相关系数来评估关系的强度和方向。而回归分析则进一步建立数学模型,揭示自变量与因变量之间的关系,并提供更深入的因果推断和预测能力。在回归分析中我们建立复杂模型以更准确地描述变量关系,并探讨因果关系。例如,通过发现广告投入与销售额存在正相关后,使用回归分析可以量化广告投入对销售额的影响,提供更全面的理解和预测。

本节将深入探讨回归分析的基本原理,包括回归分析概述、回归分析的检验与评估预测等关键概念,帮助我们更准确地理解变量之间的关系,为数据驱动的决策和预测提供更有力的支持。

10.1.1 回归分析概述

回归分析的主要目标是建立一个数学模型,描述因变量(目标变量)和一个或多个自变量(解释变量)之间的关系。通过这个模型,我们可以对因变量进行预测,并理解自变量对因变量的影响。以线性回归为例,以 x 为自变量,y 为因变量,则有如下线性回归模型:

$$y = \alpha + \beta x + \epsilon \tag{10-1}$$

其中：α 表示截距，即当 x 等于零时，y 的期望值；β 表示斜率，表示自变量 x 每变动一个单位，y 的平均变动值；ϵ 为误差项。

该线性回归模型表示因变量 y 与自变量 x 之间的关系，通过截距项 α 和自变量系数 β 描述了线性关系，并引入误差项 ϵ 表示模型未能完全捕捉的随机性。

此外，在进行回归分析时，通常基于以下基本假设。

（1）因变量和自变量之间存在线性关系。这意味着在散点图上，变量之间的关系可以用一条直线近似表示。

（2）在重复抽样中，自变量 x 的取值是固定的，即假定 x 是非随机的。

（3）因变量的残差应该是近似正态分布的。这有助于进行统计推断，如置信区间和假设检验。

（4）残差的方差应该对于所有的自变量值都是相等的。这意味着在散点图上，残差值在自变量的所有取值上应该均匀分布，不应该出现与自变量相关的模式。

（5）残差的平均值应该接近于零。这意味着模型的预测在整体上是准确的。

因为上述模型含有随机误差项，所以回归模型反映的直线是不确定的。而回归分析的主要目的就是要从这些不确定的直线中，找出一条最能够代表数据原始信息的直线，来描述自变量和因变量之间的关系，这条直线被称为回归方程。对此，可对模型左右两边取 x 的条件期望并根据 ϵ 的经典假定，得到公式：

$$E(y|x) = \alpha + \beta x \qquad (10\text{-}2)$$

其中，α 表示截距；β 表示斜率。

然而，在实际应用中，通常我们并不知道总体回归参数 α 和 β 的真实值，因此需要利用样本数据去估计它们。估计的回归方程是基于样本数据对总体回归参数进行估计得到的。用样本统计量 $\hat{\alpha}$ 代替总体参数 α，用样本统计量 $\hat{\beta}$ 代替总体参数 β，就得到了估计的回归方程。具体而言，估计的回归方程可以表示为

扩展阅读 10.1　参数估计的普通最小二乘法

$$\hat{y} = \hat{\alpha} + \hat{\beta} x \qquad (10\text{-}3)$$

其中，$\hat{\alpha}$ 是估计的回归方程在 y 轴上的截距；$\hat{\beta}$ 是直线的斜率，它表示自变量 x 每变动一个单位时，因变量 y 的平均变动值，$\hat{y}$ 是 y 的估计值。

通过深入理解这些基本概念，读者能够掌握回归分析的基础，为后续学习一元线性回归和多元线性回归打下坚实的基础。

10.1.2　回归分析的检验与评估

在回归分析中，进行各种统计检验是评估模型质量和进行推断的重要步骤。本节将介绍如何检验回归模型的拟合优度、显著性，以及如何进行模型的评估。

1. 拟合优度检验

拟合优度检验是用来评估回归模型与观察数据的拟合程度的一种方法。在回归分析中，常用的拟合优度检验指标包括决定系数 R^2。决定系数 R^2 主要涉及三个变差项（sum of squares）：总变差 SST、回归引起的变差 SSR 和残差引起的变差 SSE。这些变差项的关系可以通过以下等式表示：

$$\text{SST} = \text{SSR} + \text{SSE} \tag{10-4}$$

总平方和（SST）：SST 为总变差，衡量了因变量的总变异，即实际观测值与因变量均值之间的差异。其计算公式为

$$\text{SST} = \sum_{i=1}^{n}(y_i - \overline{y})^2 \tag{10-5}$$

其中，y_i 是第 i 个观测值；$\overline{y}$ 是因变量 y 的均值。

回归平方和（SSR）：SSR 表示回归引起的变差部分，衡量了模型的预测值与因变量均值之间的差异，即模型解释的变异。SSR 越大，表示模型对因变量的变异解释得越多。其计算公式为

$$\text{SSR} = \sum_{i=1}^{n}(\hat{y}_i - \overline{y})^2 \tag{10-6}$$

其中，$\hat{y}_i$ 是通过回归模型预测得到的第 i 个预测值；$\overline{y}$ 是因变量 y 的均值。

残差平方和（SSE）：SSE 是不能由回归方程来解释的变差部分，衡量了模型的预测值与实际观测值之间的差异，即模型未能解释的变异。SSE 越小，表示模型对数据的拟合越好。其计算公式为

$$\text{SSE} = \sum_{i=1}^{n}(y_i - \hat{y}_i)^2 \tag{10-7}$$

其中，y_i 是第 i 个观测值；$\hat{y}_i$ 是通过回归模型预测得到的第 i 个预测值。

通过这些平方和，我们可以计算决定系数 R^2，它表示模型能够解释的变异在总变异中所占的比例。其公式为

$$R^2 = \frac{\text{SSR}}{\text{SST}} = 1 - \frac{\text{SSE}}{\text{SST}} \tag{10-8}$$

R^2 的取值范围为 0～1。当 R^2 接近 1 时，表示模型对数据的拟合很好，大部分因变量的变异可以通过模型解释；当 R^2 接近 0 时，表示模型对数据的拟合效果较差。

2. 模型整体显著性检验（F 检验）

F 检验：F 检验通过 F 统计量的值来判断整体回归模型是否显著。零假设为所有回归系数都为零，即 H0：$\beta_1 = \beta_2 = \cdots = \beta_k = 0$。$F$ 统计量的计算公式为

$$F = \frac{\dfrac{\text{SSR}}{k}}{\dfrac{\text{SSE}}{n-k-1}} \tag{10-9}$$

其中，k 是自变量的数量；n 是样本大小。若 F 统计量的值大于临界值，我们可以拒绝零假设，认为整体模型是显著的。

3. 系数的显著性检验（t 检验）

t 检验：系数的显著性检验通常使用 t 检验来进行。在回归分析中，系数的显著性检验用于确定自变量对因变量的影响是否显著。具体地说，它测试了回归系数是否与零有显著不同，从而确定自变量是否对因变量有显著影响。假设检验的零假设（H0：$\beta_k = 0$），t 统

计量的计算公式为

$$t = \frac{\hat{\beta}_k}{\text{SE}(\hat{\beta}_k)} \quad (10\text{-}10)$$

其中，SE($\hat{\beta}_k$)是$\hat{\beta}_k$的标准误差。若t统计量的绝对值大于对应的临界值，我们可以拒绝系数为零的零假设。

4. 模型评估

在回归分析中，模型评估是非常重要的步骤，它用于检验模型的准确性、可靠性和适用性。其中残差分析是评估回归模型拟合程度和模型假设的一种常用方法。残差是观测值与模型预测值之间的差异，表示为$e_i = y_i - \hat{y}_i$。残差应该随机分布在零附近，且没有明显的模式。残差图和正态概率图（Q-Q 图）是常用的残差分析工具。

通过综合使用这些检验方法，我们能够更全面地评估回归模型的质量和适应性。这些检验不仅有助于理解模型对数据的拟合情况，还为模型的改进和优化提供了方向。在实际应用中，仔细进行模型检验和评估是确保回归分析结果可靠的重要步骤。

10.2　一元线性回归

10.2.1　一元线性回归的基本概念

一元线性回归是回归分析中最简单的形式之一，旨在探究两个变量之间的线性关系。在一元线性回归中，有一个因变量y（目标变量）和一个自变量x（解释变量），通过建立回归模型来描述它们之间的关系。一元线性回归模型通常表示为

$$y = \beta_0 + \beta_1 x + \epsilon \quad (10\text{-}11)$$

其中，x被称为自变量（independent variable），而y则被称为因变量（dependent variable）；β_0是截距，可理解为当$x = 0$时，因变量y所对应的值；β_1表示系数，描述x单位的变化对y的影响；ϵ是误差项，表示模型无法解释的随机误差。

此外，一元线性回归模型为我们提供以下有用的信息。

（1）可解释方差。决定系数R^2表示模型对因变量变异性的解释程度，其值越高表示模型拟合得越好。

（2）模型的解释。一元线性回归模型的斜率β_1衡量了自变量x对因变量y的影响。如果β_1为正，则说明x的增加伴随着y的增加；如果β_1为负，则说明x的增加伴随着y的减少。

（3）统计显著性。通过t检验可以判断回归系数β_1是否显著不等于零，从而评估自变量的影响是否显著。

通过深入理解一元线性回归的概念和解释，我们可以更有效地运用这一工具，为实际问题提供有力的数据分析支持。在下一节中，我们将具体探讨如何利用 Python 实现一元线性回归。

10.2.2　一元线性回归的基本步骤

广告支出和销售额之间的关系是市场营销和经济学中一个重要的研究课题。通常来说，

广告活动的目标之一就是通过提高品牌知名度、吸引潜在客户等方式来促使销售额增加。这种关系可以通过建立回归模型来进行分析，其中广告支出被视为自变量，销售额被视为因变量。收集 100 家大型零售店的数据，如表 10-1 所示，包含销售额、广告支出、店铺面积、当地家庭人均年收入等变量。我们使用广告支出作为自变量，销售额作为因变量，进行回归分析以探究广告支出对销售额的影响。首先要读取表 10-1 的数据，示例如下。

```
import pandas as pd
# 数据读取（此处的文件地址以文件名表示，在教学实训平台进行实际代码操作时，此处的文件地址需替换成外部数据操作栏里复制的文件地址，详见第 2 章）
data = pd.read_csv('retail_sales.csv')
data.head()
```

表 10-1 销售额数据（部分）

序列	销售额/万元	广告支出/千元	店铺面积/米^2	当地家庭人均年收入/千元
0	124	157	1 500	95
1	150	192	1 800	115
2	102	127	1 200	80
3	129	159	1 600	100
4	175	246	2 000	130
…	…	…	…	…

在进行回归分析之前，绘制散点图是一种非常有用的数据探索手段。散点图可以帮助我们可视化两个变量之间的关系，从而初步了解它们之间的趋势、形式和可能的异常值。以下是绘制散点图的基本步骤和示例代码，最终绘制出的散点图如图 10-1 所示。

```
import matplotlib.pyplot as plt
# 散点图绘制
plt.scatter(data['广告支出'], data['销售额'])
plt.xlabel('广告支出')
plt.ylabel('销售额')
plt.show()
```

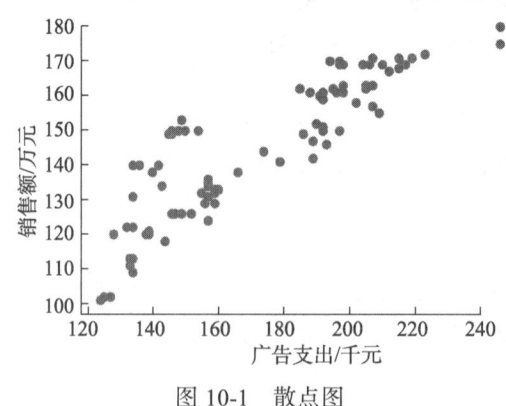

图 10-1 散点图

从图 10-1 所示的散点图可以看出，广告收入和销售额之间呈现出明显的相关关系，随着广告投入的增加，销售额呈现出稳定的增长趋势。这意味着我们有机会通过建立线性回归模型来量化这一关系,并预测在不同广告收入水平下的销售额,为市场策略和业务决策提供实质性的支持。

对于这个例子,我们使用 Statsmodels 库中的 ols 函数建立回归模型,并通过公式字符串指定回归模型结构。公式"销售额~广告支出"表示要拟合一个线性模型,将"销售额"作为因变量,"广告支出"作为自变量。随后,我们用数据拟合该回归模型,并通过 results.summary()方法打印回归结果的详细统计信息,示例如下。

```
import statsmodels.formula.api as smf
# 创建回归模型
formula='销售额 ~ 广告支出'
model = smf.ols(formula, data=data)
# 拟合模型
results = model.fit()
# 打印模型摘要
print(results.summary())
```

此外,也可以使用 statsmodels 的 OLS 类来创建一个普通最小二乘法(OLS)模型。通过 fit 方法拟合模型后,使用 summary 方法可以获取模型的详细统计信息,包括回归系数、截距、拟合优度等。在 results.summary() 的输出中,你会看到模型的回归方程、各项统计信息等内容,有助于对模型进行全面的诊断和理解,示例如下。

```
import statsmodels.api as sm
# 添加截距项
X = sm.add_constant(data['广告支出'])
# 创建回归模型
model = sm.OLS(data['销售额'], X)
# 拟合模型
results = model.fit()
# 打印模型摘要
print(results.summary())
```

这两种方法所得到的结果是完全一样的,如图 10-2 所示。

```
                            OLS Regression Results
==============================================================================
Dep. Variable:                   销售额   R-squared:                       0.787
Model:                            OLS   Adj. R-squared:                  0.785
Method:                 Least Squares   F-statistic:                     361.7
Date:                Fri, 22 Dec 2023   Prob (F-statistic):           1.16e-34
Time:                        08:42:28   Log-Likelihood:                -362.37
No. Observations:                 100   AIC:                             728.7
Df Residuals:                      98   BIC:                             734.0
Df Model:                           1
Covariance Type:            nonrobust
==============================================================================
                 coef    std err          t      P>|t|      [0.025      0.975]
------------------------------------------------------------------------------
const         49.8134      5.144      9.684      0.000      39.605      60.022
广告支出         0.5534      0.029     19.018      0.000       0.496       0.611
==============================================================================
Omnibus:                        4.137   Durbin-Watson:                   0.830
Prob(Omnibus):                  0.126   Jarque-Bera (JB):                4.160
Skew:                           0.474   Prob(JB):                        0.125
Kurtosis:                       2.685   Cond. No.                         993.
==============================================================================
```

图 10-2 回归分析结果

对于以上结果，R 方值（R-squared）是最重要的值之一，它表示模型成功解释了销售额变异的程度。在考虑广告支出对销售额的影响时，R 方值提供了关于模型拟合优度的信息，较高的 R 方值意味着模型更好地解释了因变量的变化。本例当中 R 方值为 0.787，表明拟合效果非常好。

在我们的情境中，"coef"值显示了自变量广告支出的系数。"const"表示常数项，即销售额的截距。从估计结果中我们可以看出常数项的值约为 49.813 4，广告支出的系数约为 0.553 4。"$P>|t|$"列中的 p 值表示对应系数的显著性，广告支出的 p 值小于 0.05，表明它在模型中是显著的。此外我们根据结果可以得出回归方程式。

$$销售额 = 49.8134 + 0.5534 \times 广告支出$$

我们发现每增加一个单位的广告支出，销售额平均增加 0.5534 个单位。这为制定广告策略和业务决策提供了实质性的经济学意义。

同时，使用以下方法，可以获取模型的具体参数。

```
# 系数估计
print(results.params)
const      49.813412
广告支出    0.553383
dtype: float64

# 标准误差
print(results.bse)
const      5.144106
广告支出    0.029098
dtype: float64

# t 统计量
print(results.tvalues)
const      9.683590
广告支出   19.017911
dtype: float64

# p 值
print(results.pvalues)

const      5.885188e-16
广告支出    1.163655e-34
dtype: float64

# R-squared 值:
print(results.rsquared)
0.7868086555468012

# F 统计量和其 p 值:
print(results.fvalue)
print(results.f_pvalue)
361.6809511725446
1.1636553493647085e-34
```

同时在 Statsmodels 中，可以使用残差图和 Q-Q 图来进行残差分析，检验模型的拟合情况和残差的正态性。以下是如何绘制这两种图的示例代码。

```
import seaborn as sns
# 计算残差
residuals = results.resid
# 绘制残差图
plt.figure(figsize=(8, 4))
sns.scatterplot(x=results.fittedvalues, y=residuals)
plt.axhline(y=0, color='red', linestyle='--')
plt.title('残差图')
plt.xlabel('拟合值')
plt.ylabel('残差')
# 绘制 Q-Q 图
sm.qqplot(residuals, line='s', alpha=0.7)
plt.title('QQ-图')
plt.xlabel('理论分位数')
plt.ylabel('样本分位数')
plt.tight_layout()
plt.show()
```

上述代码中，我们计算模型的残差（results.resid）。最后，通过 Seaborn 和 Statsmodels 的 qqplot 函数绘制了残差图（图 10-3）和 Q-Q 图（图 10-4）。

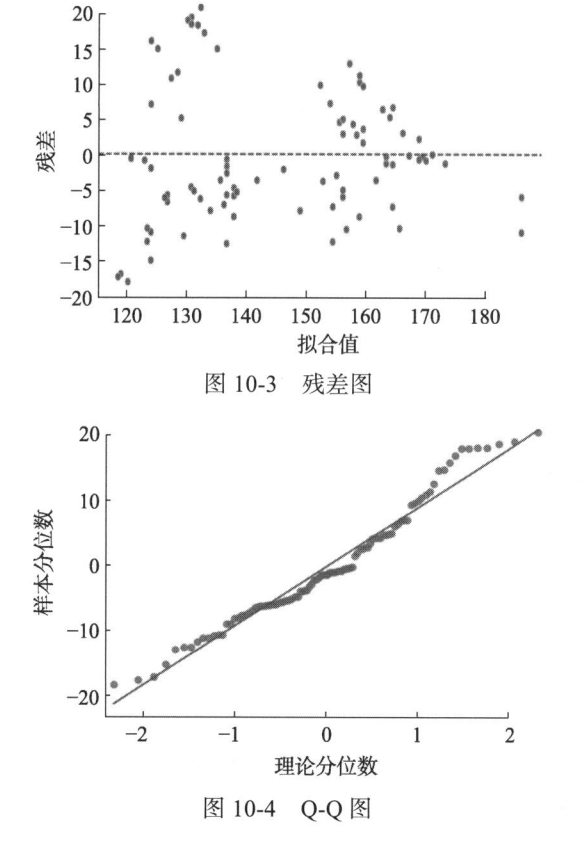

图 10-3　残差图

图 10-4　Q-Q 图

1. 残差图（residuals vs fitted values）

残差图为拟合值与残差的散点图。理想情况下，残差应该在 0 附近均匀分布，而不应该显示出任何模式。虚线表示零残差线，残差应在该线附近随机分布。从图 10-3 可以看出，残差大体均匀分布在[−15, 15]之间，其均值与 0 非常接近，故基本符合残差项零均值的假定。

2. Q-Q 图（Q-Q plot of residuals）

Q-Q 图用于检验残差是否符合正态分布。理想情况下，残差点应沿着一条直线分布。点表示实际残差的分位数，实线表示正态分布的理论分位数。如果点在直线附近，则说明残差近似服从正态分布。

通过观察图 10-3 和图 10-4，你可以对模型的残差情况和正态性有更直观的认识。如果残差图中残差的存在模式或 Q-Q 图中的点不在直线附近，可能需要进一步考虑改进模型或变换变量。

10.3 多元线性回归

10.3.1 多元线性回归的基本概念

多元线性回归是一种回归分析方法，用于研究多个自变量与一个因变量之间的关系。在一元线性回归中，我们考虑一个因变量和一个自变量之间的关系，而在多元线性回归中，我们考虑一个因变量与多个自变量之间的关系。其模型的数学表达形式为

$$y = \beta_0 + \beta_1 x_1 + \beta_2 x_2 + \cdots + \beta_i x_i + \epsilon \quad (10\text{-}12)$$

其中，y 是因变量（目标变量）；x_1、x_2,⋯、x_i 是自变量；β_0 是截距；β_1、β_2、⋯、β_i 是各自变量的系数；ϵ 是误差项。

此外，多元线性回归模型为我们提供以下有用的信息。

（1）模型的整体拟合度。类似于一元线性回归中的 R^2，多元线性回归提供的决定系数 R^2 表示模型对因变量变异性的解释程度，用于评估整体拟合度。R^2 越接近 1，说明模型对数据的拟合程度越好。

（2）检验模型整体显著性。F 统计量用于检验所有自变量的回归系数是否同时等于零，即模型是否整体上显著。若 F 统计量的 p 值小于显著性水平（通常为 0.05），则可以拒绝原假设，认为模型整体显著。

（3）各自变量的独立影响。通过各回归系数 β_i，可以独立地了解每个自变量对因变量的影响，在控制其他变量不变的情况下分析它们的效应。这使我们能够深入了解不同自变量对因变量的重要性和影响程度。

10.3.2 多元线性回归的基本步骤

沿用 10.2 节的例子，为进一步探究销售额的影响因素，我们以销售额为因变量，广告支出、店铺面积、当地家庭人均年收入为自变量，进行多元线性回归分析。

通过 Statsmodels 库，选取自变量（广告支出、店铺面积和当地家庭人均年收入）和因变量（销售额）。随后，使用最小二乘法进行拟合，得到回归模型的详细统计结果，包括系数、显著性、截距项等。示例代码如下，最终生成结果如图 10-5 所示。

```
# 创建回归模型
formula='销售额 ~ 广告支出 + 店铺面积 + 当地家庭人均年收入'
model = smf.ols(formula, data=data)
# 拟合模型
results = model.fit()
# 打印模型摘要
print(results.summary())
```

```
                            OLS Regression Results
==============================================================================
Dep. Variable:                    销售额   R-squared:                       0.906
Model:                            OLS   Adj. R-squared:                  0.904
Method:                 Least Squares   F-statistic:                     310.1
Date:                Fri, 22 Dec 2023   Prob (F-statistic):           3.04e-49
Time:                        10:28:28   Log-Likelihood:                -321.18
No. Observations:                 100   AIC:                             650.4
Df Residuals:                      96   BIC:                             660.8
Df Model:                           3
Covariance Type:            nonrobust
==============================================================================
                   coef    std err          t      P>|t|      [0.025      0.975]
------------------------------------------------------------------------------
const           26.4628      5.162      5.126      0.000      16.216      36.709
广告支出           0.3624      0.028     12.740      0.000       0.306       0.419
店铺面积           0.0248      0.002     10.554      0.000       0.020       0.030
当地家庭人均年收入    0.0914      0.061      1.504      0.136      -0.029       0.212
==============================================================================
Omnibus:                       17.195   Durbin-Watson:                   1.449
Prob(Omnibus):                  0.000   Jarque-Bera (JB):               21.085
Skew:                           0.908   Prob(JB):                     2.64e-05
Kurtosis:                       4.327   Cond. No.                     1.61e+04
==============================================================================
```

图 10-5　多元线性回归结果

如图 10-5 所示，通过对广告支出、店铺面积和当地家庭年平均收入的多元回归分析，我们发现整体模型是显著的（F-statistic = 310.1，$p < 0.05$），说明这些变量共同对销售额产生了影响。在各自变量中，广告支出对销售额有显著正向影响（coef = 0.3624，$p < 0.05$），即广告支出增加一个单位，销售额平均增加 0.3624 个单位；店铺面积对销售额有显著正向影响（coef = 0.0248，$p < 0.05$），即店铺面积每增加一个单位，销售额平均增加 0.0248 单位。然而，当地家庭人均年收入在我们的模型中并没有表现出显著影响（$p > 0.05$）。整体而言，我们的模型能够解释约 90.6%的销售额变异性（R-squared = 0.906），这表明我们的自变量对销售额的解释是相对较好的。

10.4　实　训　案　例

本案例旨在通过回归分析研究牛肉丸伴手礼的社会价值、条件价值和情绪价值对购买意愿的影响。读者可轻轻刮开封底的刮刮卡，扫码获取该实训项目及数据。教师如有需要，可登录教学实训平台（edu.credamo.com），在课程库中搜索课程"Python 数据分析快速入门"，根据需要选择相应的课程后，按照第 2 章介绍的方法，导入"我的课程"教师端并组织班级学生加课学习。

10.4.1 案例背景

文旅产业需求侧消费意愿持续激发,"美食 + 文旅"的变化在中小城市旅游用户出游需求中率先释放。将美食与旅游结合起来,成为吸引游客的新趋势。通过品尝当地特色美食,游客可以丰富旅游体验,从而推动了美食旅游的发展。牛肉丸作为潮汕地区特色美食之一,在当地旅游市场中备受欢迎。它不仅是一种美食,更是一种具有特殊地域文化象征意义的礼物,常常被游客用来作为旅行中的纪念品或礼物。为了深入了解牛肉丸伴手礼的社会价值、条件价值和情绪价值对购买意愿的影响,开展了相关的市场调研分析。

10.4.2 数据收集

为了确保调查对象具有对牛肉丸伴手礼的了解和体验,本项调查的对象是有意愿或曾经来过潮汕地区旅游的旅客。通过 Credamo 见数平台收集了 390 份问卷,并利用问卷的数据及信息进行后续的统计分析。

10.4.3 变量描述

在本次市场调研中,三个变量(社会价值、条件价值和情绪价值)被用于分析消费者对牛肉丸伴手礼的购买意愿,如表 10-2、表 10-3 所示。

表 10-2　变量描述(一)

变量名称	问卷题项	问卷编码
社会价值	购买伴手礼的社会价值(①+②+③)/3	
	①我认为赠送领导/同事牛肉丸伴手礼可以增强人际交往	由低到高:1~5
	②我认为赠送亲人/朋友牛肉丸伴手礼可以增进感情	由低到高:1~5
	③我认为在社交平台分享牛肉丸伴手礼可以获得更多关注	由低到高:1~5
条件价值	购买伴手礼的条件价值(①+②+③+④)/4	
	①权威机构的宣传会吸引我购买牛肉丸伴手礼	由低到高:1~5
	②知名媒体/名人的宣传会吸引我购买牛肉丸伴手礼	由低到高:1~5
	③景点附近的实体店吸引我购买牛肉丸伴手礼	由低到高:1~5
	④可以参与制作体验会吸引我购买牛肉丸伴手礼	由低到高:1~5

表 10-3　变量描述(二)

变量名称	问卷题项	问卷编码
情绪价值	购买伴手礼的情绪价值(①+②+③)/3	
	①牛肉丸伴手礼让我觉得很有趣	由低到高:1~5
	②牛肉丸伴手礼让我觉得新奇	由低到高:1~5
	③旅途中购买牛肉丸伴手礼让我感觉愉悦	由低到高:1~5
购买意愿	购买伴手礼意愿(①+②+③)/3	
	①我乐意购买牛肉丸伴手礼	由低到高:1~5
	②我推荐他人购买牛肉丸伴手礼	由低到高:1~5
	③我愿意多次购买牛肉丸伴手礼	由低到高:1~5

（1）社会价值变量。该变量衡量消费者在购买和赠送牛肉丸伴手礼过程中所感知的社会价值，包括增强人际交往、增进情感联系以及在社交平台上获取更多关注的可能性。该变量通过对三个相关问卷题项得分的平均值得出。

（2）条件价值变量。该变量衡量消费者在购买和赠送牛肉丸伴手礼过程中所感知的条件价值，包括权威机构宣传、知名媒体/名人宣传、景点附近的实体店和可以参与制作的体验。该变量通过对三个相关问卷题项得分的平均值得出。

（3）情绪价值变量。该变量反映消费者在购买牛肉丸伴手礼过程中所体验到的情绪价值，包括趣味性、新颖感以及购买行为带来的愉悦感。该变量通过三个相关问卷题项得分的平均值得出。

（4）购买意愿变量。该变量衡量消费者对于牛肉丸伴手礼购买意愿的强度，结合了自我购买意向、推荐他人购买以及重复购买的可能性。该变量通过将三个反映购买意愿的相关题项得分相加后取平均数得到。

10.4.4 数据读取

进入教学平台"Python 数据分析快速入门"课程第 10 章的代码实训部分，首先导入分析所需要的 Python 库，随后单击外部数据"操作"栏的"🔗"按钮复制文件地址，如图 10-6 所示。然后利用 pandas 完成数据读取（注：实际地址以操作栏复制的文件地址为准），如图 10-7 所示。

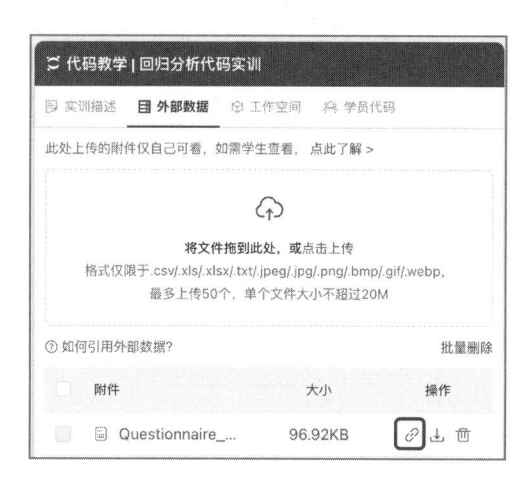

图 10-6　复制文件地址

图 10-7　读取数据

10.4.5 多元线性回归

我们选择购买牛肉丸伴手礼意愿为因变量,购买伴手礼的社会价值、购买伴手礼的条件价值和购买伴手礼的情绪价值作为自变量开展回归分析,如图10-8所示。

```python
import statsmodels.formula.api as smf

# 创建回归模型
formula='购买伴手礼意愿 ~ 购买伴手礼的社会价值 + 购买伴手礼的条件价值 + 购买伴手礼的情绪价值'
model = smf.ols(formula, data=data1)

# 拟合模型
results = model.fit()

# 打印模型摘要
print(results.summary())
```

图10-8 多元线性回归代码

运行程序,输出结果如图10-9所示。

```
                            OLS Regression Results
==============================================================================
Dep. Variable:            购买伴手礼意愿   R-squared:                       0.530
Model:                            OLS   Adj. R-squared:                  0.527
Method:                 Least Squares   F-statistic:                     145.4
Date:                Thu, 07 Nov 2024   Prob (F-statistic):           4.88e-63
Time:                        11:48:21   Log-Likelihood:                -169.49
No. Observations:                 390   AIC:                             347.0
Df Residuals:                     386   BIC:                             362.8
Df Model:                           3
Covariance Type:            nonrobust
==============================================================================
                      coef    std err          t      P>|t|      [0.025      0.975]
------------------------------------------------------------------------------
Intercept           0.6864      0.172      3.983      0.000       0.348       1.025
购买伴手礼的社会价值   0.3651      0.046      7.950      0.000       0.275       0.455
购买伴手礼的条件价值   0.3652      0.049      7.407      0.000       0.268       0.462
购买伴手礼的情绪价值   0.1218      0.046      2.676      0.008       0.032       0.211
==============================================================================
Omnibus:                       50.760   Durbin-Watson:                   2.046
Prob(Omnibus):                  0.000   Jarque-Bera (JB):              247.370
Skew:                          -0.402   Prob(JB):                     1.92e-54
Kurtosis:                       6.818   Cond. No.                         67.6
==============================================================================
```

图10-9 多元线性回归结果

根据结果,我们可以看出购买伴手礼的社会价值($\beta=0.3651$,$P<0.05$)、购买伴手礼的条件价值($\beta=0.3652$,$P<0.05$)和购买伴手礼的情绪价值($\beta=0.1218$,$P<0.05$)都对购买意愿具有正向、显著的影响。其中,社会价值每增加一单位,购买意愿平均增加0.3651单位;条件价值每增加一单位,购买意愿平均增加0.3652单位;情绪价值每增加一单位,购买意愿平均增加0.1218单位。

本 章 小 结

本章通过理论和实践相结合的方式,讲解了回归分析的基本原理和应用。以下是本章的主要内容。

1. 回归方程的基本原理

理解回归分析的基本概念，包括线性回归模型的构建等。

2. 一元线性回归

（1）介绍一元线性回归模型的基本概念。

（2）学习如何使用 Python 进行一元线性回归分析，并解释模型结果。

3. 多元线性回归

（1）了解多元线性回归的基本概念，包括如何处理多个自变量对一个因变量的影响。

（2）掌握如何使用 Python 进行多元线性回归分析，并解释模型结果。

4. 回归分析的检验与评估

（1）学习如何进行回归模型的拟合优度检验、F 检验和 t 检验。

（2）掌握残差分析的方法，包括残差图和 Q-Q 图的解读，以及如何根据这些分析评估模型的有效性。

5. 实训案例

通过实际案例，应用本章所学的回归分析知识，探究牛肉丸伴手礼的社会价值、条件价值和情绪价值对购买意愿的影响。

第 11 章

逻 辑 回 归

学习目标

1. 理解逻辑回归在处理分类数据中的作用和应用。
2. 掌握二元逻辑回归、多分类逻辑回归和有序逻辑回归的方法。
3. 学习如何使用 Python 进行逻辑回归分析,并解释模型结果。

在前面的章节中,我们讨论了线性回归和相关分析,这些方法适用于连续型数据。然而,在许多实际问题中,我们面临的是分类数据,比如预测一个事件是否会发生,客户是否会购买商品等。本章将学习逻辑回归,这是一种专门用于处理分类结果的统计方法。通过本章的学习,你将能够使用 Python 进行逻辑回归分析,解决此类问题。

11.1 逻辑回归的基本概念

线性回归模型是一种用于分析定量因变量与一个或多个自变量之间关系的统计方法。然而,在实际数据分析中,当因变量是分类变量(变量的取值表示事物的不同类别,例如"是/否""高/中/低"等)而非定量变量(可以取任意实数值,如销售额、工资)时,简单的线性回归模型便不再适用。因为线性回归要求因变量必须是连续的、定量的,并且它与自变量之间存在着线性关系。此时我们需要采用更适合处理分类因变量的方法,如逻辑回归。

逻辑回归是研究分类因变量与一些影响因素之间关系的一种多变量分析方法。逻辑回归适用于因变量是分类的情况,例如二元分类(是/否、成功/失败等)或多类别分类(如颜色、类型等)。逻辑回归常用于预测事件发生的概率,探究自变量对分类因变量的影响,在市场营销、教育、医学研究等领域有着广泛应用。例如,在市场营销中,一家公司可能需要将客户分为多个类别,例如低价值客户、中等价值客户和高价值客户。通过逻辑回归模型,可以根据客户的购买行为、消费习惯等信息,预测他们属于每个类别的概率,从而制定个性化的营销策略。此外,在教育研究中,逻辑回归也可以应用,研究人员可以根据学生的课堂出勤率、学习时间、家庭背景等因素,预测学生通过考试的概率,并了解不同因素对学生考试结果的影响。又比如,假设一项医学研究旨在预测某种疾病的发病率,研究者可以收集参与者的年龄、性别、家族病史等信息,并观察他们是否患有该疾病,然后通过逻辑回归建立模型,预测个体患病的概率,从而了解各个因素对疾病风险的影响。

11.2 二元逻辑回归

11.2.1 二元逻辑回归的概念

二元逻辑回归是一种常用的统计分析方法，用于研究一个二元因变量与一个或多个自变量之间的关系。在这种情况下，因变量 y 仅有两个可能的取值，比如"是"和"否"或者"有"和"无"，分别用 1 和 0 表示。

二元逻辑回归被广泛应用于许多领域，如市场营销、医学、金融等，常用于预测概率性事件的发生与否。在不同领域的应用实例中，二元逻辑回归发挥着重要作用：

（1）市场营销。用于预测消费者的购买意愿、用户是否会订阅服务等，通过分析消费者的行为和特征，企业可以更好地制定针对性的营销策略，提高市场竞争力。

（2）医学研究。在流行病学中用于探讨风险因素如何影响疾病的发病概率，例如吸烟与肺癌的关系；在临床诊断中，用于辅助医生判断患者是否存在某种病症的可能性。

（3）金融风控。分析客户的信用评分、历史记录等因素，预测贷款违约概率或信用卡欺诈行为的发生；帮助金融机构及时识别高风险客户，并采取相应的风险控制措施，保护金融系统的稳定性和安全性。

11.2.2 模型建立与参数估计

当面对消费者的购物决策时，我们考虑一个二分类变量的情境，即消费者要么购买某产品（$y=1$），要么不购买（$y=0$）。这一决策可能受多个因素的影响，如消费者的偏好、产品特性、价格、促销活动等，将这些因素统一表示为自变量向量 x_i。

我们希望通过建立线性回归模型来预测消费者 i 是否购买产品。

$$y_i = \beta x_i' + \varepsilon_i \quad (i=1, 2, 3, \cdots, n) \tag{11-1}$$

其中，y_i 是消费者是否购买产品的二分类因变量，自变量向量 x_i' 是影响购买决策的多个因素，β 是需要估计的回归系数，ε_i 是随机误差项。

由于线性回归模型未对 x_i 的取值范围、回归系数向量 β 以及误差项 ε_i 进行限制，其预测值可以在 $[-\infty, +\infty]$ 内取值。然而，当我们的因变量 y 是一个二元离散变量，取值只能为 0 或 1 时，线性拟合的结果可能与实际情况不符。因此，线性模型在处理二元离散变量的回归问题上并不适用。

为了解决这一问题，我们通常采用对数变换的形式进行 Logit 回归。其形式为

$$\text{Logit}(P_i) = \ln\left(\frac{P_i}{1-P_i}\right) = \beta x_i' + \varepsilon_i \quad (i=1, 2, 3, \cdots, n) \tag{11-2}$$

其中，P_i 为消费者购买产品的概率，$P_i/(1-P_i)$ 称为概率比。

此外，在逻辑回归中，OR 值（又称优势比、概率比）也是一个重要的指标，用于衡量模型中不同变量对结果的影响程度。具体而言，OR 值用于表示某事件发生的概率与其不发生概率之比的一种度量。反映了自变量每增加一个单位时，目标事件发生的概率变化。

比如，如果你的自变量是性别，女性为参考组，男性的 OR 值是 2，那么就表示男性

相比女性有两倍的概率发生事件。如果 OR 值是 0.5，则表示男性相比女性有一半的概率发生事件。另外，OR 值也可通过将逻辑回归系数取指数得出。

11.2.3 二元逻辑回归的应用

例如，在一个消费者购买选择的情景中，我们希望了解消费者是否购买某种新上市的智能手表，探究消费者年龄、性别、收入对其是否购买新上市的智能手表的影响。

如表 11-1 所示，以下是对每个变量的描述。

（1）购买意愿（purchase intent）。这是一个二元变量，表示消费者是否有购买某种新上市智能手表的意愿。如果消费者有购买意愿，则取值为 1；如果没有购买意愿，则取值为 0。

（2）年龄（age）。这个变量表示消费者的实际年龄，以周岁为单位。年龄可以反映消费者的生命周期阶段，可能与购买决策和消费行为相关。

（3）性别（gender）。这是一个分类变量，用来表示消费者的性别，取值为"男"或"女"。性别可能会影响消费者的购买偏好和行为。

（4）收入（income）。这个变量表示消费者的个人年收入水平，以元为单位。收入水平可能会影响消费者的购买力和消费习惯。

表 11-1　变量描述（消费者购买选择）

变量名称	变量定义及赋值
购买意愿	有购买意愿=1，无购买意愿=0
年龄	实际年龄（周岁）
性别	性别：男，女
收入	个人年收入水平（元）

在 Python 中，你可以使用 Statsmodels 库中 glm 函数建立二元逻辑回归模型，下面为示例代码。其中，C（性别）表示将性别视为分类变量。

```
import pandas as pd
import numpy as np
import statsmodels.api as sm
import statsmodels.formula.api as smf
#读取数据  （此处的文件地址以文件名表示，在教学实训平台进行实际代码操作时，此处的文件地址需替换成外部数据操作栏里复制的文件地址，详见第 2 章）
data = pd.read_csv('purchase_intent.csv')
# 创建二元逻辑回归模型
formula='购买意愿 ~ 年龄 + C(性别) + 收入'
model = smf.glm(formula, data=data, family=sm.families.Binomial(sm.families.links.Logit()))
# 获取拟合结果
result = model.fit()
# 打印模型摘要
print(result.summary())
# 计算各自变量的优势比
odds_ratios = np.exp(result.params)
print("\n各变量的优势比:")
```

上面这段代码中，我们使用了 glm 函数来拟合一个二元逻辑回归模型，并传递了一个公式作为参数，这个公式指定了模型的因变量和自变量。在公式中"～"符号左侧是因变量，右侧是自变量。然后，通过 fit 方法来拟合数据，并打印出模型摘要以及各自变量的优势比，如图 11-1 所示。

```
===============================================================
               coef      std err       z      P>|z|    [0.025    0.975]
---------------------------------------------------------------
Intercept     1.9109     0.893       2.139    0.032    0.160     3.662
C(性别)[T.男] -0.8493    0.388      -2.191    0.028   -1.609    -0.090
年龄         -0.0308     0.015      -2.119    0.034   -0.059    -0.002
收入         -2.418e-06  6.31e-06   -0.384    0.701   -1.48e-05  9.94e-06
===============================================================
```

图 11-1　二元逻辑回归结果

各变量的优势比：

```
Intercept        6.759324
C(性别)[T.男]    0.427712
年龄             0.969662
收入             0.999998
dtype: float64
```

由上述结果可得，最终的模型公式为

$$\text{Logit}(P_i) = \ln\left(\frac{P_i}{1-P_i}\right) = 1.9109 - 0.8493 \times 性别（男）- 0.0308 \times 年龄 - 2.418e^{-06} \times 收入$$

性别和年龄对消费者的购买偏好产生了显著的统计学影响（$P<0.05$）。具体而言，性别的回归系数为–0.8483，对应的 OR 约为 0.43，这表示男性相较于女性不倾向于购买，男性购买的概率约为女性的 0.43 倍；年龄的回归系数为–0.0308，对应的 OR 值约为 0.97，这表明随着年龄的增长，消费者的购买意愿呈现出显著的负向趋势，即年龄较大的消费者不倾向于购买。当年龄增加一个单位时，购买智能手表的概率减少 3%。

11.3　多分类逻辑回归

在之前的案例中，我们讨论了二元逻辑回归，它主要用于解决具有两个分类水平的因变量的情况。然而，在实际应用中，我们经常面对更加复杂的情况，需要采取一些不同的方法，例如多分类逻辑回归。

11.3.1　多分类逻辑回归的概念

多个因变量的取值有时没有固定的大小顺序，例如，消费者产品选择（产品 A、产品 B、产品 C 等）。这类变量被称为多项无序分类变量，也被称为名义变量。在名义变量的情境下，因变量的不同取值之间通常没有明确的大小关系。为了建立与这些名义变量相关的预测模型，通常使用多分类逻辑回归模型。

具体模型形式如下：

$$\ln\frac{P_j}{P_m} = \beta_0 + \sum_{i=1}^{p} \beta_i X_i \tag{11-3}$$

在该模型中，β_0 表示常数项；X_i 表示第 i 个自变量；β_i 表示第 i 个自变量的回归系数；P_m 表示被解释变量为第 m 类的概率；P_j 表示被解释变量为第 j 类（$j \neq m$）的概率，其中第 m 类被设定为参照类。式中的 $\mathrm{Ln}(P_j/P_m)$ 被称为广义 Logit P，表示两个概率的自然对数。这一模型被称为广义逻辑模型。

如果被解释变量有 k 个类别，那么需要建立 $k-1$ 个模型。以一个具体的例子为例，假设被解释变量有 A、B、C 三个类别，以 C 类别作为参照类别，那么需要建立以下两个广义逻辑模型，分别对应 A 与 C 的对比以及 B 与 C 的对比。

$$\mathrm{Logit}(P_A) = \ln\left(\frac{P(y=A|X)}{P(y=C|X)}\right) = \beta_0^A + \sum_{i=1}^{P} \beta_i^A X_i \qquad (11\text{-}4)$$

$$\mathrm{Logit}(P_B) = \ln\left(\frac{P(y=B|X)}{P(y=C|X)}\right) = \beta_0^B + \sum_{i=1}^{P} \beta_i^B X_i \qquad (11\text{-}5)$$

其中，β_0^A 和 β_0^B 是常数项；β_i^A 和 β_i^B 是回归系数，表示第 i 个影响因素（自变量）对类别 A 或 B 相对于 C 的可能性影响，如果系数为正，说明该因素增加时更倾向于选择 A 或 B，如果为负，则更不倾向选择 A 或 B。$P(y=A|X)$、$P(y=B|X)$ 和 $P(y=C|X)$ 分别是因变量属于类别 A、B 和 C 的概率，我们用 C 作为参照类别。

11.3.2　多分类逻辑回归模型的建立

在当今竞争激烈的市场环境中，了解消费者的购买行为和偏好对于企业制定营销策略、产品定位和品牌推广至关重要。在新的场景中，我们考虑了两个自变量（性别和月收入）以及一个无序的因变量，表示消费者对选择产品（A、B、C）的偏好。我们将使用多元无序逻辑回归来分析这两个自变量如何影响消费者的产品选择。

如表 11-2 所示，以下是对每个变量的描述。

（1）产品选择。这是一个无序分类的因变量，表示消费者的产品偏好。在这个场景中，有三种可能的选择：产品 A、产品 B 和产品 C。每个产品都有一个相应的数值编码：产品 A 编码为 1，产品 B 编码为 2，产品 C 编码为 3。

（2）性别。这是一个分类变量，用来表示消费者的性别，取值为"男"和"女"。性别可能会影响消费者对产品的偏好和选择。

（3）月收入。这个变量表示消费者的个人月收入水平，以元为单位。月收入可能会影响消费者对产品的偏好和选择。

表 11-2　变量描述（消费者对选样产品的偏好）

变量名称	变量定义及赋值
产品选择	产品 A = 1，产品 B = 2，产品 C = 3
性别	性别：男，女
月收入	个人月收入（元）

我们将产品选择作为因变量，而性别、月收入作为自变量，使用 mnlogit 函数拟合多元无序逻辑回归模型，打印模型的摘要信息，包括模型的参数估计值、标准误差、z 值、p 值等统计信息，同时计算各自变量的优势比，示例如下。

```python
from statsmodels.formula.api import mnlogit
# 读取数据（此处的文件地址以文件名表示，在教学实训平台进行实际代码操作时，此处的文
件地址需替换成外部数据操作栏里复制的文件地址，详见第 2 章）
data1 = pd.read_csv('products.csv')
# 构建多分类逻辑回归模型
formula = '产品 ~ C(性别) + 月收入'
model = mnlogit(formula, data=data1)
# 拟合模型
result = model.fit()
# 打印模型摘要
print(result.summary())
# 获取模型的系数
coefficients = result.params
# 计算 OR 值
odds_ratios = np.exp(coefficients)
ORs = pd.DataFrame(odds_ratios.values, columns=['OR (产品 B)', 'OR (产品 C)'], index=coefficients.index)
print(ORs)
```

运行程序，输出结果如图 11-2 所示。

```
==============================================================================
   产品=2        coef    std err      z      P>|z|    [0.025    0.975]
------------------------------------------------------------------------------
Intercept     -1.3907    1.089    -1.277    0.202    -3.525    0.744
C(性别)[T.男]   1.0245    0.437     2.344    0.019     0.168    1.881
月收入         0.0003    0.000     1.247    0.212    -0.000    0.001
------------------------------------------------------------------------------
   产品=3        coef    std err      z      P>|z|    [0.025    0.975]
------------------------------------------------------------------------------
Intercept     -1.3951    1.168    -1.194    0.232    -3.685    0.895
C(性别)[T.男]   1.1112    0.467     2.381    0.017     0.197    2.026
月收入         0.0002    0.000     0.847    0.397    -0.000    0.001
==============================================================================
```

图 11-2 多分类逻辑回归结果

```
               OR (产品 B)      OR (产品 C)
Intercept      0.248898        0.247800
C(性别)[T.男]   2.785650        3.038050
月收入          1.000264        1.000192
```

以产品 A 作为参照进行对比分析，得出模型公式如下：

$$\ln\left(\frac{P(y=B|X)}{P(y=A|X)}\right) = -1.390\,7 + 1.024\,5 \times 性别 + 0.003 \times 月收入$$

$$\ln\left(\frac{P(y=C|X)}{P(y=A|X)}\right) = -1.395\,1 + 1.111\,2 \times 性别 + 0.000\,2 \times 月收入$$

产品 B 相较于产品 A 而言，性别因素的影响显著（$P<0.05$）。性别的回归系数值为 1.024 5，OR 值约为 2.79，表明男性比女性更愿意选择产品 B，男性选择产品 B 的概率是女性的 2.79 倍。相比之下，月收入的影响并不显著（$P>0.05$）。

产品 C 相较于产品 A 而言，性别因素的影响显著（$P<0.05$）。性别的回归系数值为 1.111 2，OR 值约为 3.04，表明男性比女性更愿意选择产品 C，男性选择的产品 C 的概率是女性的 3.04 倍。相比之下，月收入的影响并不显著（$P>0.05$）。

11.4 有序逻辑回归

11.4.1 有序逻辑回归的概念

有序逻辑回归是一种适用于有序分类因变量的统计模型。在数据中，我们经常会遇到有序类别的情况，这些类别之间具有明确的顺序或等级关系，例如满意度调查中的"非常不满意""不满意""满意""非常满意"等。与名义变量不同，有序变量的主要特征在于其具有明确的顺序意义。如果对有序变量采用名义变量的分析方法，就会错误地对不同类别赋予不合适的顺序，导致统计结果产生偏误或无意义的估计值。

为解决有序变量的这些问题，有序逻辑回归应运而生。该方法可用于研究有序类别因变量受一个或多个自变量的影响。有序变量逻辑回归是多分类逻辑回归模型的一种扩展，它利用逻辑函数来建立自变量与有序类别因变量之间的关系。在有序变量逻辑回归中，我们关注的是因变量中各个类别的顺序关系，而不仅是是否属于某个类别。

模型假设：有序逻辑回归假设存在一个连续的潜在变量，反映了观察到的有序分类背后的连续性质。每个有序水平对应一个潜在的阈值，当潜在变量的值超过某个阈值时，观察到的分类就会达到或超过相应的水平。

模型形式：有序逻辑回归模型通常采用 Logit 函数来描述潜在变量和自变量之间的关系。具体而言，设定有序分类的水平为 j，则有序逻辑回归模型可以表示为

$$\text{Logit}[P(Y \leq j)] = \ln\left(\frac{p(Y \leq j)}{1 - p(Y \leq j)}\right) = \beta_{j0} + \beta_1 X_1 + \beta_2 X_2 + \cdots + \beta_p X_p \quad （11\text{-}6）$$

其中，$P(Y \leq j)$ 是观测到的因变量小于或等于水平 j 的概率；β_{j0} 是与第 j 个水平相关的截距；$\beta_1, \beta_2, \cdots, \beta_p$ 是自变量 $X_1, X_2, \cdots, X_p$ 的系数。

11.4.2 有序逻辑回归模型的构建

员工的绩效评级是企业评估员工工作表现的重要指标，直接影响着员工的晋升、奖励和福利待遇。假设我们有一个数据集，其中包含 160 员工的绩效评级（低、中、高）和他们的工作经验和培训时长。我们想使用有序逻辑回归模型来预测员工的绩效评级，探究工作经验和培训时长对绩效评级的影响。

如表 11-3 所示，以下是对每个变量的描述。

表 11-3 变 量 描 述

变量名称	变量定义及赋值
绩效评级	低绩效 = 1，中绩效 = 2，高绩效 = 3
工作经验	工作年限（年）
培训时长	接受培训时间（天）

（1）绩效评级。这是一个有序分类的因变量，表示员工的绩效评级。在这个情景中，绩效评级分为三个等级：低绩效、中绩效和高绩效，分别用 1、2、3 来表示。因为这是一个有序分类变量，所以适合使用有序逻辑回归模型进行分析。

（2）工作经验。这个变量表示员工的工作年限，以年为单位。工作经验可以反映员工的工作能力和技能水平，与绩效评级有一定的关联。

（3）培训时长。这个变量表示员工接受培训的时间长度，以天为单位。培训时长可能会影响员工的技能水平和工作表现，与绩效评级有关联。

我们将绩效评级作为因变量，而工作经验、培训时长作为自变量，使用 OrderedModel 函数拟合有序逻辑回归模型，打印模型的摘要信息，包括模型的参数估计值、标准误差、z 值、p 值等统计信息，同时计算各自变量的优势比，示例如下。

```
from statsmodels.miscmodels.ordinal_model import OrderedModel
#读取数据
data2 = pd.read_csv('performance.csv')
# 定义自变量和有序因变量
X = data2[['工作经验', '培训时长']]
y = data2['绩效评级']
# 构建有序逻辑回归模型
model =OrderedModel(y, X, distr='logit')
# 获取拟合结果
result = model.fit()
# 打印模型摘要
print(result.summary())
# 计算各自变量的优势比
odds_ratios = np.exp(result.params)
print("\n各变量的优势比:")
print(odds_ratios)
```

运行程序，输出结果如图 11-3 所示。

	coef	std err	z	P>|z|	[0.025	0.975]
工作经验	0.2652	0.111	2.391	0.017	0.048	0.483
培训时长	0.0088	0.011	0.838	0.402	-0.012	0.029
1/2	0.4919	0.625	0.787	0.431	-0.733	1.717
2/3	0.4337	0.117	3.705	0.000	0.204	0.663

图 11-3 有序逻辑回归结果

各变量的优势比：

```
工作经验    1.303668
培训时长    1.008848
1/2      1.635384
2/3      1.542980
dtype: float64
```

从结果来看，工作经验对工作绩效产生了显著的统计学影响（$P < 0.05$），工作经验回归系数值 β 为正值，OR 值约为 1.30，这表明，当其他条件一定时，工作经验可以显著提升工作绩效。当工作经验增加一个单位时，绩效评级提升的概率增加 30%。培训时长对工作绩效的影响并不显著（$P > 0.05$）。

11.5 实训案例

本案例旨在通过逻辑回归分析广告的趣味性、说服力和信息性对消费者推荐意愿的影响。读者可轻轻刮开封底的刮刮卡，扫码获取该实训项目及数据。教师如有需要，可登录教学实训平台（edu.credamo.com），在课程库中搜索课程"Python 数据分析快速入门"，根据需要选择相应的课程后，按照第 2 章介绍的方法，导入"我的课程"教师端并组织班级学生加课学习。

11.5.1 案例背景

在当今数字化时代，广告已成为众多手机品牌推广和营销的重要手段之一。而手机广告的特性，包括趣味性、说服力和信息性，在广告效果中扮演着至关重要的角色。

如果一则手机广告能够在趣味性、说服力和信息性方面得到消费者的高度认可，那么消费者更有可能愿意将这个产品或服务推荐给他们的朋友、家人甚至社交网络上的关注者。对此，我们将进行一项研究，以了解消费者对广告趣味性、说服力和信息性的关注程度，以及这些因素对消费者推荐意愿的影响。

11.5.2 数据收集

在数据收集阶段，我们精心设计了一份在线问卷，针对手机广告的趣味性、说服力和信息性三个方面设置了李克特量表评分题目，并调查有关消费者的推荐意愿等。我们通过 Credamo 平台进行了调查，并成功收集了 210 份样本数据。这些样本具有广泛的多样性，涵盖了不同年龄、职业、地区的人群，确保了我们研究结果的代表性和可信度。

11.5.3 变量描述

分析问卷结果，汇总关于趣味性、说服力和信息性的数据。分析所用变量如表 11-4 所示，其中，变量"趣味性"包含了三个子题项，分别是"趣味性 1""趣味性 2"和"趣味性 3"；变量"说服力"包含"说服力 1""说服力 2"和"说服力 3"三个子题项；变量"信息性"包含"信息性 1"和"信息性 2"二个子题项。趣味性、说服力和信息性各题项采用李克特量表（评分范围 1～7）进行衡量，取相应题项取均值作为变量得分。"推荐意愿"

表 11-4 变量描述

变量名称	题项简称	问卷题项
趣味性	趣味性 1	我认为这个广告是有趣的
	趣味性 2	我认为这个广告的语言是幽默的
	趣味性 3	我认为这个广告的语言是生动的
说服力	说服力 1	这则广告的内容是真诚的
	说服力 2	该广告对我来说是有说服力的
	说服力 3	我被该广告的内容所打动
信息性	信息性 1	广告中所展示的信息是有用的
	信息性 2	广告中提供的信息是有价值的
推荐意愿	是否愿意推荐	是：1；否：2

变量表示消费者是否愿意推荐该产品，其中"是"表示愿意推荐，取值为 1；"否"表示不愿意推荐，取值为 2。

11.5.4 数据读取

进入教学平台"Python 数据分析快速入门"课程第 11 章的代码实训部分，首先导入分析所需要的 Python 库，随后单击外部数据"操作"栏的"🔗"按钮复制文件地址，如图 11-4 所示。然后利用 Pandas 完成数据读取（注：实际地址以操作栏复制的文件地址为准），如图 11-5 所示。

图 11-4　复制文件地址

图 11-5　读取数据

11.5.5 二元逻辑回归

如图 11-6 所示，我们选择是否愿意推荐作为因变量，广告的趣味性、说服力和信息

图 11-6　二元逻辑回归

性作为自变量开展二元逻辑回归分析。打印模型的摘要，其中包括模型系数、标准误差、z 值、p 值等统计信息，以及计算各自变量的优势比，以更好地理解自变量对因变量的影响。需要注意的是，因为逻辑回归模型要求因变量是二元的，所以通过 replace 函数将原始数据中的推荐意愿（1 表示是，2 表示否）进行重新编码，用 1 表示愿意推荐，0 表示不愿意推荐。

运行程序，输出结果如图 11-7、图 11-8 所示。

	coef	std err	z	P>|z|	[0.025	0.975]
const	-5.2837	1.225	-4.312	0.000	-7.685	-2.882
趣味性	0.6421	0.206	3.117	0.002	0.238	1.046
说服力	1.2928	0.300	4.309	0.000	0.705	1.881
信息性	-0.4114	0.264	-1.560	0.119	-0.928	0.105

图 11-7　逻辑回归结果

```
各变量的优势比：
const    0.005074
趣味性    1.900457
说服力    3.642966
信息性    0.662748
dtype: float64
```

图 11-8　优势比结果

从最终的结果可以看出，趣味性和说服力对推荐意愿产生了显著的统计学影响（$P < 0.05$）。具体而言，趣味性的回归系数为 0.642 1，对应的 OR 值约为 1.90；说服力的回归系数为 1.292 8，对应的 OR 值约为 3.64。这表明趣味性与说服力越高，消费者越倾向于推荐。当趣味性增加一个单位时，推荐的概率为原来的 1.90 倍；当说服力增加一个单位时，推荐的概率为原来的 3.64 倍。

本 章 小 结

本章通过介绍逻辑回归的基础知识与应用，帮助读者掌握如何使用 Python 进行逻辑回归分析，并解释模型结果。本章主要知识点如下。

1. 逻辑回归的基本概念

讨论了逻辑回归模型的基本概念，以及它与线性回归的区别。

2. 二元逻辑回归

（1）深入讲解二元逻辑回归模型，包括模型建立、参数估计和 OR 值的含义。

（2）学习如何使用 Python 进行二元逻辑回归分析，并解释模型结果。

3. 多分类逻辑回归

（1）探讨多分类逻辑回归的基本概念和模型构建方法。

（2）介绍如何使用 Python 进行多分类逻辑回归分析，并解释模型结果。

4. 有序逻辑回归

（1）学习有序逻辑回归的概念和模型构建方法。

（2）介绍使用 Python 进行有序逻辑回归分析的方法。

5. 实训案例

通过实际案例，应用本章所学的逻辑回归知识，探究了手机广告趣味性、说服力以及信息性对消费者推荐意愿的影响。

第 12 章

聚 类 分 析

学习目标

1. 理解聚类分析的基本原理和实施步骤。
2. 学会使用层次聚类和 k 均值聚类方法。
3. 学习如何使用 Python 进行聚类分析。
4. 理解聚类分析结果的统计意义,并能够进行合理的解释和应用。

通过将数据点根据相似性划分为不同的组,聚类分析能够提供对数据的深入理解。本章将深入探讨聚类分析的基本概念和方法,帮助你在数据分析中识别和解释数据的内在模式。

12.1 聚类的基本原理

12.1.1 聚类分析概述

聚类分析的目标是将庞大的数据集中的个体分割成若干组,如图 12-1 所示,使得同一组内的对象相似度更高,而不同组之间的差异更加显著。通过这一过程,我们能够揭示数据中潜在的模式和结构,进而深入了解数据的内在关联和特征。

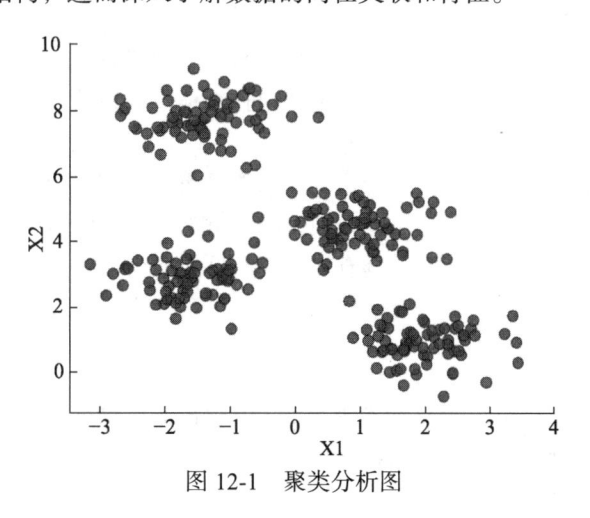

图 12-1 聚类分析图

在聚类分析中，我们通常会使用各种距离或相似性度量来衡量不同样本之间的相似性。这些度量可以是欧氏（欧几里得）距离（Euclidean distance）、曼哈顿距离（Manhattan distance）、切比雪夫距离（Chebyshev distance）等。然后，聚类方法根据这些相似性度量，将样本划分为不同的簇或群集。不同的聚类方法有不同的原理和适用范围，常见的包括层次聚类、k均值聚类等，选择合适的聚类方法取决于数据的特点和分析的目的。

聚类分析的应用非常广泛，涵盖了许多领域。

（1）市场营销领域。市场营销领域广泛应用聚类分析，通过对客户进行细分，企业能够更好地了解不同群体的购买行为、偏好和需求。通过识别这些不同群体，企业可以定制个性化的营销策略和推广活动，提高市场竞争力。例如，通过聚类分析，可以将客户分为不同的消费者群体，如高端消费者、中端消费者和价值消费者，并针对不同群体推出相应的产品和服务，从而提升销售业绩。

（2）教育领域。在教育领域，聚类分析被广泛应用于分析学生学习成绩和行为数据。例如，通过分析学生的学习成绩和行为数据，可以将学生分为高成绩组、中等成绩组和低成绩组，然后针对不同组别的学生制定相应的教学计划和辅导方案，以提升学生的学习效果和学习动力。

（3）金融风险管理领域。通过聚类分析，识别不同风险水平的客户群体，金融机构能够更好地进行风险评估、信用评分和欺诈检测。例如，通过聚类分析，可以将客户分为低风险客户、中风险客户和高风险客户，然后针对不同风险等级的客户采取相应的风险管理措施，以降低金融机构的风险暴露和损失。

（4）社会科学领域。在社会科学领域，聚类分析可以用于分析社会调查数据，识别不同人群的特征和行为模式，从而深入理解社会结构和变化。例如，通过分析人们的社会互动数据，可以将人群分为不同的社交群体，如社交活跃群体、社交保守群体和社交独立群体，从而深入了解人们的社交行为和社会网络结构。

12.1.2 聚类分析的基本步骤

聚类分析的基本步骤通常包括以下五步。

1. 确定分析目的

确定分析目的是聚类分析的首要步骤，它为整个分析过程提供了方向和焦点。在确定分析目的时，需要清晰地了解希望从数据中获得什么信息，以便为后续的分析和应用提供指导和支持。

在确定分析目的的基础上，选择合适的变量进行聚类是至关重要的。合适的变量选择应该与分析目的保持一致，并且能够有效地反映数据的特征和结构。这些变量可以是数值型变量、分类变量，但需要保证它们具有代表性，并且具有足够的信息量来支持聚类分析的目标。

2. 数据标准化

数据标准化是聚类分析中的重要步骤之一，其目的是消除不同特征之间的量纲差异，确保各个特征在聚类过程中具有相同的重要性。

如果各个变量采用了不同的度量单位，其测量值之间可能存在较大的差异，例如一些变量可能使用李克特 7 级量表进行测量，如态度测量；而另一些变量可能以货币单位"元"进行度量，如购买某物的花费。在这种情况下，这些不同的度量单位和数值范围可能会对最终的聚类结果产生影响。因此，为了保证各个变量对聚类分析的影响相对一致，读者需要先对数据进行标准化处理。

常见的数据标准化方法包括 Z-score 标准化，具体操作如下：对于每个特征，将其数值减去均值，然后除以标准差，从而使得特征的均值为 0，标准差为 1，将数据映射到标准正态分布上，以消除不同特征之间的量纲和单位差异。

3. 测量群组间相似性

在聚类分析中，测量群组间相似性是非常重要的一步，它有助于确定数据点或观测值之间的相似程度。通常使用距离度量来衡量群组间的相似性。常见的距离度量包括欧氏距离、曼哈顿距离、切比雪夫距离等。

（1）欧式距离。欧式距离是最常用的相似性度量方法之一，适用于连续性变量的情况。对于两个个案 i 和 j，欧式距离的计算公式为

$$d_{ij} = \sqrt{\sum_{k=1}^{p}(x_{ik} - x_{jk})^2} \quad (12\text{-}1)$$

其中，x_{ik} 和 x_{jk} 分别表示个案 i 和 j 在变量 k 上的取值；p 表示变量的总数。欧式距离计算每个变量的差值的平方，然后相加取平方根。如果得到的距离值越小，则说明两个个案之间的相似度越高；距离值越大，则说明两个个案之间的差异程度越大。

（2）曼哈顿距离。曼哈顿距离又称城市街区距离，它是两点之间在各坐标轴上的绝对值之和。对于个案 i 和 j，曼哈顿距离的计算公式为

$$d_{ij} = \sum_{k=1}^{p} |x_{ik} - x_{jk}| \quad (12\text{-}2)$$

曼哈顿距离计算的过程是将两个个案在各个坐标轴上的差值的绝对值相加。换句话说，曼哈顿距离是通过沿着坐标轴的网格线移动来测量两个点之间的距离，就像在城市街区中行走一样，沿着街道和大道移动。

（3）切比雪夫距离。切比雪夫距离是两个个案在各维度上差值的最大值。计算公式为

$$d_{ij} = \max_{k} |x_{ik} - x_{jk}| \quad (12\text{-}3)$$

切比雪夫距离的计算过程是找到两个个案在各个维度上的差值的最大值，即找到差异最大的维度。这种距离度量方法能够准确地衡量两个个案之间在不同维度上的差异程度。

4. 选择聚类算法

根据问题的性质和数据的特点选择适当的聚类算法。常见的算法包括层次聚类（hierarchical clustering）、k 均值聚类（k-means clustering）等，每种算法有其适用的场景和优缺点。

（1）层次聚类。层次聚类是一种自下而上或自上而下的聚类方法，它通过逐步合并或分割样本点来形成一个簇的层次结构。层次聚类不需要预先确定聚类数量，可以生成层次化的聚类结构。

（2）k均值聚类。k均值聚类是最常见和最简单的聚类算法之一。它将样本分成预先确定数量的簇（K个），并试图使每个样本与其所属簇的中心点的距离最小化。

5. 分析聚类结果

分析聚类结果是聚类分析中至关重要的一环。通过深入研究聚类结果，我们可以揭示数据集的内在结构和特点。首先，观察每个簇内部的样本特征和属性分布，有助于了解这些簇所代表的数据子集的共同特征和差异。其次，通过比较不同簇之间的特征差异，我们能够识别出数据集中的主要模式和趋势。

此外，在分析聚类结果时，还可以利用可视化技术对聚类结果进行展示，如散点图等，以直观地呈现数据的聚类结构和分布特征。这些分析结果为深入理解数据集提供了重要线索和见解，为决策制定和应用实施提供了有力支持。

12.2 层次聚类

12.2.1 层次聚类的概念

层次聚类是一种渐进性地将数据对象合并或分割，以构建具有层次结构的聚类方法。该方法根据相似性将样本逐步合并为不同的聚类，形成层次性的结构，这种结构可以通过树状图清晰地展示聚类间的关系。

在层次聚类中，我们需要选择一种合并类与类的方法。这些方法包括最短距离法、最长距离法、类平均法、离差平方和法以及重心法。在实际应用中，类平均法和离差平方和法是较为常见的选择。

（1）类平均法。在类平均法中，我们通过计算两个类之间的两两样本距离的平均值，然后将其作为这两个类之间的距离。接着，选择类间距离最小的两个类进行合并，重复此过程直至最终只剩下一个类。其中，组间联结法是类平均法的一种常见变体。举例来说，如图12-2所示，对于类G_a和G_b，我们可以计算它们之间的距离（组间距离）如下：

$$G_{ab} = \frac{d_{13} + d_{14} + d_{23} + d_{24}}{4}$$

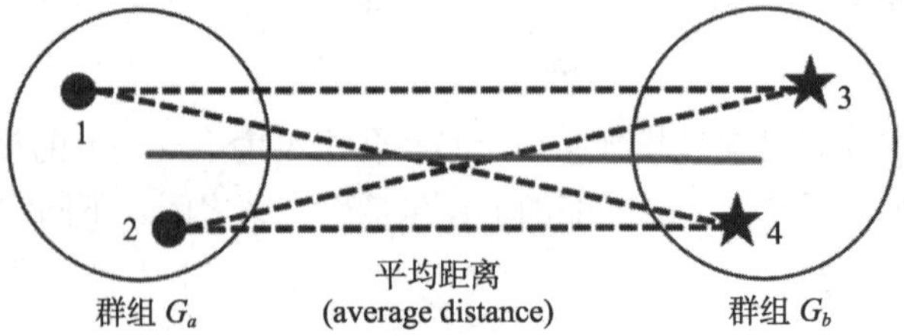

图12-2 类平均法（组间距离）

（2）离差平方和法。离差平方和法，又称沃德法，是由国外学者沃德（Ward）提出的一种聚类方法。该方法首先计算每个类的聚类重心，即该类中所有个案在各个变量上的均值。然后，计算每个类中所有个案到其自身聚类重心的欧式距离的平方的和，即离差平方和，如图12-3所示。

离差平方和法的聚类过程是从将样本中的每个个案视为一个类开始的。然后，在逐步合并过程中，每当两个类聚合成一个新类时，新类的离差平方和就会增加。选择离差平方和增加最小的两个类进行合并，直到所有个案都被归并到同一类中。

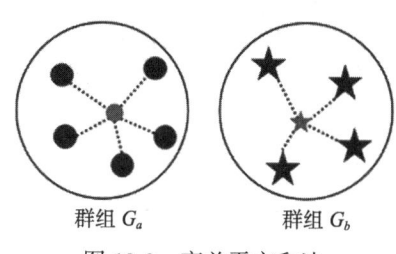

图 12-3　离差平方和法

12.2.2　层次聚类的实施步骤

层次聚类是一种基于类之间相似度的聚类方法，其实施步骤通常包括以下五步。

（1）初始化。将样本中的 n 个个案初始化为 n 个类别。

（2）距离计算。计算不同类别之间的距离，并合并性质最接近（距离最近）的两个类别，形成新的聚类。

（3）逐步合并。重复计算新聚类与当前各类别的距离，合并距离最近的两个类别，逐步减少聚类数量。

（4）迭代过程。反复执行距离计算和逐步合并的过程，直至所有个案聚合为一个整体类别，总共进行 $n-1$ 次聚类过程。

（5）结果展示。生成聚类结果的相关图表，以确定最终分类的数量和各个类别所包含的个案。

下面我们举个具体例子，以更好地阐述使用 Python 进行层次聚类的具体步骤。

地区经济综合实力评价指是一个系统、全面的工作。为了科学、客观且准确地衡量江苏省各地级市的经济实力，按照科学性、系统性、综合性和可行性原则来选取经济发展水平 5 项指标，对江苏省 13 个地级市进行聚类分析。

这 5 项指标分别为：地区生产总值、固定资产投资总额、地方财政一般预算内收入、社会销售品零售总额和外贸进出口总额。数据来源于《2019年江苏统计年鉴》，部分数据如表 12-1 所示：

表 12-1　部分数据展示

城市	地区生产总值/万元	固定资产投资总额/万元	地方财政一般预算内收入/万元	社会消费品零售总额/万元	外贸进出口总额/万元
南京市	140 310 000	55 335 643	15 800 300	71 363 249	48 281 500
无锡市	118 520 000	39 735 188	10 363 300	30 243 428	63 666 301
徐州市	71 510 000	6 013 112	4 683 200	35 331 872	9 318 758
常州市	74 010 000	33 989 667	5 900 300	24 016 802	23 308 214
苏州市	192 360 000	56 484 864	22 218 100	78 133 961	219 872 000
…	…	…	…	…	…

首先，我们导入分析所需的包。

```python
import pandas as pd
import numpy as np
import matplotlib.pyplot as plt
from scipy.cluster.hierarchy import linkage, dendrogram
from sklearn.preprocessing import StandardScaler
```

接着读取数据，进行标准化处理，然后利用 ward 法对数据进行层次聚类，最后绘制树状图展示聚类结果，其中树状图的叶节点标签为城市名称。

```python
# 读取数据（此处的文件地址以文件名表示，在教学实训平台进行实际代码操作时，此处的文件地址需替换成外部数据操作栏里复制的文件地址，详见第2章）
city = pd.read_csv('city.csv')
# 提取数值数据
data = city.iloc[:, 1:].values
# 数据标准化
scaler = StandardScaler()
scaled_data = scaler.fit_transform(data)
# 层次聚类
linkage_matrix = linkage(scaled_data, method='ward')
# 绘制树状图
dendrogram(linkage_matrix, labels=city['城市'].tolist(), leaf_rotation=90, leaf_font_size=10)
plt.title('层次聚类树状图')
plt.xlabel('城市')
plt.ylabel('距离')
plt.show()
```

根据层次聚类树状图（图 12-4、图 12-5），我们可以从下往上分析，关注最后几次合并情况，在最后几条垂直线之前画一条与垂直线垂直的虚线，比较两两虚线之间的距离，观察哪一部分的距离突然增大，就停留在增大前的那一条虚线处。该虚线与垂直线有几个交点就将样本分为几类。如图 12-5 所示，虚线 3 和虚线 4 之间的距离显著大于虚线 1 与虚线 2、虚线 2 与虚线 3 之间的距离。因此，我们将目光停留在虚线 3 处，发现它与垂直线有 3 个交点。

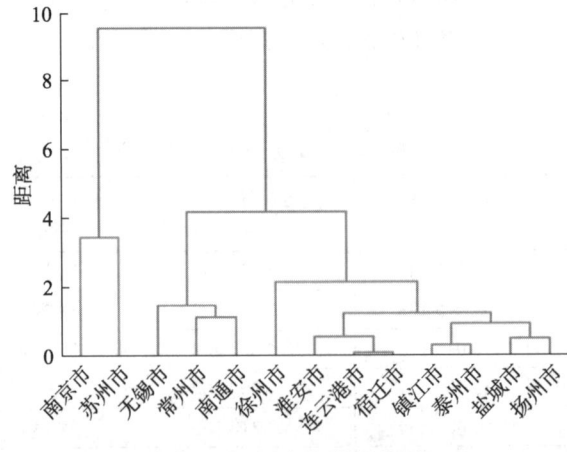

图 12-4 层次聚类树状图

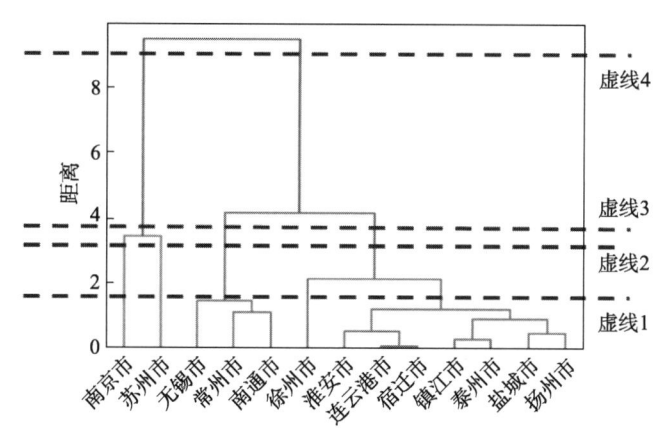

图 12-5　层次聚类树状图分析

根据上述分析，考虑将江苏省经济综合实力水平分为 3 类（注：合适的分类数可结合实际情况进行调整）。

（1）经济综合实力高水平城市。此类型包含南京和苏州，由此说明南京和苏州在全省经济综合水平遥遥领先。

（2）经济综合实力中水平城市。此类型包含无锡、常州和南通地区。这些城市在经济综合实力上处于中等水平，表现出一定的经济发展实力。

（3）综合实力低水平城市。此类型包括徐州、淮安、连云港等 8 个城市。这些城市在经济综合实力上相对较低，可能面临一些发展挑战。

12.3　k 均值聚类

12.3.1　k 均值聚类的原理

k 均值聚类是一种实用性强、广泛应用的聚类方法，被戏称为"快速聚类法"。与层次聚类逐一合并的方式不同，k 均值聚类在开始时需要预先确定分类的数量 k，因此被归类为"非层次聚类"方法，不形成层次结构。

k 均值聚类的目标是最小化每个数据点与其所属聚类中心的距离的平方和，通常使用欧氏距离作为距离度量。这个过程可以通过迭代优化来实现。k 均值聚类的时间复杂度较低，适用于大型数据集的聚类任务。

扩展阅读 12.1　k 均值聚类优缺点

12.3.2　k 均值聚类的实现步骤

k 均值聚类的具体步骤包括以下五步。

（1）初始化。随机选择 k 个数据点作为初始的聚类中心。

（2）分配数据点到最近的聚类中心。对于每个数据点，计算其到各个聚类中心的距离，并将其分配到距离最近的聚类中心所代表的簇中。

（3）更新聚类中心。对于每个簇，计算其中心（即各维度的平均值），将该簇的中心更新为新的值。

（4）重复步骤（2）和（3）。重复执行步骤（2）和（3），直到达到停止条件。停止条件可以是达到最大迭代次数、聚类中心不再发生变化或者其他特定的条件。

（5）收敛。当聚类中心不再变化或者满足停止条件时，算法收敛并得到最终的聚类结果。

沿用12.2.2中的例子，使用Scikit-learn库中的k-均值聚类算法对给定数据进行聚类分析。首先，读取数据，提取用于聚类的特征部分，对数据进行标准化处理，以确保各个特征具有相似的尺度；接着，创建一个 k-均值模型，将聚类数量设定为 3，并使用指定的随机种子（random_state=42）确保可重复性；然后，通过 fit_predict()方法将标准化后的数据进行聚类，并将每个样本所属的类别标签存储在名为'分类'的新列中；最后，打印包含城市名称和对应分类情况的表格。示例如下。

```
from sklearn.cluster import KMeans
# 提取用于聚类的特征
data = city.iloc[:, 1:]
# 数据标准化
scaler = StandardScaler()
scaled_data = scaler.fit_transform(data)
# 创建 k-means 模型，假设聚类数为 3
# random_state：该参数用于初始化随机数生成器。设置一个特定的值（例如 42）可以确保可重复性。采用不同的值结果会有所差异。
kmeans = KMeans(n_clusters=3, random_state=42)
# 进行聚类
city['分类'] = kmeans.fit_predict(scaled_data)
# 打印包含分类情况的表格
print("分类情况表：\n", city[['城市', '分类']])
```

运行程序，输出结果如表 12-2 所示：

表 12-2　分类情况表

城市	分类
南京市	0
无锡市	0
徐州市	1
常州市	1
苏州市	2
南通市	0
连云港市	1
淮安市	1
盐城市	1
扬州市	1
镇江市	1
泰州市	1
宿迁市	1

根据最终的分类情况表，苏州市单独被归为一类；南京、无锡、南通被归为一类；其余城市被归为另一类。

12.4 实训案例

本案例通过聚类分析研究"手机广告效果研究"问卷数据，利用"说服力"和"购买意愿"变量对用户进行分群，以识别各聚类群体的特征。读者可轻轻刮开封底的刮刮卡，扫码获取该实训项目及数据。教师如有需要，可登录教学实训平台（edu.credamo.com），在课程库中搜索课程"Python 数据分析快速入门"，根据需要选择相应的课程后，按照第 2 章介绍的方法，导入"我的课程"教师端并组织班级学生加课学习。

12.4.1 案例背景

在当今数字化时代，广告已成为手机品牌推广和营销的重要手段之一。然而不同用户对广告的接受程度和行为反应存在差异，仅依赖单一的营销策略难以全面覆盖多样化的消费者群体。对此，我们对"手机广告效果研究"问卷中的被试用户进行聚类分析，选择"说服力"和"购买意愿"作为变量对用户进行聚类，了解每个聚类群体中用户的共同特征。

12.4.2 数据收集

我们通过 Credamo 平台进行了调查，并成功收集了 210 份样本数据。这些样本具有广泛的多样性，涵盖了不同年龄、职业、地区的人群，确保了我们研究结果的代表性和可信度。

12.4.3 变量描述

分析问卷结果，汇总关于说服力和购买意愿的数据。全部变量如表 12-3 所示，各题项采用李克特量表（评分范围 1~7）进行衡量，并对相应题项取均值得到变量得分。

表 12-3 变 量 描 述

变量名称	题项简称	问卷题项	变量得分
说服力	说服力 1	这则广告的内容是真诚的	由低到高：1~7
	说服力 2	该广告对我来说是有说服力的	由低到高：1~7
	说服力 3	我被该广告的内容所打动	由低到高：1~7
购买意愿	购买意愿 1	我愿意购买该产品	由低到高：1~7
	购买意愿 2	如果我发了一笔奖金我会购买该产品	由低到高：1~7

12.4.4 数据读取

进入教学平台"Python 数据分析快速入门"课程第 12 章的代码实训部分，首先导入分析所需要的 Python 库，随后单击外部数据操作栏的"🔗"按钮复制文件地址，如图 12-6

所示。然后利用 Pandas 完成数据读取（注：实际地址以操作栏复制的文件地址为准），如图 12-7 所示。

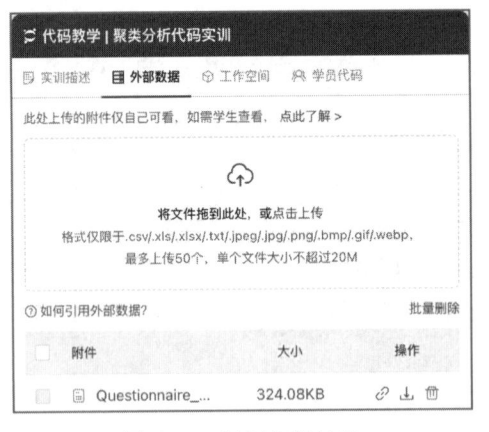

图 12-6　复制文件地址

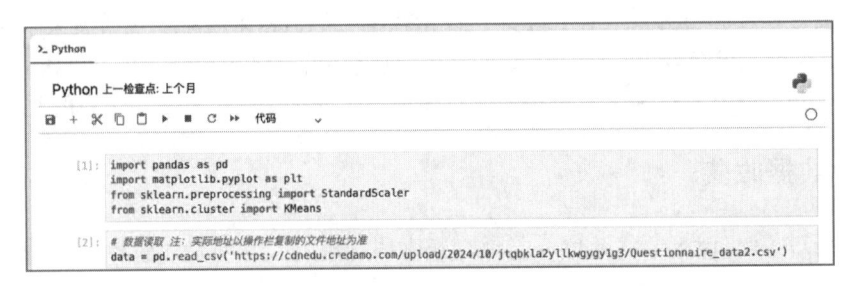

图 12-7　读取数据

12.4.5　聚类分析

对"手机广告效果研究"问卷中的被试用户进行聚类分析，其中我们选择"说服力"和"购买意愿"作为变量对用户进行聚类，选取聚类数为 3，打印最终的分类情况表，对聚类结果进行汇总统计，并绘制散点图可视化聚类结果，了解每个聚类群体中用户的共同特征。

提取聚类特征，如图 12-8 所示。聚类数选择 3（合适的分类数需要用户提前确定或多次反复尝试不同的聚类数进行确定），得出聚类最终的分类情况表。

聚类结果汇总表（图 12-9）展现了各类别所拥有的用户数量（频数）以及占所有用户的百分比。其中类别 1 有 89 个用户，占比最大，达到 42.38%；类别 0 有 84 个用户，占比达到 40%；类别 2 有 37 个用户，占比最少，为 17.62%。

随后我们可视化 k 均值聚类的结果。如图 12-10 所示，首先，通过 kmeans.labels_ 属性获取每个样本所属的簇标签，并通过 kmeans.cluster_centers_ 属性获取每个簇的聚类中心；接着利用 plt.scatter() 函数绘制散点图，其中 x 轴表示购买意愿特征，y 轴表示说服力特征；然后，通过 plt.scatter() 函数绘制聚类中心，用"X"标记表示；最后，设置横纵坐标的标签，使用 plt.show() 函数显示绘制的散点图（图 12-11），这样可以直观地展示数据点的分布以及聚类中心的位置。

```python
# 提取用于聚类的特征
data = data[['购买意愿', '说服力']]

# 数据标准化
scaler = StandardScaler()
scaled_data = scaler.fit_transform(data)

# 创建 K-means 模型，假设聚类数为3
# random_state: 该参数用于初始化随机数生成器。设置一个特定的值（例如42）可以确保可重复性。采用不同的值结果会有所差异。
kmeans = KMeans(n_clusters=3, random_state=42)
```

```python
# 进行聚类
data['分类'] = kmeans.fit_predict(data)

# 打印包含分类情况的表格
print("分类情况表: \n", data[['购买意愿', '说服力', '分类']])
```

分类情况表：
```
     购买意愿    说服力   分类
0      1.5  2.666667    2
1      5.5  4.333333    1
2      3.5  4.000000    2
3      3.5  3.666667    2
4      4.5  3.333333    2
..     ...       ...   ..
205    5.5  5.000000    1
206    6.5  6.666667    0
207    6.5  6.333333    0
208    5.0  3.000000    1
209    1.5  3.000000    2
```

图 12-8　聚类分析表

```python
# 计算每个类别的频数
cluster_counts = data['分类'].value_counts()

# 计算每个类别的百分比
cluster_percentages = (cluster_counts / cluster_counts.sum()) * 100

# 创建包含频数和百分比的表格
cluster_summary = pd.DataFrame({'频数': cluster_counts, '百分比': cluster_percentages})

print("聚类结果汇总表: \n", cluster_summary)
```

聚类结果汇总表：
```
     频数    百分比
分类
1    89   42.380952
0    84   40.000000
2    37   17.619048
```

图 12-9　聚类结果汇总表

```python
# 获取每个样本所属的簇
labels = kmeans.labels_

# 获取每个簇的聚类中心
centroids = kmeans.cluster_centers_

# 可视化聚类结果，例如绘制散点图
scatter = plt.scatter(data['购买意愿'], data['说服力'], c=labels, cmap='viridis')

# 绘制聚类中心
plt.scatter(centroids[:, 0], centroids[:, 1], marker='X', s=200, linewidths=3, color='r')

# 设置横纵坐标的标签
plt.xlabel('购买意愿')
plt.ylabel('说服力')

# 添加图例
handles, labels_legend = scatter.legend_elements()
plt.legend(handles, labels_legend, title="类别", loc="upper left")

plt.show()
```

图 12-10　可视化代码

由图 12-11 可知，手机广告更加吸引类别 0 用户，因为类别 0 用户在"说服力"和"购买意愿"上的得分最高；而对类别 2 用户的效果最差，在两个变量上的得分是三组类别中最低的；对类别 1 用户的效果一般。由此我们可以初步判断该广告海报可能更适合类别 0 的用户。

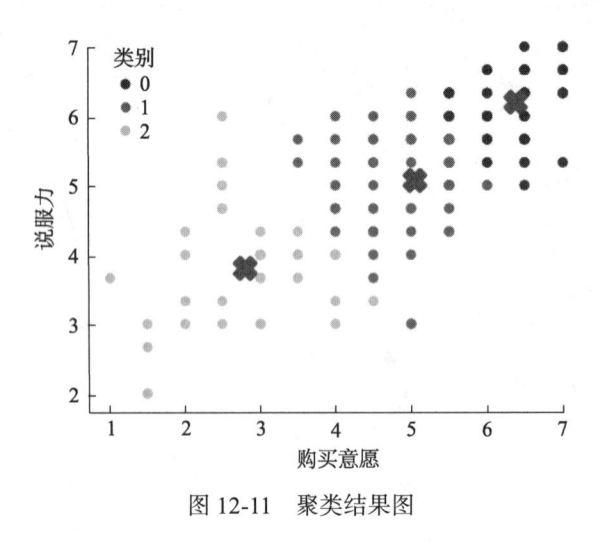

图 12-11　聚类结果图

本 章 小 结

本章通过介绍聚类分析的基本原理和两种主要的聚类方法——层次聚类和 k 均值聚类，使读者能够掌握如何使用 Python 进行聚类分析，并能够解释聚类结果。本章主要知识点如下。

1. 聚类的基本原理

（1）介绍聚类分析的基本概念，包括其目标、方法和应用场景。

（2）探讨聚类分析的步骤，从确定分析目的到数据标准化，再到测量相似性和选择聚类算法。

2. 层次聚类

（1）学习类与类的合并方法，包括类平均法、离差平方和法等。

（2）掌握层次聚类的实施步骤，包括初始化、距离计算、逐步合并和迭代过程。

（3）通过案例分析，了解了如何使用 Python 进行层次聚类分析，并解释树状图的结果。

3. k 均值聚类

（1）理解 k 均值聚类的原理和特点，包括其初始化、分配、更新和收敛步骤。

（2）实践了如何使用 Python 进行 k 均值聚类分析，并解释了结果。

4. 实训案例

通过"手机广告效果研究"问卷数据的聚类分析案例，对如何利用"说服力"和"购买意愿"变量对用户进行分群进行实践操作。

第三部分

综合实训进阶

第 13 章

上海餐饮店数据分析

学习目标
1. 掌握如何通过图表可视化餐饮店的消费者评价和价格分布。
2. 学会运用聚类分析和逻辑回归等方法分析餐饮行业的数据。
3. 能够为餐饮业经营者提供基于数据的参考和建议。

餐饮业的发展直接影响着城市的经济和文化。本章通过对上海餐饮行业数据的分析，深入了解消费者的评价和价格特征，帮助餐饮业经营者做出更好的决策。
（注：该实训案例与数据可通过扫描本书封底的二维码获取）

13.1 项目背景与研究内容

13.1.1 中国餐饮行业大背景

中国的餐饮行业在经历新冠疫情的重大冲击之后，显示出显著的韧性和快速恢复能力。2023年，得益于有效的疫情防控措施和经济复苏步伐加快，餐饮业整体经营状况得以改善，收入规模不仅回到了疫情前的水平，而且增长率超过了社会消费品零售总额的增长率，凸显出其在消费市场中的强劲表现和重要地位。2023年，中国餐饮行业收入达到5.29万亿元。

中国餐饮市场在近年来规模持续扩大，展现出了稳健的中长期增长态势。2013—2023年，行业保持着约7.3%的年复合增长率，显示了国内消费需求的旺盛和餐饮市场的活跃。尤其在消费升级的大背景下，消费者对餐饮品质、服务、品牌化及多元化需求的提升，有力推动了整个行业结构的优化和服务模式的创新。

未来，国家还将从以下几个方面加大力度支持餐饮业发展。

（1）消费升级驱动。随着居民生活水平的提高和消费观念的转变，国家将鼓励餐饮业提供更多元化、高品质的产品和服务，以满足消费者的个性化需求，推动餐饮业从量的增长向质的提升转变。

（2）业态创新和技术升级。国家积极推动餐饮业态的创新，比如新型餐饮模式、智慧餐厅、预制菜产业发展等，并鼓励运用现代科技手段，如移动支付、在线订餐、人工智能技术等，实现餐饮行业的数字化转型和智能化运营。

（3）产业链整合与食品安全保障。国家进一步完善餐饮产业链条，包括上游食材供应、中游加工制作到下游销售服务的全程管控，确保食品安全的同时，推动供应链的高效协作与资源共享，降低餐饮企业的运营成本。

13.1.2 上海餐饮行业大背景

在地区层面，上海作为中国经济重镇和国际化大都市，其餐饮行业发展规模与成熟度均居全国前列。2023年，上海限额以上住宿和餐饮企业实现营业收入1 565.65亿元，同比增长32.9%，这一增长不仅体现了上海餐饮市场的强大复苏能力，也反映出消费者对优质餐饮服务的持续需求。

此外，上海餐饮行业积极响应国家号召，持续推进产业升级，尤其是在绿色餐饮、环保节能、标准化服务等方面取得了显著成效。随着上海自贸区建设和进博会等国际交流平台的不断完善，上海餐饮业在全球范围内的影响力也在不断提升。

13.1.3 研究内容

具体研究内容包括以下三个方面。

（1）评分和价格差异分析。探讨上海市不同行政区内的餐饮店在评分和价格方面的差异，揭示各区餐饮市场的特点和消费者偏好。

（2）聚类分析。通过聚类分析方法，将餐饮店划分为不同的类别，以揭示不同类型的餐饮店在评分、价格等方面的特征，为市场细分提供依据。

（3）逻辑回归分析。构建逻辑回归模型，探究环境评分和服务评分对口味评分的影响。

最终，基于上述分析结果，为上海餐饮业的经营者提供有价值的参考和建议，帮助他们更好地理解和满足消费者的需求，优化经营策略，提升服务质量。

13.2 数据采集与预处理

爬取某餐饮平台网站中黄浦区、徐汇区、长宁区、静安区、普陀区、虹口区、杨浦区、闵行区、浦东新区等上海15个区域的餐饮商家信息，共获取7 500条数据。

爬取的内容主要为各个商家的名称，评价（主要为口味、服务、环境评分），价格区间，最高价格，最低价格，人均价格等信息。

根据本案例的研究目的，对数据进行处理，未公示价格的商家（价格区间为不详）作为缺失值进行处理，采用箱线图方法去除人均价格变量的异常值。对订餐地区7 500条数据进行处理后，最终获得5 404条有效数据。部分数据如表13-1所示。

表 13-1 餐饮店部分数据

names（店名）	kouwei（口味）	huanjing（环境）	fuwu（服务）	Jiage/元（价格）	diqu（地区）	lowprice/元（最低价格）	highprice/元（最高价格）	avprice/元（人均价格）
轩饫私宴	4.1	4	4.1	500～700	宝山区	500	700	600
渔翁尚膳山海店	4.3	4.2	4.2	300～400	宝山区	300	400	350

续表

names（店名）	kouwei（口味）	huanjing（环境）	fuwu（服务）	Jiage/元（价格）	diqu（地区）	lowprice/元（最低价格）	highprice/元（最高价格）	avprice/元（人均价格）
江南纪（呼玛店）	4.8	4.8	4.8	100～300	宝山区	100	300	200
江南纪（一二八店）	4.8	4.8	4.8	100～300	宝山区	100	300	200
老绍兴大酒店（华灵路店）	4.8	4.8	4.8	100～300	宝山区	100	300	200

接下来我们将进行预处理，具体步骤如下。

（1）进入"Python 数据分析快速入门"课程第 13 章的代码实训部分，首先导入分析所需要的 Python 库，随后单击外部数据操作栏的"⌘"按钮复制文件地址，如图 13-1 所示。然后利用 Pandas 完成数据读取（注：实际地址以操作栏复制的文件地址为准），如图 13-2 所示。

图 13-1　复制文件地址

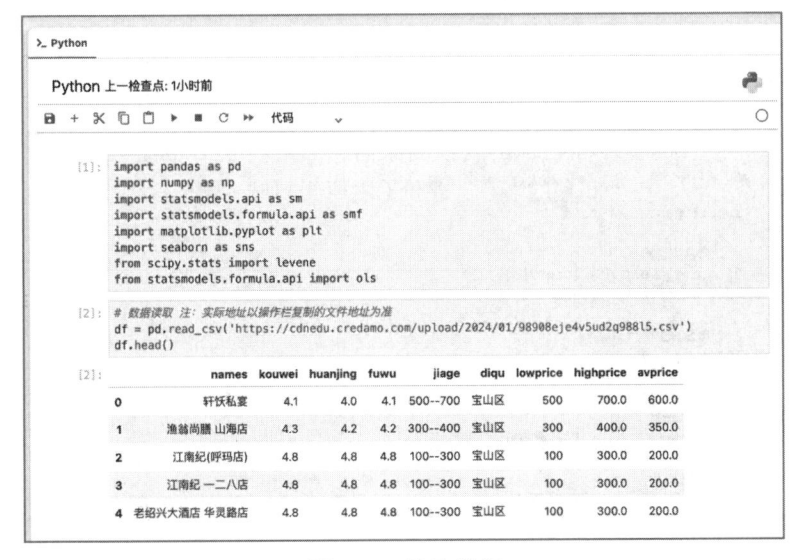

图 13-2　读取数据

（2）缺失值处理。如图 13-3 所示，将 jiage 列中值为"不详"的行删除。

```
1 #去除缺失值
2 df = df[(df['jiage'] != '不详')]
```

图 13-3　缺失值处理

扩展阅读 13.1　astype() 函数

（3）数据类型转换。如图 13-4 所示，使用 astype()函数，将 avprice 列的数据类型从 object 转换为 float 型，以便后续计算。

```
1 # 查看每列的数据类型
2 data_types = df.dtypes
3
4 # 打印结果
5 print(data_types)

names       object
kouwei      float64
huanjing    float64
fuwu        float64
jiage       object
diqu        object
lowprice    object
highprice   float64
avprice     object
dtype: object

1 df['avprice'] = df['avprice'].astype(float)
```

图 13-4　数据类型转换

（4）异常值处理。如图 13-5 所示，对于人均价格字段，采用箱线图方法去除异常值。该方法首先计算出数据的第一四分位数（Q1）和第三四分位数（Q3）；然后，计算出 IQR（Q3–Q1）的值；接着，根据 IQR 的值，定义小于 Q1–1.5×IQR 或大于 Q3+1.5×IQR 的数据点为异常值；最后，移除这些异常值。

```
1  import pandas as pd
2
3  # 计算四分位数
4  Q1 = df['avprice'].quantile(0.25)
5  Q3 = df['avprice'].quantile(0.75)
6
7  # 计算四分位差 (IQR)
8  IQR = Q3 - Q1
9
10 # 定义异常值的上下界
11 lower_bound = Q1 - 1.5 * IQR
12 upper_bound = Q3 + 1.5 * IQR
13
14 # 去除异常值
15 df = df[(df['avprice'] >= lower_bound) & (df['avprice'] <= upper_bound)]
```

图 13-5　异常值处理

13.3　描述统计与可视化图表

13.3.1　上海市不同地区餐饮店口味评分箱线图

编写上海市不同地区餐饮店口味评分箱线图代码，如图 13-6 所示。运行程序，最终绘制的箱线图如图 13-7 所示。

```
1  # 不同地区口味评分箱线图
2  plt.figure(figsize=(10, 6))
3  sns.boxplot(x='diqu', y='kouwei', data=df)
4  plt.xlabel('地区')
5  plt.ylabel('口味评分')
6  plt.show()
```

图 13-6　上海市不同地区餐饮店口味评分箱线图代码

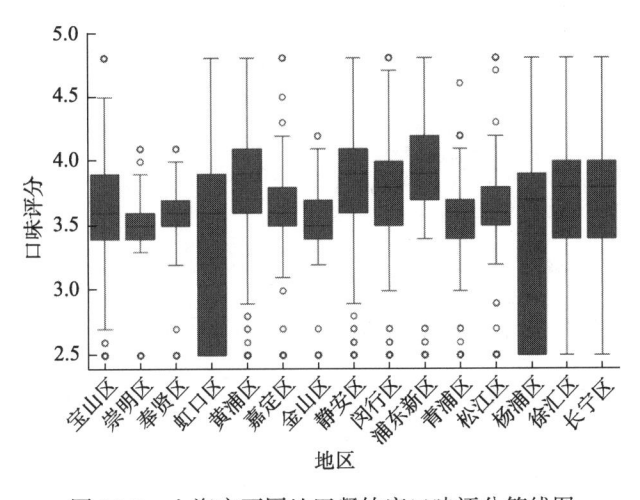

图 13-7　上海市不同地区餐饮店口味评分箱线图

13.3.2　上海市不同地区餐饮店环境评分箱线图

编写上海市不同地区餐饮店环境评分箱线图的代码，如图 13-8 所示。运行程序，最终绘制的箱线图如图 13-9 所示。

```
1  # 不同地区环境评分箱线图
2  plt.figure(figsize=(10, 6))
3  sns.boxplot(x='diqu', y='huanjing', data=df, color='g')
4  plt.xlabel('地区')
5  plt.ylabel('环境评分')
6  plt.show()
```

图 13-8　上海市不同地区餐饮店环境评分箱线图代码

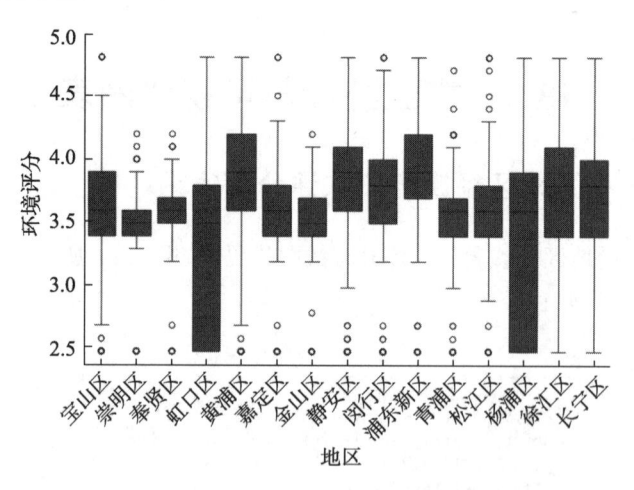

图 13-9　上海市不同地区餐饮店环境评分箱线图

13.3.3　上海市不同地区餐饮店服务评分箱线图

根据图 13-10 的代码，绘制出上海市不同地区餐饮店服务评分箱线图，如图 13-11 所示。

```
1  #不同地区服务评分箱线图
2  plt.figure(figsize=(10, 6))
3  sns.boxplot(x='diqu', y='fuwu', data=df, color='r')
4  plt.xlabel('地区')
5  plt.ylabel('服务评分')
6  plt.show()
```

图 13-10　上海市不同地区餐饮店服务评分箱线图代码

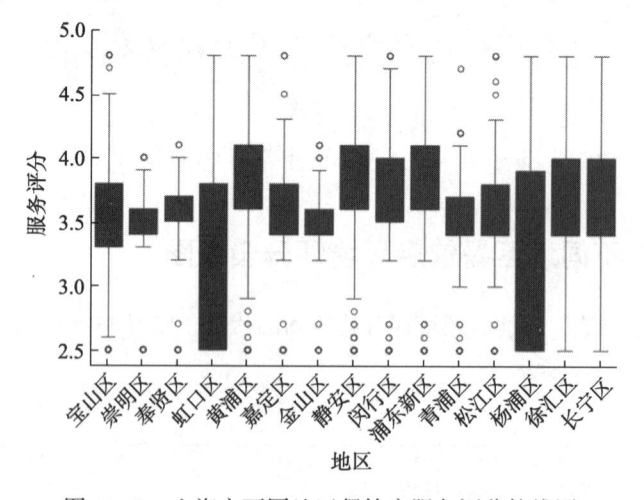

图 13-11　上海市不同地区餐饮店服务评分箱线图

通过比较上海市 15 个地区餐饮店的口味评分、环境评分以及服务评分的箱线图（图 13-7、图 13-9、图 13-11），发现大部分地区的数据值都在 3.0～4.5。数据的分布存在差异，有些地区的数据值较为集中，而有些则相对分散。

同时，由以上图表可以看出，消费者对环境与服务的评分与口味类似，良好的环境和服务往往与口味相辅相成，共同构成了顾客的综合用餐体验。崇明区和金山区等地区评分普遍偏低，而浦东新区和黄浦区等地区的评分较高，这可能是地区经济水平和消费习惯的差异导致的。浦东新区通常被认为是上海的商业和金融中心，拥有更高的经济活力和更多的高档餐厅，这些餐厅可能更注重提供优质的环境和服务。而崇明区等可能相对偏远，餐饮业发展水平较低，导致消费者对餐厅的评分较低。

13.3.4 上海市不同地区餐饮店价格箱线图

编写代码，如图 13-12 所示。运行程序，绘制上海市不同地区餐饮店价格箱线图，如图 13-13 所示。通过对数据的分析，我们可以观察到在上海地区的不同行政区中，大部分餐厅的人均价格集中在 0～300 元。此外，不同地区之间呈现出一定的阶梯分布，浦东新区和黄浦区的价格相对较高，但各区内的餐厅人均价格分布相对集中。

```
1   # 创建图形
2   plt.figure(figsize=(10, 6))
3
4   # 绘制箱线图
5   sns.boxplot(x='diqu', y='avprice', data=df, color='b')
6   plt.xlabel('地区')
7   plt.ylabel('人均价格')
8   plt.show()
9
10  # 显示图形
11  plt.show()
```

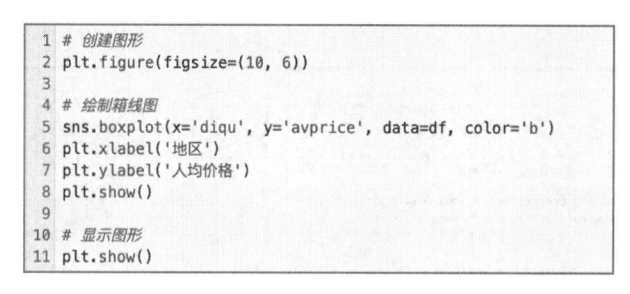

图 13-12　上海市不同地区餐饮店价格箱线图代码

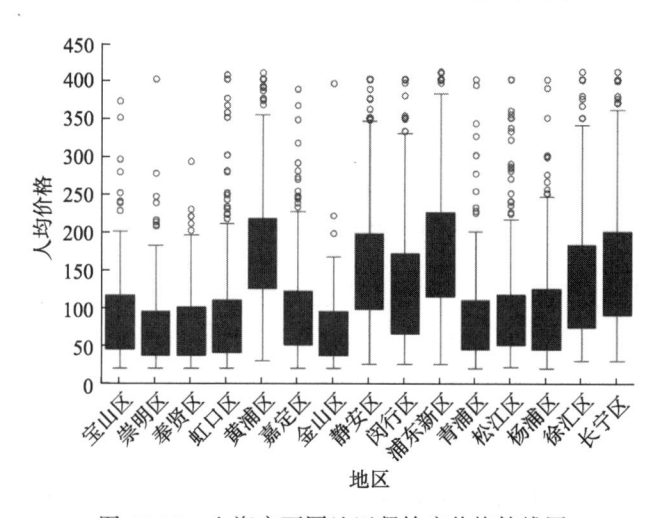

图 13-13　上海市不同地区餐饮店价格箱线图

其背后的原因可能涉及三方面因素。

（1）地理位置和人群消费水平的影响。不同行政区的地理位置和人口结构可能存在差异，导致消费水平也有所不同。例如，城市中心地区通常消费水平较高，而郊区或者远离市中心的地区消费水平相对较低。这种差异会影响餐厅的定价策略和顾客的消费习惯。

（2）竞争情况和市场定位。不同行政区内的餐饮市场竞争情况不同，影响着餐厅的定价策略。一些地区竞争激烈，餐厅会采取更具竞争力的价格来吸引顾客；而在一些消费水平较高的地区，餐厅可能更倾向于提供高品质的菜品和服务，从而定价较高。

（3）消费者偏好和需求。不同地区的消费者可能具有不同消费偏好和需求。一些地区的消费者更注重价格和性价比，而另一些地区的消费者则更注重用餐环境、服务质量等方面。餐厅会根据所在地区的消费者特点来制定不同的定价策略。

13.4 餐饮店评分与价格的聚类分析

进行餐饮店评分与价格的聚类分析，可以揭示不同类别之间的差异，帮助理解评分与价格之间的关系。在这个分析中，评分选择口味评分，而价格是人均价格。

如图 13-14 和图 13-15 所示，提取聚类特征。聚类数选择 3（合适的分类数需要用户提前确定或多次反复尝试不同的聚类数进行确定），得出聚类最终的分类情况，如图 13-16 所示。

```python
from sklearn.preprocessing import StandardScaler
from sklearn.cluster import KMeans
# 提取用于聚类的特征
data = df[['kouwei', 'avprice']]
# 数据标准化
scaler = StandardScaler()
scaled_data = scaler.fit_transform(data)
# 创建 K-means 模型，假设聚类数为3
kmeans = KMeans(n_clusters=3, random_state=42)
```

图 13-14　聚类模型建立

```python
# 进行聚类
data['分类'] = kmeans.fit_predict(data)

# 打印包含分类情况的表格
print("分类情况表: \n", data[['kouwei', 'avprice', '分类']])
```

图 13-15　分类情况表代码

"聚类结果汇总表"（图 13-17）提供了对各个类别的餐饮店数量（频数）以及它们的百分比的详细展示，清晰地展示了每个类别的数量和占比，读者可以更深入地了解不同类别的重要性和影响力。在这份汇总表中，类别 0 拥有 2 680 家餐饮店，是数量最多的类别，占据了总餐饮店数量的 49.59%；类别 2 拥有 2 063 家餐饮店，占比 38.18%，居于第二位；而类别 1 拥有 661 家餐饮店，数量最少，仅占总餐饮店数量的 12.23%。

```
      kouwei  avprice  分类
1     4.3     350.0    1
2     4.8     200.0    2
3     4.8     200.0    2
4     4.8     200.0    2
5     4.4     105.0    2
...   ...     ...      ..
7495  2.5     35.0     0
7496  2.5     30.0     0
7497  3.4     105.5    2
7498  3.8     81.5     0
7499  3.9     164.0    2

[5404 rows x 3 columns]
```

图 13-16　聚类的分类情况

```
1  # 计算每个类别的频数
2  cluster_counts = data['分类'].value_counts()
3
4  # 计算每个类别的百分比
5  cluster_percentages = (cluster_counts / cluster_counts.sum()) * 100
6
7  # 创建包含频数和百分比的表格
8  cluster_summary = pd.DataFrame({'频数': cluster_counts, '百分比': cluster_percentages})
9
10 print("聚类结果汇总表: \n", cluster_summary)

聚类结果汇总表:
      频数      百分比
分类
0    2680   49.592894
2    2063   38.175426
1     661   12.231680
```

图 13-17　聚类结果汇总表

随后，我们将利用 k 均值聚类的结果创建可视化图表（图 13-18），以便更直观地展示数据的聚类情况。具体来说，我们获取每个样本所属的簇标签以及每个簇的聚类中心，使用散点图（图 13-19）来展示数据点的分布情况。通过这样的可视化，可以更好地理解数据的分布情况和聚类中心的位置，从而更深入地分析数据的特征。

```
# 获取每个样本所属的簇
labels = kmeans.labels_

# 获取每个簇的聚类中心
centroids = kmeans.cluster_centers_

# 可视化聚类结果，例如绘制散点图
scatter = plt.scatter(data['kouwei'], data['avprice'], c=labels, cmap='viridis')

# 绘制聚类中心
plt.scatter(centroids[:, 0], centroids[:, 1], marker='X', s=200, linewidths=3, color='r')

# 设置横纵坐标的标签
plt.xlabel('口味评分')
plt.ylabel('人均价格')

# 添加图例并微调位置
handles, labels_legend = scatter.legend_elements()
plt.legend(
    handles,
    labels_legend,
    title="类别",
    loc="upper left",
    bbox_to_anchor=(0.1, 1)  # 将图例稍微向右移动
)

# 显示图表
plt.show()
```

图 13-18　聚类结果可视化

根据数据的分布情况以及聚类中心的位置（图 13-19），我们可以得出以下结论。

（1）类别 0 的餐饮店在"口味评分"和"人均价格"上总体处于较低的位置。这可能意味着这些餐饮店提供的口味相对简单，价格较为亲民。这些餐饮店可能专注于快餐或简单家常菜式，以吸引那些对口味要求不高，但注重经济实惠的顾客。

（2）类别 2 的餐饮店在"口味评分"和"人均价格"上总体处于一个中等的水平。这可能意味着这些餐饮店提供的口味和服务质量相对平均，价格也不算太高。这些餐饮店可能面向普通消费者，提供各类口味丰富、价格适中的菜品，既能满足口味需求，又不会造成经济负担。

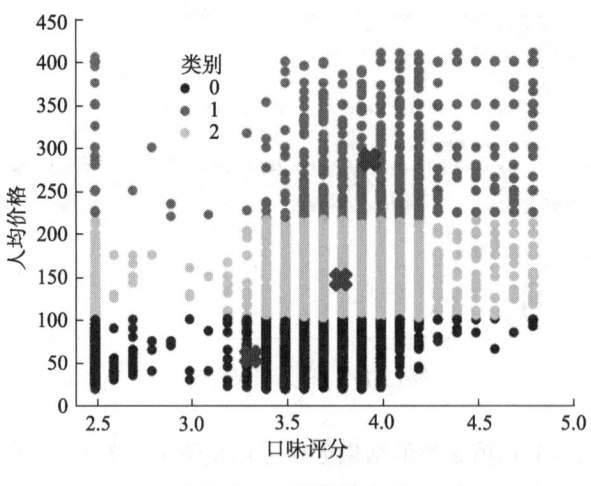

图 13-19 聚类散点图

（3）类别 1 的餐饮店在"口味评分"和"人均价格"上总体处于较高的位置。表明这些餐饮店可能提供高品质的菜品，并在服务、环境等方面有较高的标准。因此，它们可能定位于高端餐饮市场，吸引那些愿意为更好的口味和用餐体验支付更高价格的顾客。

13.5　餐饮店评分的逻辑回归分析

如图 13-20 和图 13-21 所示，我们将环境评分和服务评分作为自变量，口味评分作为因变量，进行二元逻辑回归分析，探索环境评分和服务评分对口味评分的影响。首先我们需要将口味评分分为高低两类以便作为因变量进行回归分析，比较"kouwei"列中的每个值是否大于其中位数，如果大于则赋值为 1，否则赋值为 0。二元逻辑回归分析的结果如图 13-22 所示。

```
1  # 计算中位数
2  median_kouwei = df['kouwei'].median()
3  # 创建一个新列，如果kouwei大于中位数则为1，否则为0
4  df['kouwei_new'] = (df['kouwei'] > median_kouwei).astype(int)
```

图 13-20　口味评分变量转换

```
1  # 创建二元逻辑回归模型
2  formula='kouwei_new ~ huanjing + fuwu'
3  model = glm(formula, data=df, family=sm.families.Binomial())
4
5  # 获取拟合结果
6  result = model.fit()
7
8  # 打印模型摘要
9  print(result.summary())
```

图 13-21　二元逻辑回归模型建立

根据上述分析结果（图 13-22）可得，最终的模型为

```
                    Generalized Linear Model Regression Results
==============================================================================
Dep. Variable:              kouwei_new   No. Observations:                5404
Model:                             GLM   Df Residuals:                    5401
Model Family:                 Binomial   Df Model:                           2
Link Function:                   Logit   Scale:                         1.0000
Method:                           IRLS   Log-Likelihood:               -1140.0
Date:                 Thu, 07 Nov 2024   Deviance:                      2280.1
Time:                         19:39:42   Pearson chi2:                 4.95e+03
No. Iterations:                      8   Pseudo R-squ. (CS):            0.6124
Covariance Type:             nonrobust
==============================================================================
                 coef    std err          z      P>|z|      [0.025      0.975]
------------------------------------------------------------------------------
Intercept    -53.5352      1.681    -31.845      0.000     -56.830     -50.240
huanjing       1.7121      0.462      3.704      0.000       0.806       2.618
fuwu          12.6108      0.630     20.002      0.000      11.375      13.847
```

图 13-22　二元逻辑回归结果

$$\text{Logit}(P_i) = \ln\left(\frac{P_i}{1-P_i}\right) = -53.5352 + 1.7121 \times \text{huanjing} + 12.6108 \times \text{fuwu}$$

在统计分析中，我们对环境评分和服务评分作为自变量对餐饮店的口味评分这一因变量的影响进行了逻辑回归分析，结果显示两者对口味评分的影响均达到了统计学显著水平（$P < 0.05$），这意味着环境和服务确实对消费者对餐厅口味的评价有着实质性的影响。

具体而言，环境评分的回归系数为 1.7121，这表明环境评分越高，餐饮店的口味评分呈现出显著的正向趋势，即环境评分越高的餐饮店其口味评分越高。良好的环境体验，如优雅舒适的用餐氛围、独特的装修风格或者干净整洁的就餐空间，可能会增强消费者的感官享受，进而对食物的口感和味道产生积极的心理暗示和正面评价。

服务评分的回归系数为 12.6108，这意味着服务评分提高与口味评分之间存在显著的正向关系，即服务评分的餐饮店更有可能得到更高的口味评分。通常情况下，服务评分的提高会极大影响消费者的总体满意度，优质的服务不仅能够提升顾客的情绪状态，而且能够在整个用餐过程中对食物品质形成积极的认知，例如高效友好的服务可能会让顾客觉得菜肴更加美味，甚至弥补某些口味上的不足。

13.6　结论与建议

本研究分析了上海市不同行政区划餐厅的不同评分特征以及价格特征，并对餐饮店评分与价格进行了聚类分析，利用环境评分和服务评分作为自变量对餐饮店的口味评分这一因变量的影响进行了逻辑回归分析。据此，提出以下建议。

（1）针对评分偏低的崇明区等地区，餐厅经营者应该加强服务质量和环境体验的提升，同时通过品牌建设和宣传推广来增加知名度，提供多样化的菜品选择以满足消费者口味需求，并积极关注消费者反馈，及时调整经营策略以提升顾客满意度。另外，餐厅还可以积极参与地区发展，加强与当地社区的联系，树立良好的企业形象，从而提升消费者对餐厅的信任和好感度，吸引更多的顾客光顾。餐厅区位的选择上，消费者主要偏好浦东新区等地区。浦东新区等地区口味评分、环境评分和服务评分较高，这表明消费者对这些地区的餐厅整体满意度较高。因此，对于新开餐厅或者考虑扩张的餐厅，选择在浦东新区等口碑良好的地区开设分店或者投资经营，将有望获得更好的经营效果，同时这些地区的人均价格处于较高水平，商家获利空间大。

（2）针对聚类分析结果，将餐饮店划分为不同的类别后，针对每个类别提出具体的经营建议。①低端市场：针对这类餐饮店，应该继续强化成本控制，在确保低价位的同时保持一定的利润空间。可以通过采购优化、流程简化等方式降低成本，并采用快速、高效的烹饪和服务模式。同时，可以通过强调物美价廉和快速便捷等营销策略，定期更新菜单，吸引学生、上班族等预算有限的消费者。②中端市场：对于这类餐饮店，建议在保持价格适中的基础上，适度提高菜品质量、丰富口味种类，并打造具有特色的招牌菜品，提高竞争力。此外，可以适当投资改善店内环境，提供温馨、舒适的用餐氛围，加强服务培训，提升服务水平，开展促销活动，吸引更多的中产阶级消费者。③高端市场：对于高端市场的餐饮店，建议持续创新与精益求精，不断研发新的菜品，引进高级食材，确保口味达到顶级水准。同时，提供个性化的定制服务，如私人定制菜单、专业侍酒师等，全方位提升顾客的用餐体验。此外，通过注重品牌形象塑造、建立VIP会员制度、深化客户关系、巩固客户忠诚度等措施，进一步树立高端餐饮地位。

（3）提升餐厅食物口味，营造优质用餐环境，提供人性化高质量服务。①严选食材和精进烹饪：选用新鲜、安全、高质量的原材料，定期对供应商进行评估和筛选，确保食材源头的质量；同时，加强对厨师团队的技术培训，提升烹饪工艺，严格执行菜品制作的标准流程，以确保每一道菜品的口味稳定且优质。②打造宜人就餐环境：营造优质的用餐环境，保持餐厅内部和外部环境的干净整洁，包括餐桌椅、餐具消毒、卫生间清洁等细节，为顾客创造安心的用餐环境；遵循人性化、舒适化的原则，打造富有格调且符合餐厅定位的空间布局，运用适宜的灯光、音乐、艺术品摆设等元素提升整体氛围。③提供个性化、高品质服务：提供人性化高质量服务，对服务员进行专业培训，提升服务技能和礼仪知识，培养友好热情、细致入微的服务态度，及时响应并解决顾客的需求和问题；了解并记住常客的喜好，提供定制化的服务体验，如提前预留熟悉的座位、推荐符合顾客口味的菜品等。

本 章 小 结

本章通过实际的餐饮行业数据分析案例，展示了如何运用描述性统计、聚类分析和逻辑回归等方法来洞察消费者行为和市场趋势。主要知识点如下。

1. 项目背景与研究内容

（1）介绍中国餐饮行业的大背景以及上海餐饮行业的发展情况。

（2）明确研究内容，包括评分和价格差异分析、聚类分析以及逻辑回归分析，旨在为餐饮业经营者提供数据支持的决策建议。

2. 数据采集与预处理

描述了如何从餐饮平台网站爬取数据，以及如何处理缺失值和异常值，确保数据质量。

3. 描述统计与可视化图表

通过可视化图表，分析上海市不同地区餐饮店的口味评分、环境评分、服务评分和价格分布，揭示了各区餐饮市场的特点和消费者偏好。

4. 餐饮店评分与价格的聚类分析

利用聚类分析方法，将餐饮店根据评分和价格划分为不同的类别，揭示了不同类型餐饮店的特征。

5. 餐饮店评分的逻辑回归分析

（1）构建逻辑回归模型，探究环境评分和服务评分对口味评分的影响。

（2）分析逻辑回归的结果，为提升服务质量和顾客满意度提供数据支持。

6. 结论与建议

基于数据分析结果，提出针对性的经营策略和建议，帮助餐饮业经营者优化经营策略，提升服务质量。

第 14 章

L 游戏平台数据分析

学习目标
1. 理解 L 游戏平台用户的行为模式和偏好。
2. 学会通过数据分析优化游戏产品设计和用户体验。
3. 应用数据驱动的决策和创新策略。

随着互联网的快速发展，网络游戏已经成为人们生活中不可或缺的一部分。通过对 L 游戏平台数据的分析，我们可以深入探讨用户的行为和偏好。本章将帮助你理解如何通过数据分析为游戏产品设计和用户体验优化提供支持。

（注：该实训案例与数据可通过扫描本书封底的二维码获取）

14.1 项目背景与研究内容

14.1.1 项目背景

随着互联网的高速发展和移动设备的广泛普及，网络游戏已经成为人们日常生活中重要的娱乐方式之一。网络游戏不仅满足了人们消磨碎片化时间的需求，同时也为人们带来了愉悦和放松的体验。从休闲益智类到竞技类，再到角色扮演类游戏，网络游戏的多样性和创新性极大地丰富了用户的选择，吸引了来自不同年龄层和背景的玩家。

在中国，游戏产业的市场规模持续增长。根据 2023 年发布的《全球游戏市场报告》和《中国游戏产业报告》数据显示，2023 年中国游戏市场收入达到约 3 200 亿元人民币，占全球游戏市场总收入的 20%以上，展现了巨大的市场潜力。同时，随着社会的数字化转型，用户行为的大数据成为企业决策的重要资源，如何利用这些数据精准分析用户需求，提升用户黏性和商业价值，已成为游戏企业的核心竞争力之一。

L 游戏平台作为一款互动文字游戏平台，吸引了大量用户。本研究旨在通过数据分析，深入理解 L 游戏平台用户的行为模式和喜好，以进一步优化产品设计和用户体验，以及探讨如何通过数据驱动的方式进行决策和创新，以保持竞争力并取得长期的商业成功。

14.1.2 研究内容

（1）描述性分析。通过标题长度、特殊字符和词语、作品总字数和疫情等维度，对游戏数据进行了全面分析。这些维度的分析有助于深入了解游戏玩家的特点和游戏本身的质量。

（2）相关分析。分析游戏内容人气值、点赞、分享、收藏等指标，简单判断游戏变量之间的相关性。同时利用回归分析方法，探究日更字数、发行日期对日鲜花数的影响，以了解用户需求、优化游戏设计、制定营销策略等。

14.2 数据采集与预处理

本章所用数据均爬取自游戏网站上的作品数据，存储在文件 org.csv 中。首先我们要读取数据，进入"Python 数据分析快速入门"课程第 14 章的代码实训部分，导入分析所需要的 Python 库，随后单击外部数据操作栏的"🔗"按钮复制文件地址，如图 14-1 所示。然后利用 Pandas 完成数据读取（注：实际地址以操作栏复制的文件地址为准），如图 14-2 所示。

图 14-1　复制文件地址

图 14-2　读取数据

在我们进行数据分析时，会根据研究需要，在原有数据上进行处理并增添新的自变量，如图 14-3 所示。如总历时天数（使用 to_datetime() 方法）、标题长度、日鲜花数（flowers/总历时天数）、日更字数（word_count/总历时天数）等，最终得到数据说明表（表 14-1）。

扩展阅读 14.1 to_datetime() 方法

```
 9  # 确保两个时间列以日期格式存在数据框中
10  org['release_time'] = pd.to_datetime(org['release_time'], format='%Y/%m/%d')
11  org['last_update'] = pd.to_datetime(org['last_update'], format='%Y/%m/%d')
12
13  #计算天数
14  org['diff_days'] = (org['last_update'] - org['release_time']).dt.days
15  org['总历时天数'] = org['diff_days']
16
17  #计算标题长度
18  org['标题长度'] = org['title'].apply(len)
19
20  # 计算日鲜花数和日更字数
21  org['日鲜花数'] = org['flowers'] / org['总历时天数']
22  org['日更字数'] = org['word_count'] / org['总历时天数']
23  org
```

图 14-3　增加变量

表 14-1　数据说明表

变量名	详细说明	变量名	详细说明
title	定性数据	collect	定量数据
tags	定性数据	release_time	定性数据
popularity	定量数据	last_update	定性数据
flowers	定量数据	总历时天数	定量数据
word_count	定量数据	标题长度	定量数据
shared	定量数据	日鲜花数	定量数据
like	定量数据	日更字数	定量数据

14.3　描述统计与可视化图表

14.3.1　作品标题长度

根据图 14-4 的代码绘制箱线图（图 14-5）和小提琴图（图 14-6）。从图中可以看出作品标题长度越长，鲜花数相对较多。这表明作品标题的长度可能与作品的受欢迎程度或吸引力有关。较长的标题可能会更好地吸引读者或观众的注意力，从而增加鲜花数。

这种现象的具体原因如下：

（1）长标题可提供更多信息和期待。长标题可能会提供更多关于作品内容、情节或主题的信息，可以让读者对作品产生更多期待，并激发他们的兴趣和好奇心。读者可能更倾向于花费更多的时间阅读和欣赏这样的作品，并通过赠送鲜花来表达他们的喜爱和支持。

（2）长标题通常更具吸引力和独特性。长标题可能包含更多的信息、情感或刺激性，

```
1  # 根据标题长度绘制长短标题的箱线图
2  plt.figure(figsize=(5, 5))
3  sns.boxplot(x=org['标题长度'] > 10, y=np.log(org['flowers']))
4  plt.xticks([0, 1], ['短标题', '长标题'])
5  plt.xlabel("标题字数")
6  plt.ylabel("鲜花值")
7  plt.title("长短标题的鲜花值箱线图")
8  plt.show()
9
10 # 根据标题长度绘制小提琴图
11 plt.figure(figsize=(5, 5))
12 sns.violinplot(x=org['标题长度'] > 10, y=np.log(org['flowers']), data=org)
13 plt.xticks([0, 1], ['短', '长'])
14 plt.xlabel("标题字数")
15 plt.ylabel("鲜花值")
16 plt.title("长短标题的鲜花值小提琴图")
17 plt.show()
```

图 14-4 长短标题鲜花值代码

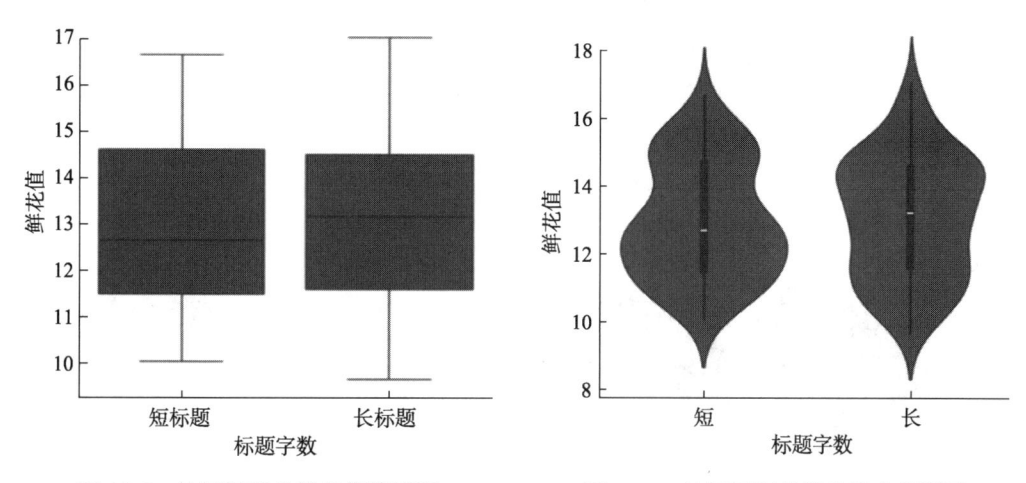

图 14-5 长短标题的鲜花值箱线图　　图 14-6 长短标题的鲜花值小提琴图

使得读者更倾向于单击、阅读和赞赏作品；长标题还通过使用一些戏剧性的元素或意外的转折来吸引读者，能够引起读者的好奇和兴奋；读者往往会被这种标题所吸引，愿意花费时间阅读和探索内容，从而增加了作品的曝光度和赞赏度。

因此在创作标题时，创作者可以充分利用这些特点，创造出引人入胜的长标题，为玩家带来更好的游玩体验。

比如，"顶级练习生·沉浸式女团选秀"，这个标题结合了多个关键词和短语，包括"顶级练习生""沉浸式"和"女团选秀"。这些词语激发了对顶级练习生的选拔过程、沉浸式体验以及女团选秀的竞争和成长感兴趣的玩家。同时使用"沉浸式"这个形容词，表示参与者将会沉浸在一个全面而深入的体验中，这种独特的体验可能与传统选秀节目不同，可能包括更多的培训、挑战和互动，吸引了更多玩家的喜爱。

14.3.2 标题中有无特殊字符

根据图 14-7 的代码绘制箱线图（图 14-8）和小提琴图（14-9）。从图中可以看出标题中含有特殊字符的作品相对于没有特殊字符的作品，具有更高的鲜花数。这暗示了标题中特殊字符的存在可能对作品的吸引力和受欢迎程度产生积极影响。特殊字符可能包括符号、

```python
1  # 标题中是否包含特殊字符
2  org['特殊字符'] = org['title'].str.contains('★|\*|♥|※|❀|] |♥',
3                                              regex=True).astype(int)
4
5  # 根据标题中是否包含特殊字符绘制箱线图
6  plt.figure(figsize=(5, 5))
7  sns.boxplot(x="特殊字符", y=np.log(org['flowers']), data=org)
8  plt.xticks([0, 1], ['无', '有'])
9  plt.xlabel("标题类型")
10 plt.ylabel("鲜花值")
11 plt.title("标题中有无特殊字符的鲜花值箱线图")
12 plt.show()
13
14 # 根据标题中是否包含特殊字符绘制小提琴图
15 plt.figure(figsize=(5, 5))
16 sns.violinplot(x="特殊字符", y=np.log(org['flowers']), data=org)
17 plt.xticks([0, 1], ['无', '有'])
18 plt.xlabel("标题类型")
19 plt.ylabel("鲜花值")
20 plt.title("标题中有无特殊字符的鲜花值小提琴图")
21 plt.show()
```

图 14-7　标题中有无特殊字符代码

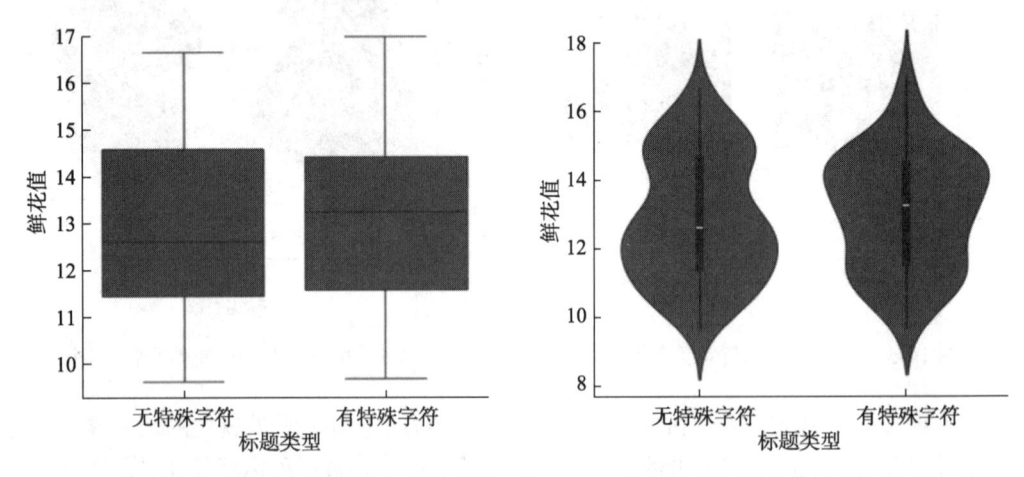

图 14-8　标题中有无特殊字符的鲜花值箱线图　　图 14-9　标题中有无特殊字符的鲜花值小提琴图

标点、表情符号等，这些元素可以使标题更加引人注目、独特或富有表现力。

这种现象的具体原因如下。

（1）情感表达。特殊字符如♥、※等通常被视为情感表达的符号，它们可以代表爱心、喜爱、赞赏等情感。当读者在标题中看到这些特殊字符时，他们可能会感受到更多的情感连接和共鸣，从而倾向于表达他们的喜爱和支持，并通过赠送鲜花来表达这些情感。

（2）引起注意。在信息泛滥的时代，读者经常面对大量相似的标题和内容。而使用特殊字符可以让标题在视觉上更加突出，与众不同。这些字符可能与其他普通字符形成鲜明的对比，使标题更加引人注目。读者可能更容易注意到并单击这样的标题，进而产生更多的鲜花赠送。

（3）创造独特性。特殊字符的使用可以为标题增添独特性和个性，使标题与众不同，展示出创作者的创意和个性。读者可能更倾向于通过赠送鲜花来表达对创作者创造力和独特性的认可。

14.3.3　标题中有无特殊词语

根据图 14-10 的代码绘制箱线图（图 14-11）和小提琴图（图 14-12）。从图中可以看出标题中含有特殊词语的作品相对于没有特殊词语的作品，具有更高的鲜花数。这表明标题中特殊词语的使用可能对作品的吸引力和受欢迎程度产生积极影响。特殊词语可能包括独特的汉字、与促销相关的文字等，这些元素可以使标题显得更加独特、有趣或富有艺术性。其具体原因如下。

```python
1  # 标题中是否包含特殊词语
2  org['特殊词语'] = org['title'].str.contains('完结|折|挂件|限|奖|价|半|免费',
3                                              regex=True).astype(int)
4
5  # 根据标题中是否包含特殊词语绘制箱线图
6  plt.figure(figsize=(5, 5))
7  sns.boxplot(x="特殊词语", y=np.log(org['flowers']), data=org)
8  plt.xticks([0, 1], ['无', '有'])
9  plt.xlabel("标题类型")
10 plt.ylabel("鲜花值")
11 plt.title("标题中有无特殊词语的鲜花值箱线图")
12 plt.show()
13
14 # 根据标题中是否包含特殊词语绘制小提琴图
15 plt.figure(figsize=(5, 5))
16 sns.violinplot(x="特殊词语", y=np.log(org['flowers']), data=org)
17 plt.xticks([0, 1], ['无', '有'])
18 plt.xlabel("标题类型")
19 plt.ylabel("鲜花值")
20 plt.title("标题中有无特殊词语的鲜花值小提琴图")
21 plt.show()
```

图 14-10　标题中有无特殊词语代码

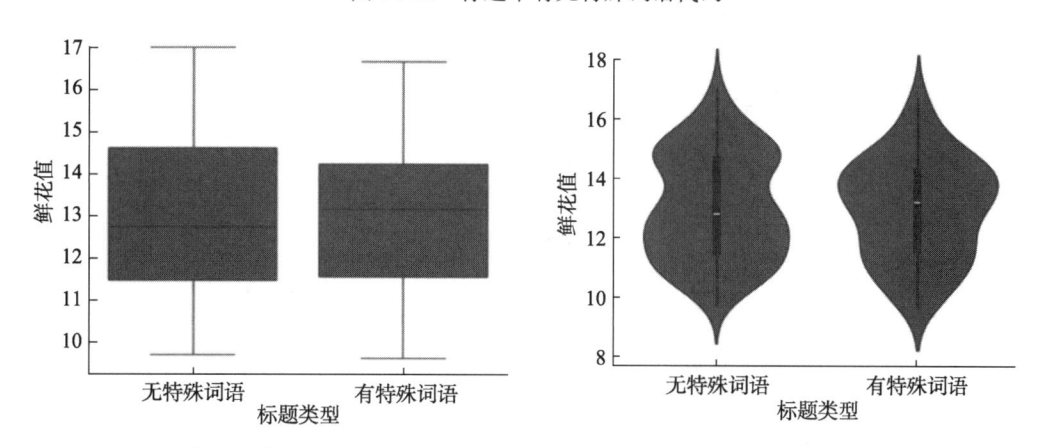

图 14-11　标题中有无特殊词语的鲜花值箱线图　　图 14-12　标题中有无特殊词语的鲜花值小提琴图

（1）特殊词语常与促销和特惠关联，如促销、特价、折扣等。读者看到这些词语时，会认识到有机会获得更优惠的价格或特殊待遇。这种促销活动可以引起读者的注意，并鼓励他们通过赠送鲜花来支持这些优惠。

（2）特殊词语会带来稀缺性和紧迫感。筛选出来的这些特殊词语占比较少，因此像关键词如限、奖等可能会制造一种稀缺性和紧迫感。当读者看到这些词语时，会意识到某种限量、限时或独特的机会，这可能会激发他们的兴趣并渴望参与其中。赠送鲜花可以让读者表达他们的积极情绪和参与意愿。

14.3.4 作品总字数

编写代码，如图 14-13、图 14-14 所示，运行程序绘制相应的直方图、散点图与箱线图（图 14-16～图 14-17）。根据绘制的总字数频数分布直方图（图 14-15），可以观察到游戏作品的总字数呈现右偏分布，即大多数作品的总字数集中在较小的范围内，而少数作品

```python
1  # 绘制总字数的频数分布直方图
2  plt.hist(org['word_count'], bins=10, color='orange',edgecolor='black')
3  plt.xlabel("总字数")
4  plt.ylabel("频数")
5  plt.title("总字数频数分布直方图")
6  plt.show()
7
8  # 绘制总字数和鲜花值的散点图
9  plt.figure(figsize=(5, 5))
10 plt.scatter(org['word_count'], org['flowers'], color='orange')
11 plt.xlabel("总字数")
12 plt.ylabel("鲜花值")
13 plt.title("总字数和鲜花值的散点图")
14 plt.show()
```

图 14-13　直方图与散点图代码

```python
# 计算总字数均值
word_mean = org['word_count'].mean()

# 根据总字数长短绘制鲜花值的箱线图
plt.figure(figsize=(5, 5))
sns.boxplot(x=org['word_count'] > word_mean, y=np.log(org['flowers']))
plt.xticks([0, 1], ['短篇', '长篇'])
plt.xlabel("作品总字数")
plt.ylabel("鲜花值")
plt.title("作品总字数的鲜花值箱线图")
plt.show()
```

图 14-14　箱线图代码

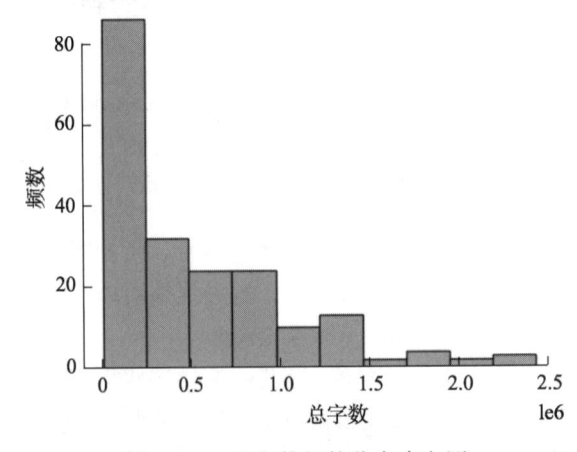

图 14-15　总字数频数分布直方图

的总字数较大。右偏分布意味着大部分游戏作品的总字数较少，可能集中在较短的篇幅上。这可能是因为游戏作品通常以文字叙事为主，需要读者花费较长的时间来阅读和体验，相对较少的总字数可能更符合读者的阅读习惯和游戏体验需求，更易于吸引和保持读者的兴趣。

然而，也存在少数总字数较多的游戏作品。这些作品可能是长篇故事、情节复杂或包含大量分支选项的游戏。较多的总字数可能意味着更为深入和详细的情节发展，以及有更多的文本内容提供给读者。这样的作品可能更吸引那些喜欢深入阅读和探索的读者，以及追求更丰富游戏体验的玩家。

从绘制的散点图（图 14-16）和箱线图（图 14-17）中可以看出，作品的字数越长，获得的鲜花数也就越多。这表明作品的字数与其受欢迎程度之间存在正相关关系。较长的作品可能提供了更多的内容和故事情节，能够吸引读者的注意力并引发更多的兴趣和共鸣，从而增加鲜花数。其具体原因如下。

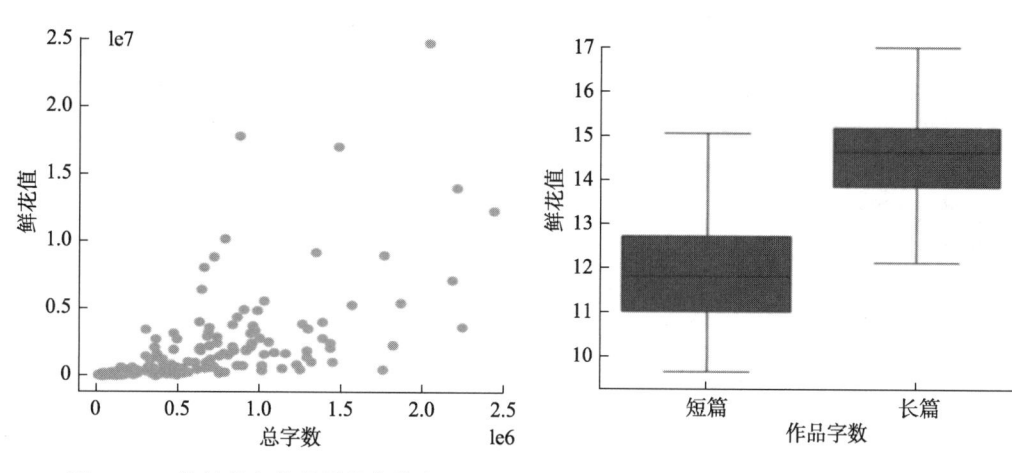

图 14-16　作品总字数的鲜花值散点图

图 14-17　作品总字数的鲜花值箱线图

（1）深度故事体验。较长的作品通常有更多的篇幅来展开故事情节，充分描绘角色的发展和世界的细节，这为玩家提供了更深入、更丰富的游戏体验，可能引发他们的情感共鸣和投入。

（2）精心构建的世界。长篇作品能够提供更多的背景设定、世界观和细节，使玩家沉浸于独特的游戏世界中。这种世界建设的深度和广度可能会使玩家对作品产生更大的兴趣和认可。

（3）角色塑造和情感连接。较长的作品通常有更多的篇幅来发展和塑造角色，使玩家能够更好地理解和关联角色的情感和成长过程。这种情感连接可能会增强玩家对作品的喜爱程度，促使他们表达欣赏之情。

（4）多样化的情节和支线。长篇作品可以包含更多的情节发展和支线故事，提供更多的选择和决策点，增加游戏的可玩性和回放价值。玩家可能会因为作品的多样性和深度而对其赞赏，并通过赠送鲜花来表达对作品的认可。

14.3.5 疫情影响

编写代码，如图 14-18 所示。运行程序，绘制箱线图。由图 14-19 可以观察到，在疫情之前、疫情期间和疫情过后，游戏作品的日均鲜花数呈现出逐步降低的趋势。在疫情之前，作品的日均鲜花数最多，随着疫情的发生，人们的注意力和时间可能转移至其他方面，导致对游戏作品的关注度下降；疫情期间，人们可能面临诸多困扰和不确定性，无法像以往那样投入大量时间和精力在游戏社区中，因此，作品的日均鲜花数在这一时期有所下降；随着疫情逐渐过去，社会逐渐恢复正常，但仍需要一段时间，这一时期游戏作品的日均鲜花数仍然相对较低。其具体原因如下。

```python
1  # 根据发行时间是否疫情前后划分数据集
2  before_covid = org[org['release_time'] < '2020-01-01']
3  before_covid['发行期间'] = '疫情开始前'
4
5  # 创建一个新的DataFrame, 包含疫情期间的数据
6  during_covid = org[(pd.to_datetime('2020-01-01') < org['release_time']) & (org['release_time'] < pd.to_datetime('2022-12-05'))]
7  during_covid['发行期间'] = '疫情期间'
8
9  # 创建一个新的DataFrame, 包含疫情结束后的数据
10 after_covid = org[org['release_time'] > pd.to_datetime('2022-12-05')]
11 after_covid['发行期间'] = '疫情结束后'
12
13 org = pd.concat([before_covid, during_covid, after_covid])
14
15 # 根据发行时间是否疫情前后绘制鲜花数的箱线图
16 plt.figure(figsize=(5, 5))
17 sns.boxplot(x='发行期间', y=np.log(org['flowers']), data=org)
18 plt.xlabel("发行期间")
19 plt.ylabel("鲜花数")
20 plt.title("疫情前后的鲜花数箱线图")
21 plt.show()
```

图 14-18　疫情前后的鲜花数箱线图代码

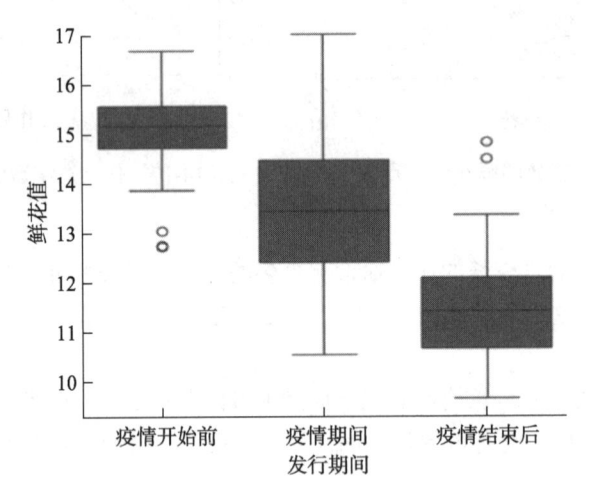

图 14-19　疫情前后的鲜花数箱线图

（1）全球范围内的新冠疫情对经济产生了广泛的影响，导致许多人面临经济上的困难和不稳定。这种经济不确定性可能会对虚拟礼物的支出产生影响，包括对鲜花的购买和赠送。具体来说，在经济困难时期，人们通常会更加谨慎地管理自己的财务资源，会削减非必要的开支，包括虚拟礼物的购买。鲜花作为一种虚拟礼物，在经济压力下会被认为是可削减的开支之一。人们选择节省金钱，将其用于更基本的需求和紧急的开支，而不是用于

购买虚拟礼物。

（2）当面对心理压力时，人们可能会调整消费行为和优先事项。在疫情期间，人们更倾向于将有限的资源用于满足基本需求，如食品、住房和医疗保健。这是因为他们更关注自身和家人的安全和健康，而将消费行为放在次要位置。此外，心理压力也可能导致娱乐消费的减少。当人们感到焦虑或抑郁时，可能会减少在游戏社区中的参与度，甚至对游戏的兴趣有所减弱。鲜花作为一种用于表达支持和欣赏的虚拟礼物，其需求自然会受到影响。

14.4 L游戏平台指标的相关性分析

人气值、点赞、分享、收藏等指标在游戏中被广泛用来衡量游戏的热度和受欢迎程度。这些指标反映了玩家对游戏的喜爱程度以及社交分享和互动的活跃度。如图14-20和图14-21所示，在进行相关系数矩阵分析时，我们发现这几个变量的相关系数相对较高，因此我们决定在回归分析中将其排除在外，以避免多重共线性的影响（自变量之间高度相关导致模型的参数估计失真或难以估计准确）。

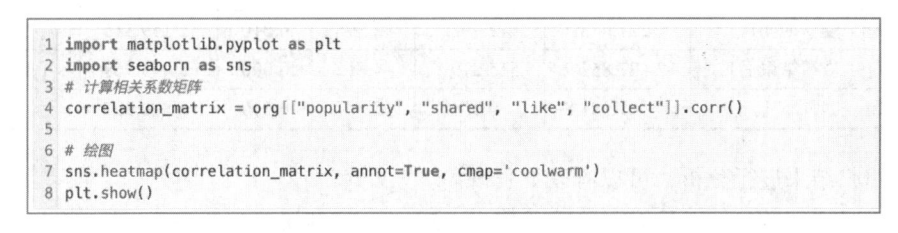

```python
import matplotlib.pyplot as plt
import seaborn as sns
# 计算相关系数矩阵
correlation_matrix = org[["popularity", "shared", "like", "collect"]].corr()

# 绘图
sns.heatmap(correlation_matrix, annot=True, cmap='coolwarm')
plt.show()
```

图14-20 相关系数矩阵代码

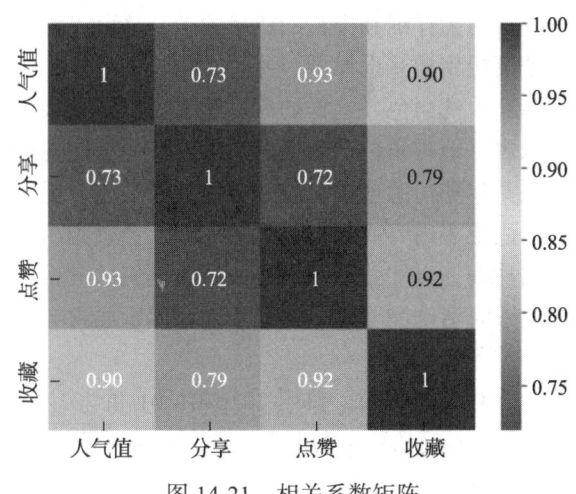

图14-21 相关系数矩阵

14.5 基于多元线性回归的L平台日鲜花数分析

如图14-22所示，我们将日更字数、发行日期【发行日期为分类变量，代码里用C()表示即告知模型按分类变量处理】作为主要的自变量，日鲜花数作为因变量进行回归分析，以更准确地探究日更字数、发行日期对游戏热度的影响。这样的分析有助于游戏开发者深入了解玩家的喜好和行为，从而更好地优化游戏内容，提升用户体验，制定有效的推广策略，从而提高游戏的整体表现。回归分析结果如表14-2所示。

```
1  import pandas as pd
2  import statsmodels.formula.api as smf
3
4  formula = "日鲜花数 ~ 日更字数 + C(发行期间)"
5  model = smf.ols(formula, data=org)
6  result = model.fit()
7
8  # 打印模型摘要
9  print(result.summary())
```

图 14-22　多元线性回归代码

表 14-2　模　型　参　数

	coef	Std err	t	P>|t|	[0.025	0.975]
Intercept	1 869.873 4	454.894	4.111	0.000	972.730	2 767.017
发行期间[T.疫情期间]	−1 227.038 8	472.708	−2.596	0.010	−2 159.315	−294.763
发行期间[T.疫情结束后]	−2 427.852 9	515.219	−4.712	0.000	−3 443.969	−1 411.736
日更字数	1.501 8	0.256	5.867	0.000	0.997	2.007

对回归结果进行分析，可以有以下发现。

（1）日更字数方面：日更字数的系数为1.501 8，标准误差为0.256，且 p 值非常显著。这意味着日更字数长的游戏更受玩家欢迎，商业变现能力更强。原因可能在于，一方面，日更字数长的游戏通常拥有更为详细和丰富的故事情节，这可以为玩家提供更多的内容和体验，玩家可以更深入地沉浸到游戏世界中。并且在较长的日更中，游戏开发者往往有更多的空间来展示和发展游戏中的角色，这样的深度塑造可以使游戏中的人物角色更加立体和富有吸引力，玩家可以更好地与角色产生情感共鸣，从而增加他们对游戏的情感投入和长期参与度，更容易产生共鸣和情感连接。另一方面，较长的日更字数意味着更多的游戏进展和成就感。玩家在阅读更多内容或取得更大进展时，会感到满足和有成就感，这可能激发他们购买付费项目的冲动，以加速游戏进程或展示他们的成就。另外，较长的日更字数可能会伴随着游戏内的限时活动和奖励，这些活动和奖励通常与付费内容相关，例如限时特惠、稀有道具或独特装备等。

（2）发行期间方面：在处理过程中，按照2020-01-01和2022-12-05两个时间点对游戏的发行期间进行了划分，将月度榜单上的游戏大致划分为"发行于疫情开始前""发行于疫情期间""发行于疫情结束后"三类。

由回归模型可知，发行期间为疫情期间的回归系数为−1 227.038 8，标准误差为472.708，且 p 值较为显著；发行期间为疫情结束后的回归系数为−2 427.852 9，标准误差为515.219，且 p 值非常显著。这表明相比于发行于疫情之后的游戏，发行于疫情开始前或疫情期间的游戏的日均鲜花数较多。

原因可能是发行于疫情开始前的游戏在市场上具有先发优势。这些游戏可能已经积累了一定的玩家基础和口碑，拥有一定的知名度和忠实的粉丝群体。因此，这些游戏可以持续吸引玩家的关注和支持，进而获得更多的日均鲜花数。

而疫情期间由于居家、封锁等限制，玩家有更多的时间来玩游戏、参与游戏社区，并给予游戏正面的评价和鲜花支持。同时某些游戏可能会提供情感上的共鸣、安慰和放松，因此受到玩家的喜爱和支持。

随着疫情的结束，人们的兴趣可能会逐渐转移到其他活动和娱乐方式上，例如户外活动、社交聚会等。并且疫情可能对经济造成了不利影响，导致人们的经济状况不稳定，许多人可能面临失业、减薪或财务压力，因此他们可能会削减娱乐支出，包括游戏花销。以上原因可能导致玩家对游戏的时间精力和金钱投入减少，对发行于疫情结束后的游戏产生较少的关注和鲜花支持。

14.6 结论与建议

随着游戏行业的不断发展和用户需求的变化，游戏网站在未来有望迎来更多机遇和挑战。通过持续的数据分析和洞察，游戏网站可以适应市场变化，不断改进和创新，提供更具吸引力和多样化的游戏内容，从而赢得更多用户的喜爱和支持。

基于实证研究，针对L游戏平台提出以下针对性建议以供参考。

（1）强化用户体验，加强社交互动。在了解游戏玩家需求的基础上，游戏网站可以采取一系列的改进措施来增强用户体验。首先，持续优化游戏网站的用户界面，使其更加直观、易用和吸引人。通过改进互动功能，如增加社交元素和合作模式（公会系统、多人联机模式等），游戏网站可以鼓励玩家之间的互动和合作，满足玩家的社交需求，提高用户黏性和忠诚度。其次，注重社区建设，提供一个积极、友好的游戏社区环境，可以促进玩家之间的交流和互动，增强用户参与感。

（2）创新变现模式，开拓新的利润空间。创新变现模式也是游戏网站可以探索和应用的重要方向。除了传统的付费模式，游戏网站可以考虑引入虚拟物品的个性化定制，让玩家能够根据自己的喜好和风格定制游戏中的道具和装饰品。此外，游戏网站还可以推出与游戏相关的周边产品的销售，如T恤、玩偶等，为玩家提供更多选择，增加变现渠道。

（3）以数据驱动的方式进行决策。数据驱动的决策是游戏网站持续发展的关键。通过进行持续的数据分析和市场研究，游戏网站可以及时了解用户的反馈和需求，调整策略和产品，以提供更优质的游戏体验。同时，游戏网站还可以利用数据分析来识别潜在市场机会和用户行为趋势，从而进行优化和改进。

综上所述，游戏网站在未来的发展中应关注用户需求和市场趋势，以数据驱动的方式进行决策和创新。通过持续优化用户体验、加强社交互动、创新变现模式、数据驱动决策和跨平台发展，游戏网站可以保持竞争力并取得长期的商业成功。这些改进措施将帮助游戏网站吸引更多的用户，提高用户满意度，扩大用户群体，增加收入，并在不断变化的游戏市场中保持领先地位。

本 章 小 结

本章通过L游戏平台的数据分析案例，展示了如何运用描述性统计、相关性分析和回归分析等方法来洞察用户行为和优化产品策略。主要知识点如下：

1. 项目背景与研究内容

（1）探讨网络游戏在数字化时代的重要性和对人们生活的影响。

（2）明确研究目标，即通过数据分析深入理解 L 游戏平台用户的行为模式和喜好，以优化产品设计和用户体验。

2. 数据采集与预处理

（1）描述如何从游戏网站爬取作品数据，并进行必要的数据预处理步骤。

（2）增加总历时天数、标题长度等新自变量，为分析提供更丰富的数据维度。

3. 描述统计与可视化图表

（1）利用直方图、散点图、箱线图等可视化方法，分析作品标题长度、特殊字符、特殊词语、总字数等对游戏鲜花数的影响。

（2）揭示新冠疫情对游戏作品日均鲜花数的影响。

4. L 游戏平台指标的相关性分析

通过相关系数矩阵分析，评估游戏内容人气值、点赞、分享、收藏等指标之间的相关性。

5. 基于多元线性回归的 L 平台日鲜花数分析

（1）构建多元线性回归模型，分析日更字数和发行日期对日鲜花数的影响。

（2）解释模型参数，阐述对游戏热度影响因素的深入理解。

6. 结论与建议

基于数据分析结果，提出了针对性的策略建议，如强化用户体验、创新变现模式和数据驱动决策。

第 15 章

消费者需求预测与分析

学习目标

1. 掌握如何通过数据分析技术研究消费者行为反应和购买需求。
2. 学会运用方差分析和多元回归等方法预测消费者需求。
3. 能够为企业制定科学的市场营销策略提供建议和对策。
4. 学习如何使用 Python 进行数据分析，包括数据清洗、可视化和建模。

在数字化时代，消费者的行为和需求正在不断变化。通过对消费者需求的分析，我们能够更好地理解市场动态。本章将深入探讨如何通过数据分析技术预测消费者需求，为企业制定科学的市场营销策略提供依据。

（注：该实训案例与数据可通过扫描本书封底的二维码获取）

15.1 项目背景与研究内容

15.1.1 项目背景

在当今数字化的世界，广告作为连接企业与消费者的桥梁，其影响力和效用得到了前所未有的放大。

一方面，移动设备的普及使人们随时随地成了广告触达对象。无论是在公交车上、地铁里，还是在家中、办公室里，人们都可以通过手机随时接触到各种广告信息。移动应用程序中的广告、在线平台上的推广内容、移动网页上的横幅广告等，构成了一个无处不在的广告网络，不仅丰富了人们的信息获取渠道，也对人们的消费选择产生了深远的影响。

另一方面，社交媒体的兴起为广告传播提供了全新的平台和机会。由于人们常常在社交媒体上分享自己的生活、交流见解、表达情感，所以社交媒体成了广告传播的潜在载体；通过在社交媒体上发布内容、与用户互动，广告主可以更加接近用户，建立起更加亲密的品牌关系；社交媒体上的口碑传播和用户评价也对品牌形象和产品销售产生着重要影响，使广告更加具有说服力和影响力。

在这样的背景下，广告对消费者的购买决策过程产生了深远的影响。在海量的信息流中，广告不仅仅是产品的展示，更是消费者在做出购买决策时的重要参考因素。

本章以手机产品为例，对消费者购买手机的需求进行预测和分析。手机制造商通过手机广告向消费者传递产品的特点、优势和使用场景，引导他们的购买决策，实现销售转化。手机消费者在海量信息流中频繁接触各类手机产品的广告，这些广告不仅塑造了他们对手机的品牌认知，而且在很大程度上塑造了其购买需求和决策过程。

15.1.2 研究内容

本实训项目旨在通过数据分析方法，特别是方差分析和多元回归等技术，深入研究消费者观看广告后的效果，以预测其购买意愿和需求；揭示广告在引导消费者需求方面的关键因素，为企业制定精准的市场营销策略提供科学依据。

具体而言，项目将从以下三个方面展开研究。

（1）变量的描述性分析。对变量进行描述性分析，比如消费者的性别、年龄、职业等信息，深入理解消费者群体的特征和差异。

（2）消费者购买意愿差异分析。通过方差分析探究不同性别和年龄组的消费者在购买意愿上的差异。

（3）多元回归分析。运用多元回归分析方法，深入探研广告的趣味性、说服力和信息性对消费者购买意愿的影响程度和方向，预测消费者的购买行为。

15.2 数据采集与预处理

通过 Credamo 平台，收集足够数量的样本。样本应具有多样性，包括不同年龄、职业、地区的人群，最终共收集到 210 份数据。

（1）进入"Python 数据分析快速入门"课程第 15 章的代码实训部分，首先导入分析所需要的 Python 库，随后单击外部数据操作栏的"🔗"按钮复制文件地址，如图 15-1 所示。然后利用 Pandas 完成数据读取（注：实际地址以操作栏复制的文件地址为准），如图 15-2 所示。

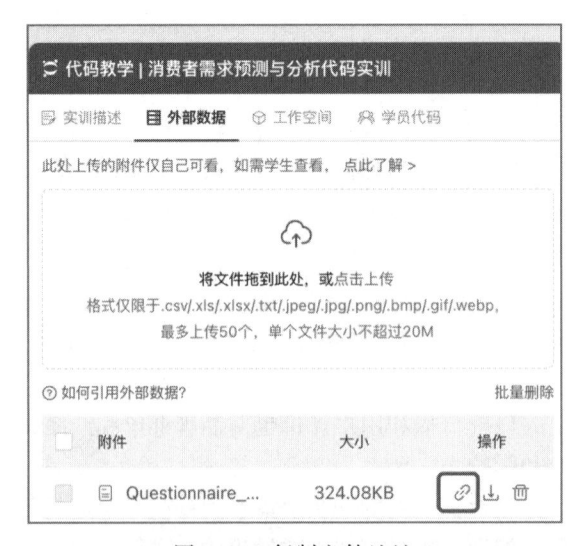

图 15-1　复制文件地址

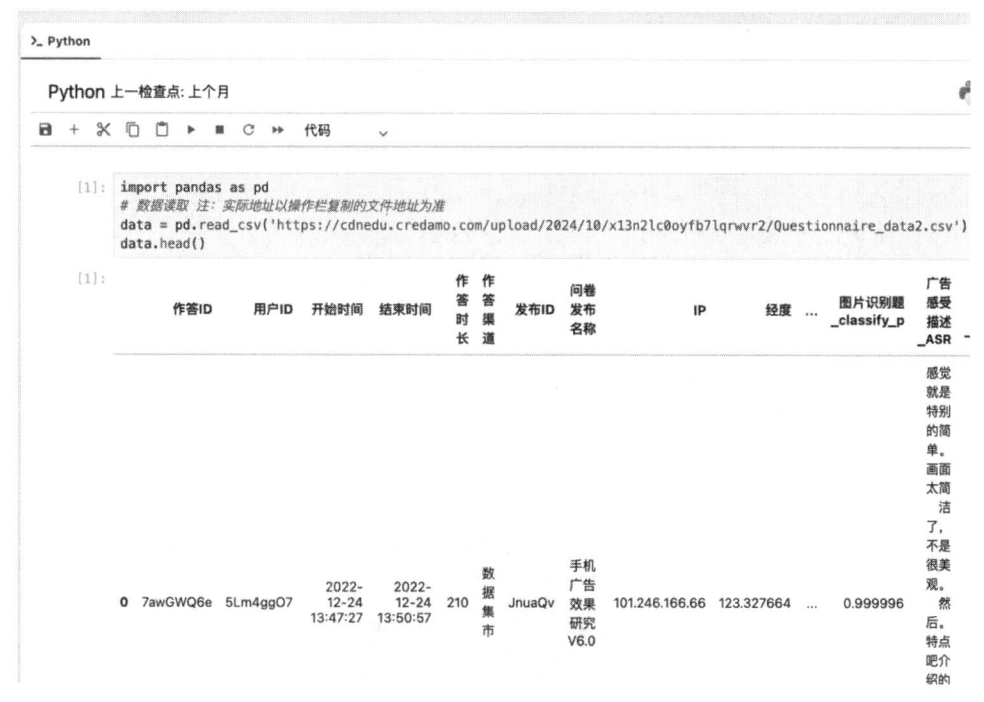

```
[1]: import pandas as pd
     # 数据读取 注：实际地址以操作栏复制的文件地址为准
     data = pd.read_csv('https://cdnedu.credamo.com/upload/2024/10/x13n2lc0oyfb7lqrwvr2/Questionnaire_data2.csv')
     data.head()
```

	作答ID	用户ID	开始时间	结束时间	作答时长	作答渠道	发布ID	问卷发布名称	IP	经度	...	图片识别题_classify_p	广告感受描述_ASR
0	7awGWQ6e	5Lm4ggO7	2022-12-24 13:47:27	2022-12-24 13:50:57	210		JnuaQv	手机广告效果研究V6.0	101.246.166.66	123.327664	...	0.999996	感觉就是特别的简单。画面太简洁了，不是很美观。然后，特点吧介绍的

图 15-2 读取数据

（2）对相应变量的类别做编码，还原原始标签，以进行描述统计，如图 15-3 所示。

```
1  # 使用 replace 对 '性别' 列进行编码
2  gender_replace = {1: '男', 2: '女'}
3  data['性别(分类)'] = data['性别'].replace(gender_replace)
4
5  # 使用 replace 对 '年龄' 列进行编码
6  age_replace = {1: '0-20岁', 2: '21-30岁', 3: '31-40岁', 4: '41-50岁', 5: '51-60岁'}
7  data['年龄(分类)'] = data['年龄'].replace(age_replace)
8
9  # 使用 replace 对 '月收入' 列进行编码
10 income_replace = {1: '0-2000元', 2: '2000-4000元',3: '4000-6000元',4: '6000-8000元',5: '8000-10000元',6: '10000元以上'}
11 data['月收入(分类)'] = data['月收入'].replace(income_replace)
12
13 # 使用 replace 对 '职业' 列进行编码
14 career_replace = {1: '学生', 2: '国有企业', 3: '事业单位', 4: '公务员', 5: '民营企业',6: '外资企业'}
15 data['职业(分类)'] = data['职业'].replace(career_replace)
16
17 # 使用 replace 对 '手机品牌' 列进行编码
18 brand_replace = {1: '华为', 2: '苹果', 3: '小米', 4: 'OPPO', 5: 'VIVO',6: '荣耀',7: '三星', 8: '魅族', 9: '真我',10: '一加',11: 'IQOO'}
19 data['手机品牌(分类)'] = data['手机品牌'].replace(brand_replace)
20
21 # 使用 replace 对 '是否购买' 列进行编码
22 purchase_replace = {1: '会', 2: '不确定', 3:'不会'}
23 data['是否购买(分类)'] = data['是否购买_三分'].replace(purchase_replace)
24
25 # 使用 replace 对 '是否推荐' 列进行编码
26 recommend_replace = {1: '是', 2: '否'}
27 data['是否推荐(分类)'] = data['是否愿意推荐'].replace(recommend_replace)
```

图 15-3 类别编码还原

15.3 描述统计与可视化图表

15.3.1 性别饼图

编写性别饼图代码（图 15-4），运行程序，生成饼图（图 15-5）。通过观察饼图，我们可以看出男性比例明显高于女性：

在这个样本中，男性占比55.2%，女性占比44.8%。

```
1  import seaborn as sns
2  import matplotlib.pyplot as plt
3
4  # 计算每个类别的数量
5  category_counts = data['性别(分类)'].value_counts()
6
7  # 创建饼状图
8  plt.figure(figsize=(3, 3))
9  plt.pie(category_counts, labels=category_counts.index, autopct='%1.1f%%')
```

图 15-4 性别饼图代码

图 15-5 性别饼图

15.3.2 年龄柱状图

编写年龄柱状图代码（图 15-6），运行程序，生成柱状图（图 15-7）。年龄柱状图用于表示不同年龄段的人数分布。图表的横轴代表年龄分类，纵轴代表人数。从左到右，年龄分类依次为：0～20 岁、21～30 岁、41～50 岁、31～40 岁和 51～60 岁。根据图 15-7，我们可以看出在所有年龄段中，21～30 岁的年龄段人数最多；其次是 31～40 的年龄段，人数大致为 21～30 年龄段的一半；而 41～50 岁和 51～60 岁的年龄段人数最少。

扩展阅读15.1 countplot()函数

```
1  # 使用sns.countplot绘制柱状图
2  sns.countplot(x='年龄(分类)', data=data)
3  plt.ylabel('人数')
4
5  # 显示图形
6  plt.show()
```

图 15-6 年龄柱状图代码

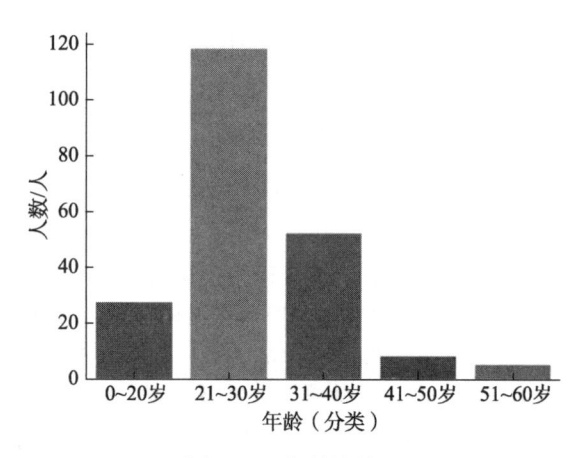

图 15-7　年龄柱状图

15.3.3　月收入柱状图

编写月收入柱状图代码（图 15-8），运行程序，生成柱状图（图 15-9）。月收入柱状图用来表示不同月收入区间内个体的数量分布。图表的横轴代表月收入的分类，纵轴代表数

```
# 自定义分类顺序
income_order = ['0-2000元', '2000-4000元', '4000-6000元', '6000-8000元', '8000-10000元', '10000元以上']
# 绘制柱状图并指定顺序
sns.countplot(x='月收入(分类)', data=data, order=income_order)
plt.ylabel('人数')
plt.title('月收入分类分布')
# 显示图形
plt.show()
```

图 15-8　月收入柱状图代码

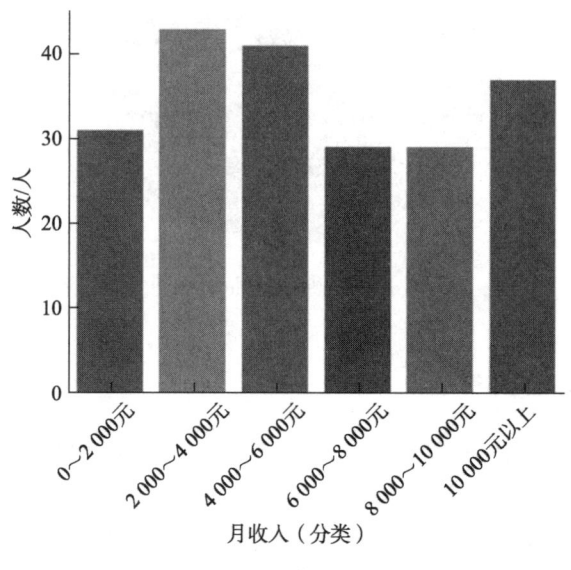

图 15-9　月收入柱状图

量。根据图 15-9，我们可以看出在所有的收入类别中，收入在"2 000～4 000 元"的个体数量最多；收入在"4 000～6 000 元"和"10 000 元以上"的个体数量次之；收入在"6 000～8 000 元"以及"8 000～10 000 元"的个体数量最少。

15.3.4　职业饼状图

编写职业分类饼图代码（图 15-10），运行程序，绘制饼图（图 15-11）。在职业分类的饼图中显示了不同职业或身份的人所占的比例。在饼图中列出了六种主要的职业类型：学生、民营企业员工、国有企业员工、事业单位员工、外资企业员工和公务员。学生人数占比较大，约为 28.1%；民营企业员工占比最大，约为 35.7%，这表明调查样本中大多数人在民营企业工作；国有企业和事业单位员工的占比分别为 15.7% 和 11.9%，这说明在总样本中这两类职业的人数也相对较多；外资企业员工的占比为 5.3%，公务员的占比为 3.3%，这说明这两类在总样本中人数相对较少。

```
1  # 计算每个类别的数量
2  category_counts = data['职业(分类)'].value_counts()
3
4  # 创建饼状图
5  plt.figure(figsize=(3, 3))
6  plt.pie(category_counts, labels=category_counts.index, autopct='%1.1f%%')
```

图 15-10　职业分布饼状图代码

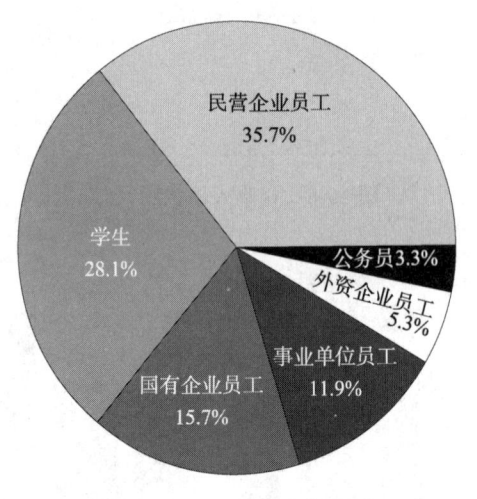

图 15-11　职业分布饼状图

15.3.5　操作系统柱状图

编写操作系统柱状图代码（图 15-12），运行程序，绘制柱状图（图 15-13）。操作系统柱状图用来比较样本中两种不同的操作系统（Android 和 iOS）的用户数量。纵轴表示用户数量，横轴表示操作系统类型。从图 15-13 中可以看出，Android 用户数量远高于 iOS 用户，说明使用 Android 操作系统的用户更多。具体来说，Android 的用户数量大约是 iOS 的两倍。

```
1  # 使用sns.countplot绘制柱状图
2  sns.countplot(x='操作系统类型', data=data)
3  plt.ylabel('人数')
4
5  # 显示图形
6  plt.show()
```

图 15-12　操作系统柱状图代码

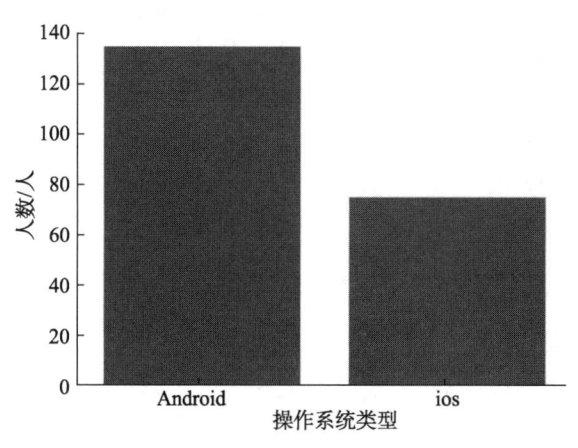

图 15-13　操作系统柱状图

15.3.6　手机品牌柱状图

编写手机品牌使用情况柱状图代码（图 15-14），运行程序，绘制柱状图（图 15-15）。

```
1  # 使用sns.countplot绘制柱状图
2  sns.countplot(x='手机品牌(分类)', data=data)
3  plt.ylabel('人数')
4
5  # 显示图形
6  plt.show()
```

图 15-14　手机品牌使用情况柱状图代码

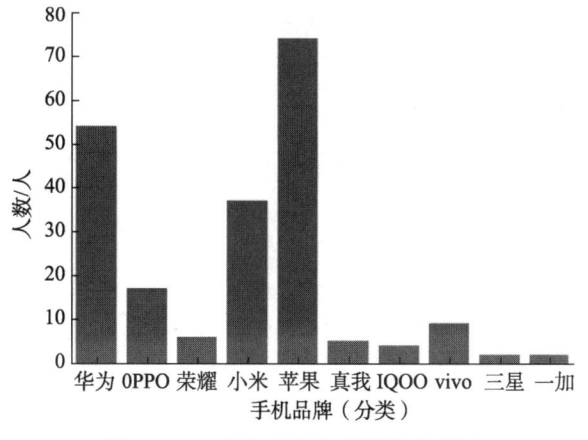

图 15-15　手机品牌使用情况柱状图

从柱状图中可以看出，苹果和华为手机的使用人数最多，其次是小米、OPPO、和 vivo 手机。其他品牌的手机使用人数较少，包括荣耀、真我、IQOO、三星和一加等。

15.3.7　是否购买手机折线图

编写是否购买手机折线图代码（图 15-16），运行程序，绘制折线图（图 15-17）。通过这个折线图，可以显示人们对于是否购买手机的态度。横轴表示态度选项，包括"会""不确定"和"不会"，纵轴表示持有该态度的人数。从图 15-18 中可以看出，在样本人群中，有部分人表示不会购买，一部分人表示不确定，而大部分人表示会购买。

```
1  plt.figure(figsize=(8, 4))
2
3  # 添加折线图
4  sns.lineplot(x=data['是否购买(分类)'].value_counts().index, y=data['是否购买_三分']
5              .value_counts().values, marker='o', color='green')
6
7  # 显示图形
8  plt.show()
```

图 15-16　是否购买手机折线图代码

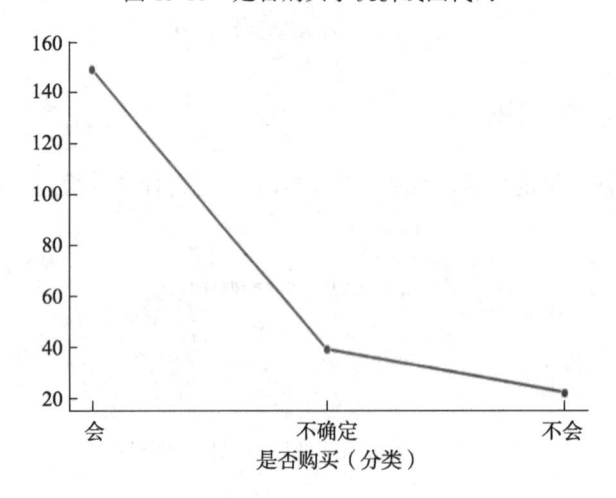

图 15-17　是否购买手机折线图

15.3.8　是否推荐购买手机饼图

编制是否推荐购买手机饼图代码（图 15-18），运行程序，绘制饼图（图 15-19）。这个

```
# 计算每个类别的数量
category_counts = data['是否推荐购买手机(分类)'].value_counts()

# 创建饼状图
plt.figure(figsize=(3, 3))
plt.pie(category_counts, labels=category_counts.index, autopct='%1.1f%%')
```

图 15-18　是否推荐购买手机饼图代码

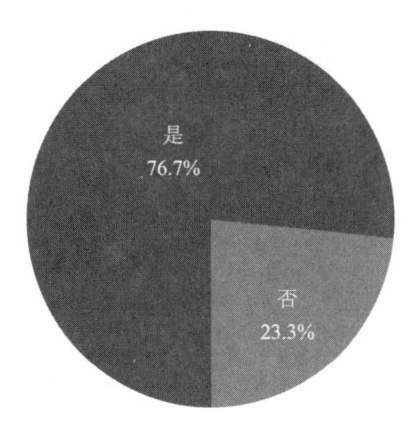

图 15-19　是否推荐购买手机饼图

饼图显示了是否推荐购买手机的不同回答（"是"和"否"）所占的比例。图中显示，回答"是"的比例为 76.7%；而回答"否"的比例为 23.3%。也就是说，大多数人看完手机广告后，都愿意向他人推荐购买手机。

15.4　购买意愿的差异性分析

为了解不同性别和年龄之间的消费者对购买手机意愿是否存在差异，我们使用方差分析进行进一步的研究，方差分析可以帮助我们确定在不同组别（如不同性别和年龄段）之间是否存在显著差异，表 15-1 和表 15-2 显示了我们所选取的变量。

表 15-1　变量描述（一）

变量名称	变量编码方式
性别	女=0；男=1
年龄	0～20 岁=1；21～30 岁=2；31～40 岁=3；41～50 岁=4；51～60 岁=5

表 15-2　变量描述（二）

变量名称	题项简称	问卷题项
购买意愿（购买意愿1+购买意愿2）/2	购买意愿 1	我愿意购买该手机产品
	购买意愿 2	如果我发了一笔奖金我会购买该手机产品

15.4.1　方差齐性检验

如图 15-20 和图 15-21 所示，首先我们对性别和年龄进行了方差齐性检验。结果显示 P 值大于 0.05，即 $P > 0.05$。这表明我们的数据满足方差齐性假设，不同性别和年龄组别之间的方差相似。

```
from scipy.stats import levene

# 使用Levene's检验进行方差齐性检验
groups = data['购买意愿'].groupby(data['性别']).apply(list)
statistic, p_value = levene(*groups)

# 输出检验结果
print(f"Levene's Test Statistic: {statistic}")
print(f"P-value: {p_value}")

Levene's Test Statistic: 1.3318422241486603
P-value: 0.24980201866860793
```

图 15-20 "特别"方差齐性检验

```
# 使用Levene's检验进行方差齐性检验
groups = data['购买意愿'].groupby(data['年龄']).apply(list)
statistic, p_value = levene(*groups)

# 输出检验结果
print(f"Levene's Test Statistic: {statistic}")
print(f"P-value: {p_value}")

Levene's Test Statistic: 0.9330001187889285
P-value: 0.4457440968000853
```

图 15-21 "年龄"方差齐性检验

15.4.2 性别与购买意愿差异研究

通常情况下，p 值小于 0.05 被认为是统计上显著的，这意味着我们有足够的证据拒绝零假设（即女性和男性没有差异），从而接受备择假设（即女性和男性有差异）。如图 15-22 和图 15-23 所示，这个结果表明，在统计学上存在着显著性差异，即女性和男性在手机购买意愿上有着明显的差异。同时根据男女购买意愿的均值结果，发现男性购买手机的意愿更加强烈。

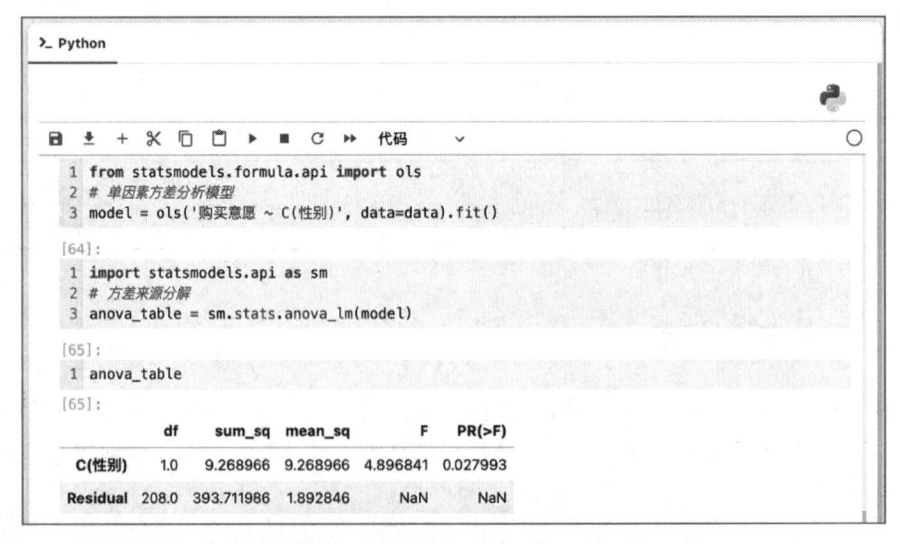

```
[1] from statsmodels.formula.api import ols
[2] # 单因素方差分析模型
[3] model = ols('购买意愿 ~ C(性别)', data=data).fit()

[64]:
[1] import statsmodels.api as sm
[2] # 方差来源分解
[3] anova_table = sm.stats.anova_lm(model)

[65]:
[1] anova_table
[65]:
            df    sum_sq    mean_sq      F      PR(>F)
C(性别)      1.0   9.268966   9.268966  4.896641  0.027993
Residual  208.0  393.711986  1.892846   NaN       NaN
```

图 15-22 性别与购买意愿差异研究

```
# 按性别分组计算均值
mean_values = data.groupby('性别(分类)')['购买意愿'].mean()
print(mean_values)

性别(分类)
女    4.987069
男    5.409574
Name: 购买意愿, dtype: float64
```

图 15-23　不同性别的购买意愿均值

这一现象背后的原因可能是多方面的。

（1）社会文化因素。对很多男性来说，购买手机可能不仅是一个消费行为，还涉及身份和社会认同的构建。特别是在一些品牌和高端型号的手机上，拥有最新款或高端型号的手机可能被视为社会地位的象征。这种对技术或品牌的追求，可能是男性在手机购买意愿上更为积极的一个心理动因。

（2）产品功能和需求差异。男性在购买科技产品时，更关注产品的功能性和技术特点，而女性则可能更多地注重外观设计、品牌形象等因素。因此，男性对手机这种高度依赖技术的产品，可能表现出更强的购买动机，尤其是在强调硬件性能的广告和市场推广下。

（3）经济因素。男性相较于女性可能具有相对更高的经济独立性或收入水平，这使得他们在购买手机时没有太多经济上的顾虑，能够更轻松地做出购买决定。因此，男性在手机购买上的意愿可能较强，尤其是在消费能力较高的男性群体中。

15.4.3　年龄与购买意愿差异研究

分析结果如图 15-24 和图 15-25 所示，这个结果表明不同年龄段的消费者在手机购买意愿上有着明显的差异，51～60 岁年龄段的消费者手机购买意愿最高。

这种现象背后的原因可能涉及三个方面。

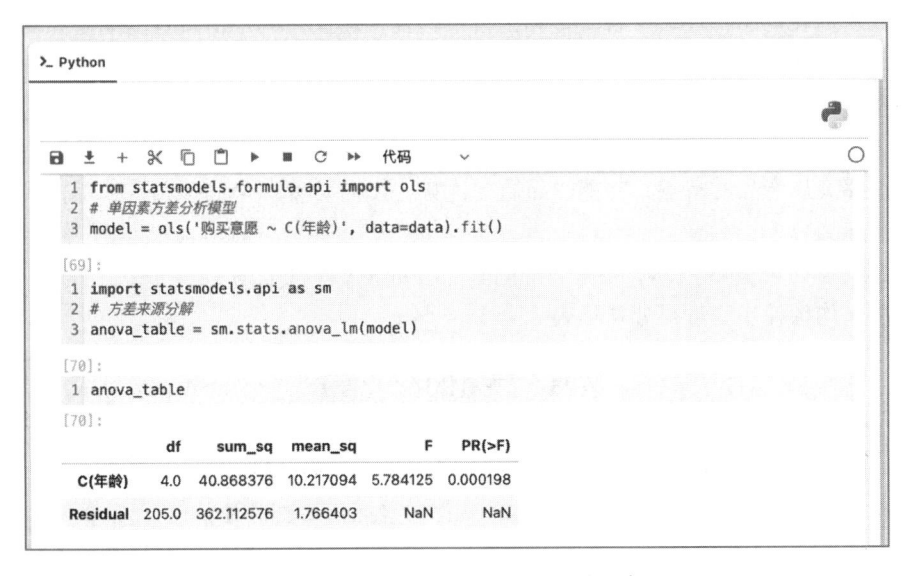

```
1  from statsmodels.formula.api import ols
2  # 单因素方差分析模型
3  model = ols('购买意愿 ~ C(年龄)', data=data).fit()

[69]:
1  import statsmodels.api as sm
2  # 方差来源分解
3  anova_table = sm.stats.anova_lm(model)

[70]:
1  anova_table

[70]:
              df    sum_sq    mean_sq       F     PR(>F)
C(年龄)        4.0   40.868376  10.217094  5.784125  0.000198
Residual   205.0  362.112576   1.766403     NaN       NaN
```

图 15-24　年龄与购买意愿差异研究

```
# 按性别分组计算均值
mean_values = data.groupby('年龄(分类)')['购买意愿'].mean()
print(mean_values)

年龄(分类)
0-20岁      4.314815
21-30岁     5.118644
31-40岁     5.730769
41-50岁     4.812500
51-60岁     6.000000
Name: 购买意愿, dtype: float64
```

图 15-25　不同年龄的手机购买意愿均值

（1）经济稳定性与购买力。相比于年轻群体，51~60 岁的人群通常在经济上较为稳定，通常已经有了一定的积蓄或退休金，且在职业生涯中达到了相对较高的收入水平。因此，他们可能拥有较强的购买力，能够支持更高价值的消费。因此，相比于年轻人，这个年龄段的消费者更有可能进行大额消费。

（2）空闲时间增加。51~60 岁的人群相较于年轻人通常有更多的空闲时间，尤其是在过渡到半退休或退休之后，他们可能会花更多时间在社交媒体、在线购物、旅行和娱乐等方面。智能手机可以帮助他们更方便地进行这些活动，从而增加了他们购买手机的意愿。

（3）技术适应度提升。随着智能手机和技术的普及，很多中老年消费者（51~60 岁）已经逐渐适应了新技术。这个年龄段的消费者往往经过一段时间的学习和尝试，能够熟练使用智能设备，享受到其带来的便利和功能。因此，他们可能更加愿意购买新款的智能手机来提高生活效率和满足新的技术需求。

15.5　基于回归分析的购买意愿影响因素研究

我们继续进行回归分析，进一步了解广告的趣味性、说服力和信息性对购买意愿的影响，以此为优化产品特性、广告宣传和销售策略提供建议，满足消费者的期望和需求。

广告的趣味性是指广告内容的创意性、趣味性和吸引力。具有足够趣味性的广告更容易被消费者接受和记住，从而提升品牌知名度和产品认知度，进而促进购买行为的发生。

广告的说服力主要体现在其能否有效地传递产品或服务的优势和价值。具有高说服力的广告能够突出产品的特点、功能、品质等优势，使消费者产生信任和认同感，从而增强其购买意愿。

全部变量如表 15-3 所示，各题项采用李克特量表（评分范围 1～7）进行衡量，并对相应题项取平均值计作变量得分（见表 15-4）。

表 15-3　变量描述（广告）

变量名称	题项简称	问卷题项	变量编码
趣味性	趣味性 1	我认为这个广告是有趣的	由低到高：1～7
	趣味性 2	我认为这个广告的语言是幽默的	由低到高：1～7
	趣味性 3	我认为这个广告的语言是生动的	由低到高：1～7
说服力	说服力 1	这则广告的内容是真诚的	由低到高：1～7

续表

变量名称	题项简称	问卷题项	变量编码
说服力	说服力2	该广告对我来说是有说服力的	由低到高：1~7
	说服力3	我被该广告的内容所打动	由低到高：1~7
信息性	信息性1	广告中所展示的信息是有用的	由低到高：1~7
	信息性2	广告中提供的信息是有价值的	由低到高：1~7
购买意愿	购买意愿1	我愿意购买该产品	由低到高：1~7
	购买意愿2	如果我发了一笔奖金我会购买该产品	由低到高：1~7

表15-4　变量计算方法

变量名称	计算方法
趣味性	（趣味性1+趣味性2+趣味性3）/3
说服力	（说服力1+说服力2+说服力3）/3
信息性	（信息性1+信息性2）/2
购买意愿	（购买意愿1+购买意愿2）/2

如图15-26所示，我们选择购买意愿为因变量，消费者对趣味性、说服力和信息性的关注程度作为自变量开展回归分析。通过估计回归系数，可以确定每个自变量对因变量的贡献程度。此外，还可以计算R^2值，该值表示自变量解释因变量变异的百分比。

```python
import statsmodels.formula.api as smf

# 创建回归模型
formula='购买意愿 ~ 趣味性 + 说服力 + 信息性'
model = smf.ols(formula, data=data)

# 拟合模型
results = model.fit()

# 打印模型摘要
print(results.summary())
```

图15-26　回归分析代码

回归分析的结果如图15-27所示，可以看出，该多元回归模型的拟合度是较好的。R^2 = 0.645，表明该模型可以解释因变量变异的64.5%；F = 124.7，$P < 0.001$，表明自变量中至少存在一项会对因变量产生影响。

系数解读：根据数据描述，我们可以看出趣味性（β = 0.287 8，$P < 0.05$）和说服力（β = 0.687 5，$P < 0.05$）对消费者购买意愿具有正向、显著的影响。其中，说服力每增加1个单位，购买意愿平均增加0.687 5个单位；趣味性每增加1个单位，购买意愿平均增加0.287 8个单位。

这一现象背后的理论原因可能包括以下三方面。

（1）心理因素影响。消费者的购买行为受到情感、感知和认知等心理因素的影响。具有趣味性的广告能够触发消费者的情感共鸣和愉悦感，增强其与广告内容的互动和认同感；而高说服力的广告则能够满足消费者对产品信息和理性决策的需求，使其更倾向于购买。

```
                            OLS Regression Results
==============================================================================
Dep. Variable:                  购买意愿   R-squared:                       0.645
Model:                            OLS   Adj. R-squared:                  0.640
Method:                 Least Squares   F-statistic:                     124.7
Date:                Fri, 26 Jan 2024   Prob (F-statistic):           4.44e-46
Time:                        11:54:01   Log-Likelihood:                -257.69
No. Observations:                 210   AIC:                             523.4
Df Residuals:                     206   BIC:                             536.8
Df Model:                           3
Covariance Type:            nonrobust
==============================================================================
                 coef    std err          t      P>|t|      [0.025      0.975]
------------------------------------------------------------------------------
const          -0.4683      0.359     -1.306      0.193      -1.175       0.239
趣味性           0.2878      0.057      5.066      0.000       0.176       0.400
说服力           0.6875      0.087      7.909      0.000       0.516       0.859
信息性           0.1428      0.084      1.707      0.089      -0.022       0.308
==============================================================================
Omnibus:                       16.453   Durbin-Watson:                   2.323
Prob(Omnibus):                  0.000   Jarque-Bera (JB):               20.466
Skew:                          -0.562   Prob(JB):                     3.60e-05
Kurtosis:                       4.038   Cond. No.                         56.9
==============================================================================
```

图 15-27　回归分析结果

（2）认知加工理论。消费者在接受广告信息时会进行认知加工，具有趣味性的广告能够吸引注意力、提高信息记忆度和传播效果；而说服力强的广告则能够改变消费者的态度和行为，促使其采取购买行动。

（3）品牌效应。高说服力和趣味性强的广告能够提升品牌形象和品牌认知度，增强消费者对品牌的好感和信任，从而提高其对品牌产品的购买意愿。

15.6　结论与建议

本案例对问卷研究结果开展了可视化分析；同时对不同性别和年龄的消费者手机购买意愿的差异进行分析，发现不同性别和年龄的消费者购买手机意愿存在显著差异，男性以及51～60 岁年龄段的消费者表现出较强的购买意愿；利用回归分析对消费者购买意愿的影响因素进行了研究，发现广告的趣味性、说服力均对消费者购买意愿产生了显著的正向影响。

针对以上研究结果，我们提出以下建议。

（1）定制广告策略。针对不同性别和年龄段的消费者，定制个性化的广告策略。针对女性消费者，广告内容可以侧重于强调手机的外观设计、社交功能和时尚感；而对于男性消费者，则可以强调手机的性能指标、功能特点和实用性。针对不同年龄段的消费者，广告内容也可以根据其购买偏好和需求进行差异化设计。例如针对 51～60 岁及以上的消费者，广告应注重手机的易用性、健康监测功能、紧急求助等服务，帮助提高其生活质量。

（2）优化广告特性。在广告设计中，注重提升广告的趣味性、说服力和信息性。通过创意、幽默和情感化的表达方式提升广告的趣味性，吸引消费者的注意力和兴趣；同时，通过真诚、可信的信息传递和有力的推荐语言提升广告的说服力，引导消费者做出购买决策；此外，确保广告内容，提供有价值、准确的信息，满足消费者对产品性能和功能的了解，提升广告的信息性。

（3）加强营销渠道。在广告推广过程中，充分利用多种营销渠道，包括线上和线下渠道。通过社交媒体、电子商务平台和线下实体店等渠道，全面覆盖目标消费者群体，提升广告的曝光度和影响力；同时，结合精准定位和个性化推荐技术，将广告精准地传递给感兴趣的消费者群体，提高广告的点击率和转化率。

（4）持续监测和调整策略。定期收集和分析消费者反馈和市场数据，持续监测广告效果和消费者购买意愿的变化趋势；根据市场反馈和数据分析结果，及时调整广告策略和产品定位，确保广告的有效性和市场竞争力。

本 章 小 结

本章通过消费者需求预测与分析的案例，展示了如何运用描述性统计、方差分析和回归分析等方法来洞察消费者行为和优化营销策略。本章主要内容如下。

1. 案例背景与研究内容

（1）介绍数字化时代广告在企业推广和营销中发挥的重要作用。

（2）明确研究目标，即通过数据分析技术研究消费者对手机广告的反应，以预测其购买意愿和需求，为企业制定市场营销策略提供依据。

2. 数据采集与预处理

讨论数据预处理的过程，包括变量的类别编码和还原，为后续分析做准备。

3. 描述统计与可视化图表

（1）利用饼图、柱状图等可视化工具，分析消费者的性别、年龄、月收入、职业等基本特征。

（2）通过图表展示消费者对产品的购买意愿和推荐意愿，为深入分析奠定基础。

4. 购买意愿的差异性分析

运用方差分析探讨不同性别和年龄组的消费者在购买意愿上的差异。

5. 基于回归分析的购买意愿影响因素研究

（1）构建多元回归模型，分析广告的趣味性、说服力和信息性对消费者购买意愿的影响。

（2）解释回归模型的结果，确定哪些因素对消费者的购买决策有显著影响。

6. 结论与建议

（1）基于分析结果，提出针对性的市场营销策略，包括定制广告策略、优化广告特性、加强营销渠道和持续监测调整策略。

（2）讨论这些策略如何帮助企业更好地满足消费者需求，提升市场竞争力。

参 考 文 献

[1] 贾俊平，何晓群，金勇进. 统计学[M]. 7 版. 北京：中国人民大学出版社，2018.

[2] 茆诗松，周纪芸，张日权. 概率论与数理统计[M]. 北京：中国统计出版社，2007.

[3] 阮敬. Python 数据分析基础[M]. 北京：中国统计出版社，2017.

[4] 明日科技. Python 数据分析从入门到精通[M]. 北京：清华大学出版社，2021.

[5] 张瑾，翁张文. Python 商业数据分析[M]. 北京：中国人民大学出版社，2021.

[6] 蔡驰聪. Python 数据分析从入门到精通[M]. 北京：中国水利水电出版社，2021.

[7] MCKINNEY W. Python for Data Analysis: Data Wrangling with Pandas, NumPy, and IPython[M]. O'Reilly Media, Inc, 2012.

[8] 李望金. 基于 Python 的电子商务数据分析与可视化研究[J]. 信息记录材料，2024，25（7）：206-209.

[9] 莫国莉，谭春枝，滕莉莉，等. 新经管背景下 Python 大数据分析课程实验教学改革与实践[J]. 大学教育，2023（23）：66-69.

[10] 冯悦悦. 基于 Python 的豆瓣电视剧统计分析[D]. 湘潭：湘潭大学，2019.

[11] MCKINNEY W. Pandas: A Foundational Python Library for Data Analysis and Statistics[J]. Python for High Performance and Scientific Computing, 2011，14（9）：1-9.

[12] BERNARD J. Python Data Analysis with Pandas[M]//Python Recipes Handbook: A Problem- Solution Approach, Berkeley: Apress, 2016: 37-48.

[13] SIAL A H, RASHDI Y, KHAN A H. Comparative Analysis of Data Visualization Libraries Matplotlib and Seaborn in Python[J]. International Journal of Advanced Trends in Computer Science and Engineering, 2021, 10(1): 277-281.

[14] 戴金辉，韩存. 双因素方差分析方法的比较[J]. 统计与决策，2018，34（4）：30-33.

[15] 戴金辉，袁靖. 单因素方差分析与多元线性回归分析检验方法的比较[J]. 统计与决策，2016（9）：23-26.

[16] SEABOLD S, PERKTOLD J. Statsmodels: Econometric and Statistical Modeling with Python[J]. SciPy, 2010, 7(1): 57-61.

[17] 何小年，段凤华. 基于 Python 的线性回归案例分析[J]. 微型电脑应用，2022，38（11）：35-37.

[18] 李敬强，刘凤军. 电商企业顾客赢回驱动因素实证研究——一项基于田野调查数据的 Logistic 回归分析[J]. 中国流通经济，2018，32（6）：94-104.

[19] 吴自强. 生鲜农产品网购意愿影响因素的实证分析[J]. 统计与决策，2015（20）：100-103.

[20] 高恺，盛宇华. 区域性农产品电商平台使用意向影响因素实证研究[J]. 中国流通经济，2018，32（1）：67-74.

[21] 李连英，聂乐玲，傅青. 不同类群消费者购买社区电商生鲜农产品意愿的差异性分析——基于南昌市 578 位消费者的实证[J]. 农林经济管理学报，2020，19（4）：457-463.

[22] 弭元英，李松，张爽，等. 零售业电子商务发展规模的影响因素研究[J]. 经济纵横，2016（10）：40-44.

[23] 李丹青，郭焱. "双碳"目标下消费者对新能源汽车的认知及购买决策研究：基于武汉市的调查[J]. 湖北社会科学，2022（8）：55-65.

[24] 徐国虎，许芳. 新能源汽车购买决策的影响因素研究[J]. 中国人口·资源与环境，2010，20（11）：91-95.

[25] 褚义景，陈长妍. 影响企业销售额的单因素广告策略选择实证分析[J]. 生产力研究，2016（10）：

125-128.

[26] 贾晨, 谢衷洁. 中国福利彩票销售额影响因素分析与基于残差主成分分析的预测[J]. 数理统计与管理, 2009, 28（2）: 191-203.

[27] 陈雄, 罗勤, 张晋, 等. 中学生心理健康量表（MSSMHS）内容探索修订——专家咨询及信效度分析[J]. 精神医学杂志, 2024, 37（2）: 193-197.

[28] 童敏, 王莉, 麦合力亚克孜·吐尔孙尼亚孜, 等. 小学生心理压力源评价问卷编制及信效度分析[J]. 中国学校卫生, 2023, 44（11）: 1697-1701+1707.

[29] 缪炯. 基于主成分分析和聚类分析的江苏省各城市经济发展水平评价[J]. 经济研究导刊, 2017（8）: 17-20.

[30] 李永宁. 基于因子聚类分析的江苏省区域经济效益评价[J]. 统计与决策, 2016（18）: 68-71.

[31] 金相郁. 中国区域划分的层次聚类分析[J]. 城市规划汇刊, 2004（2）: 23-28, 95.

[32] 孙稷桐, 黄雯婧, 顾铮, 等. 基于logistic回归分析对网红餐饮店消费者行为的调查研究[J]. 现代营销（上旬刊）, 2022（4）: 148-150.

[33] 于富喜. 网络视频广告对消费者购买意愿的影响[J]. 现代交际, 2016（22）: 45-47.

[34] 新华网. 2023年全国餐饮收入超5.2万亿元[EB/OL]. (2024-02-15) [2025-01-17]. http://www.xinhuanet.com/20240215/eb83af03b4cb4974886e5efb5b4f668e/c.html.

[35] 中国食品工业杂志. 聚势赋能餐饮企业发展新思路[EB/OL]. (2024-04-26) [2025-01-17]. https://baijiahao.baidu.com/s?id=1797387166751942079&wfr=spider&for=pc.

[36] 上海市统计局. 2023年上海市国民经济运行情况[EB/OL]. (2024-01-28) [2025-01-17]. https://tjj.sh.gov.cn/tjxw/20240126/a4344377b13647e9973707fc0e05bf3e.html.

[37] 腾讯网. 2023年中国游戏产业报告：市场规模3029亿元，小游戏同比暴增3倍[EB/OL]. (2023-12-15) [2025-01-17]. https://news.qq.com/rain/a/20231215A0AJ4U00.

[38] 金融界. 分析机构:今年全球游戏总销售额1840亿美元,手游占据49%市场[EB/OL]. (2023-12-22) [2025-01-17]. https://baijiahao.baidu.com/s?id=1785966326297006350&wfr=spider&for=pc.

教师服务

感谢您选用清华大学出版社的教材！为了更好地服务教学，我们为授课教师提供本书的教学辅助资源，以及本学科重点教材信息。请您扫码获取。

》教辅获取

本书教辅资源，授课教师扫码获取

》样书赠送

管理科学与工程类重点教材，教师扫码获取样书

清华大学出版社

E-mail: tupfuwu@163.com
电话：010-83470332 / 83470142
地址：北京市海淀区双清路学研大厦 B 座 509

网址：https://www.tup.com.cn/
传真：8610-83470107
邮编：100084